Word

必修课

高手这样用Word

沈君 _ 著

U0287796

人民邮电出版社
北京

图书在版编目（CIP）数据

Word必修课 ：高手这样用Word / 沈君著. -- 北京 ：人民邮电出版社，2022.8(2023.5重印)
ISBN 978-7-115-57860-0

Ⅰ. ①W… Ⅱ. ①沈… Ⅲ. ①文字处理系统 Ⅳ. ①TP391.12

中国版本图书馆CIP数据核字(2021)第236429号

内容提要

本书是作者对自己多年企业培训经验的精心汇总，针对文档制作中的常见问题，深入介绍样式、自动化、长文档编辑、文档多人协作编辑等进阶功能，帮助职场人士快速厘清思路，高效使用 Word，做出高质量的文档。

本书适合经常与文档“打交道”的职场人士，特别是有论文写作、图书创作、产品说明书编写、研究报告撰写等需求的人士阅读，也可作为职业院校相关专业的教材或企业的培训教材。

◆ 著　　　沈　君
责任编辑　马雪伶
责任印制　胡　南
◆ 人民邮电出版社出版发行　北京市丰台区成寿寺路 11 号
邮编　100164　电子邮件　315@ptpress.com.cn
网址　https://www.ptpress.com.cn
北京天宇星印刷厂印刷
◆ 开本：700×1000　1/16
印张：13　2022 年 8 月第 1 版
字数：255 千字　2023 年 5 月北京第 2 次印刷

定价：79.90 元

读者服务热线：(010)81055410　印装质量热线：(010)81055316
反盗版热线：(010)81055315
广告经营许可证：京东市监广登字 20170147 号

PREFACE 前言

在信息化办公早已普及的今天，Word 作为一款简单易学、功能强大的文字处理软件，已经被广泛应用于各个岗位及行业的日常办公中，它也是目前应用最广泛的文字处理软件之一。

Word 在我们的工作中使用的频率极高，用好 Word，可以大大提高我们的工作效率。可大家对 Word 的认知却一直停留在“Word 是用来打字的”，很少有人花费精力和时间去研究“如何让 Word 给我减负”。

在与众多职场人士交流后，我深知他们通常只关心工作中问题的解决，而不关心如何用好 Word。职场人士追求的是“学习够用的 Word 技能，来解决工作中的问题”，而不是“把 Word 学透”。

根据这样的情况，我着手编写本书，目的是“真正解决职场人士的问题”，而不是“教软件操作”。同时考虑到 Word 早已家喻户晓，本书主要针对长文档编辑以及多人协作等应用场景，介绍让工作省力而高效的 Word 技能。

如何让读者在看完这本书之后真正地将书中介绍的知识和技能用到工作中呢？我将多年的工作和企业培训经验用案例化的方式进行演绎，使用一个个案例将知识点串联起来，避免出现“学的时候会，用的时候忘”的情况。

同时，本书配套的教学资源还包括书中案例的视频教程和素材文件，通过视频和文字两种方式来提升读者的学习效率，从而让 Word 成为工作中的“利器”。

本书教学资源获取方式：扫描下方的二维码，关注“职场研究社”微信公众号，发送 57860，获取本书配套资源。

由于作者水平有限，书中难免有疏漏之处，敬请读者批评指正。本书责任编辑的联系邮箱：maxueling@ptpress.com.cn。读者交流 QQ 群：809610774。

CONTENTS

目录

第1章 高手应该这样用 Word

第2章 高手的标志——精通 Word 样式

第3章 高手的秘诀——利用 Word 的自动化

第4章 提高文档专业度——搞定长文档

第5章 团队合作——文档多人协作完成

第6章 Word 效率提升——秘诀大放送

第7章 赢在职场——真实案例讲解

第1章 高手应该这样用Word

在 Word 中不仅可以打字，而且可以对文字进行加粗、加下划线等，还可以实现处理图片、形状、表格和图表等多种文字处理以外的功能。

Word 有这么多的功能，这些功能到底该怎样用？本章就来了解一下高手是怎样用 Word 的。

1.1 这样写方案，专业又高效

假如公司现在需要制定一份“产品策划方案”，你会怎么做呢？对于职场老手，当然是打开去年的方案，然后在原来的基础上修改。

虽然方案中的大部分文字都可以沿用，但是在调整格式时会遇到以下两个问题。

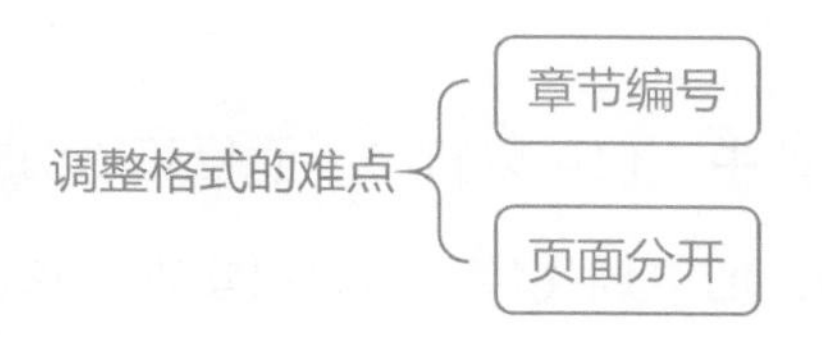

（1）章节编号。例如在去年的文档中，“1.2”“2.3.4”等是手动编号的，今年的方案若调整章节则需要全部手动修改。

（2）页面分开。方案中的某些表格和附件需要横向打印，但是其他页面都是纵向打印的。这时往往会把它们分成两个文档来制作，但是这样不利于网络中文件的传播。

不管是职场老手，还是职场新手，写方案时都可以使用 Word 的样式和自动编号功能进行相应的设置。通过样式设置标题和正文样式，主要表现在两个方面。

（1）统一修改。套用同一样式的所有文字，可以被统一修改。

（2）快速调整。设置样式后，通过“导航”窗格，Word 文档的结构一目了然，并且可以快速定位和调整顺序。

使用自动编号功能，可以对不同级别的文字设置自动编号，自动生成“2.2”“2.3”这样的编号。调整顺序后，编号会自动更新。

1.2 编辑长文档，快速搞定各种难点

刚开始用 Word 时，我们会有一个感觉：“使用 Word 就是打打字，很简单。”

而我们感觉 Word“不简单”，也许就是写毕业论文的时候：一篇论文需要封面、目录、中文摘要、英文摘要、关键字、论文正文和参考文献。

封面	目录	中文摘要	英文摘要	关键字	论文正文	参考文献

看完这些，可能会勾起你的记忆。在职场中我们可能不用再写论文了，但是还需要编写类似论文一样的长文档，比如某产品的说明书、岗位能力胜任模型、方案和项目报告等，而在这其中，让你头疼的内容可能有以下 4 点。

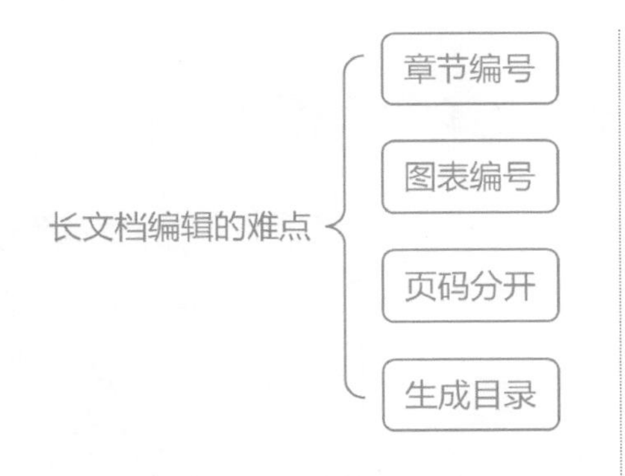

（1）章节编号。例如“1.2”“2.3.4”等往往都是手动编号的，一旦要删除中间某一个章节，将会影响后面的编号，且需要手动修改编号。

（2）图表编号。文档中每张图和每个表都要编号，而且编号要连续，在手动编号的情况下，一旦要增加或删除图片或表格，要手动修改大量编号。

（3）页码分开。封面、目录、摘要和正文的页码要分开编排。当不知道如何解决时，我们通常都是分成多个文档打印出来。

（4）生成目录。目录往往都是手动输入的，一旦文档结构发生变化，目录需要大量的修改。

在编辑长文档时，很多职场人士都使用“原始”的方法——手动修改来解决。虽然最后可以完成修改，但会浪费大量的精力。而以上 4 个问题都可以使用本书介绍的 Word 相关功能自动化地解决。

1.3 用 Word 整理思路

当你有了一个好的创意，可能是一个产品的设计思路，通常你会把它先通过 Word 写下来，可是在通过调整结构来整理思路的时候，你却犯了难：Word 中无法体现结构。

大部分人会拿出纸和笔，通过手写和手绘的方式来完成对整个思路的整理，但这样做有一个问题：调整前后顺序不方便。若你想把某一章放到中间，想把某一张图放到上一页，则只能通过手绘箭头的方式来完成这些操作，导致好几张纸上的箭头密密麻麻，最后只能誊写一遍。

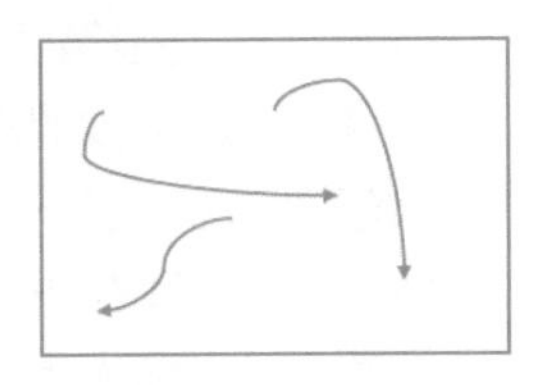

手写整理思路，调整不方便

在 Word 中存放文字和图片等元素是非常方便的，因此，如果能通过在 Word 中进行结构的调整，来完成对思路的整理，那将是非常节省精力的。本书就将介绍通过 Word 来调整结构、整理思路的方法。

1.4 一个 Word 文档怎么让多个人修改

在工作中，许多文件需要经过多个人修改后才能成为可传播的文件，比如产品的品控手册、公司发布的白皮书、机器的操作说明、公司管理的流程制度等。

如果你写完的文档需要给同事 A 改，同事 A 改了哪里该如何标注？如何体现修改痕迹？他的想法如何体现？如果再给同事 B 改，怎么防止同事 B 把同事 A 的修改内容删除？

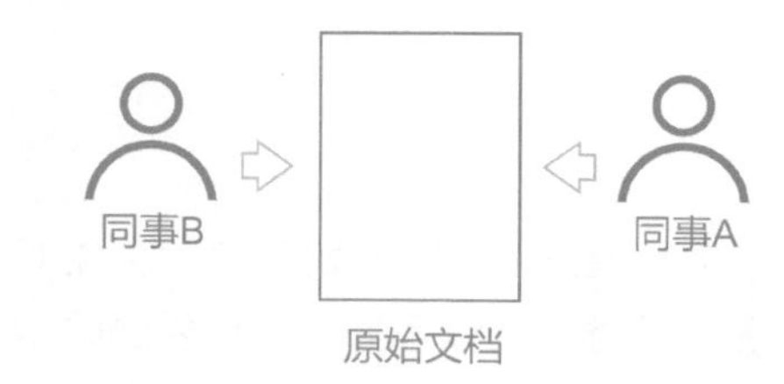

这些问题都可以通过本书介绍的方法来解决。

1.5 职场人应用 Word 的八大困惑

除了以上常见的问题以外，在对千余名职场人士进行调查后发现，他们使用 Word 解决工作问题时的主要困惑包含以下 8 个方面。

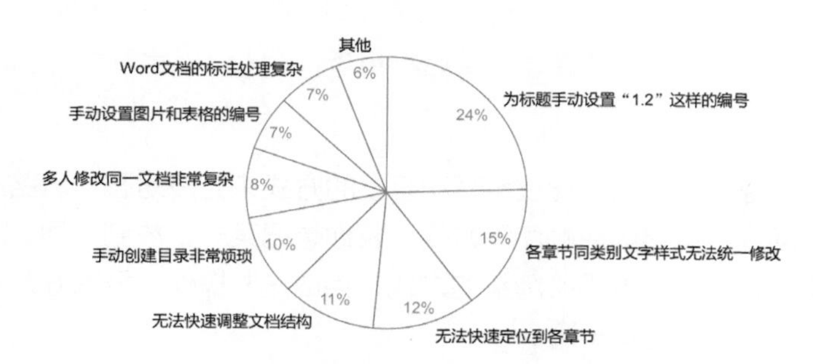

（1）为标题手动设置“1.2”这样的编号。

（2）各章节同类别文字样式无法统一修改。

（3）无法快速定位到各章节。

（4）无法快速调整文档结构。

（5）手动创建目录非常烦琐。

（6）多人修改同一文件非常复杂。

（7）手动设置图片和表格的编号。

（8）Word 文档的标注处理复杂。

这不仅代表了千余名被调研的职场人士的困惑，我在进行线下培训的过程中，通过和职场人士交流，发现这八大困惑普遍存在于大家的工作中。在后面的章节中，将会逐个介绍解决职场人遇到的这八大困惑的方法。

第2章 高手的标志——精通Word样式

本章围绕样式的基础功能进行解析，帮助大家解决各章节同类别文字样式无法统一修改、无法快速定位到各章节和无法快速调整文档结构等问题。

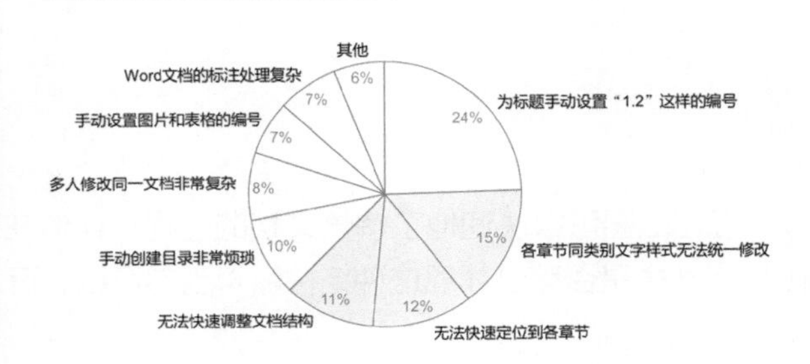

2.1 成为高手的第一步：套用标题样式

本章案例源自心元高新科技公司新进员工的培训文档，阅读完这篇文档后，发现它的结构如下图所示。

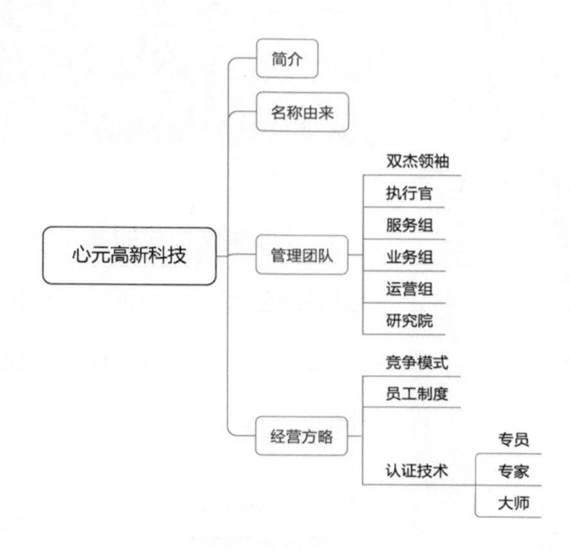

通过上图可以快速地了解该文档的结构，让你在理解整篇文档时不那么费劲。在 Word 中是否可以体现这种结构呢？当然可以，可以通过样式来完成。

2.1.1 为同级文字设置“团队”

在 Word 功能区的“开始”选项卡中，放置的是简单、常用的命令，“字体”“段落”组中的命令经常使用，而“样式”组中的却很少使用。解决大部分问题的关键就在于此，那么它能为我们做什么呢？

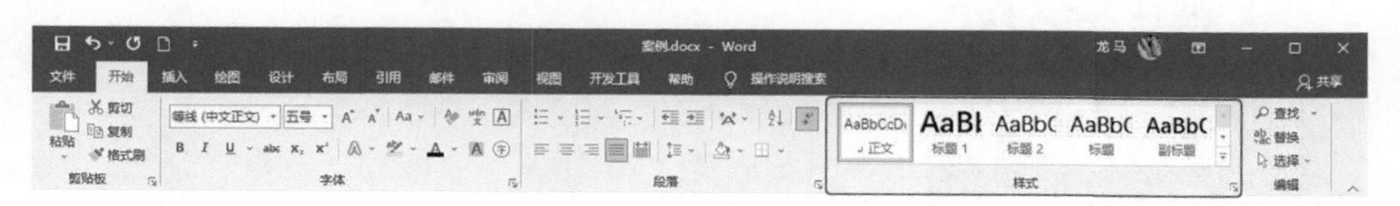

我们一起来探究样式功能能给我们的工作带来多大的便利。

将光标定位至文档“心元高新科技”段落内，选择“开始”选项卡的“样式”

组中的“标题”选项。

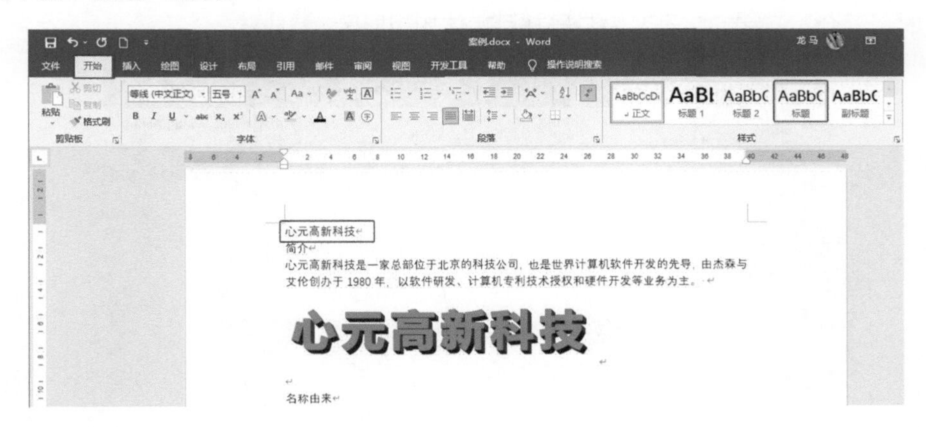

此时“心元高新科技”这 6 个字被居中显示，字号变为三号，而且字体加粗了。这是我们直观看到的结果：被选中的文字样式发生了改变。而对于 Word 来说，被选中的文字加入了一个“团队”，这个团队的名字叫作“标题”。

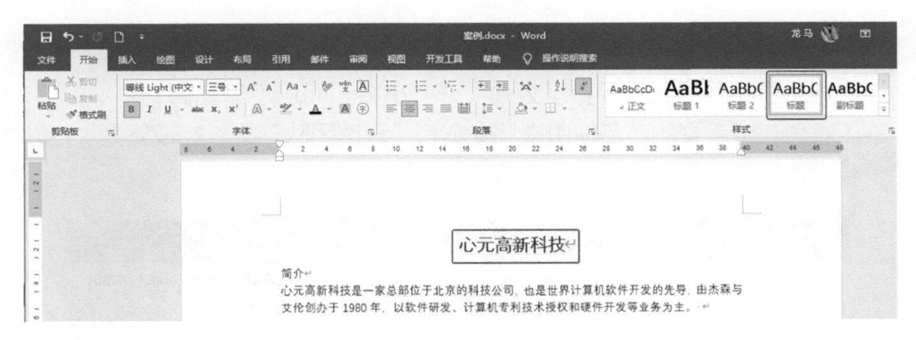

Word 中有很多这样的团队，每个团队都有自己的默认样式，比如“标题”这个团队的默认样式就是居中显示、三号字体、加粗。被选中的 6 个字“心元高新科技”加入了这个团队，所以就会应用这样的样式。

你可能会问：“我单击几个按钮就可以设置文字居中显示、字号加大和字体加粗，为何要大费周章地使用样式？”

这是大部分职场人可能会提出的疑问，也是大家不喜欢用样式功能的原因——感觉“费了大劲，办了小事”。接下来的解析就能够消除你的误解，让你慢慢对它产生“费了小劲，办了大事”的认知。

将光标定位至“简介”文本所在段落，然后在“样式”组中选择“标题 1”样式。此时“简介”二字的字号变为二号并且字体加粗显示。

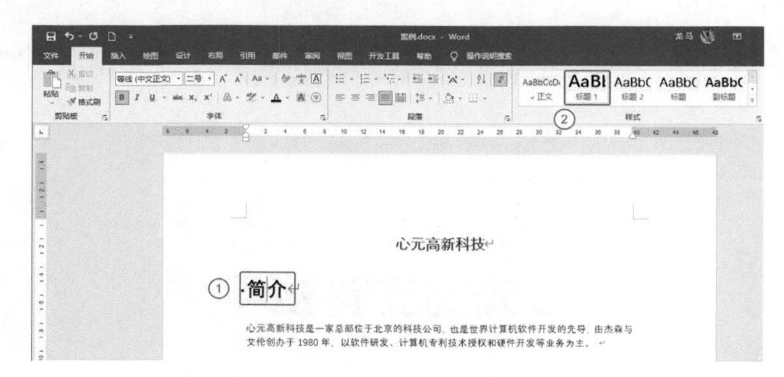

对于 Word 来说，被选中的文字加入了名为“标题 1”的团队。

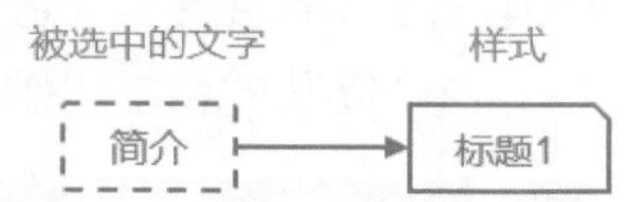

你可能会质疑：“这不但费了大劲，办了小事，而且不美观啊。”

不用着急，将后文的“名称由来”文本和“管理团队”文本都设置为“标题 1”样式，我们再看看应用样式到底好在哪里。

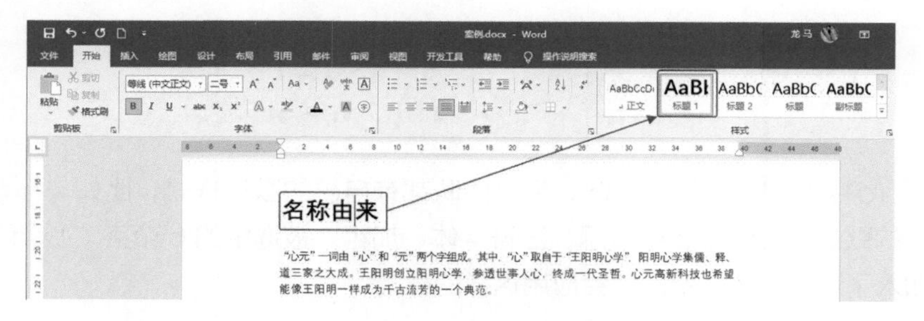

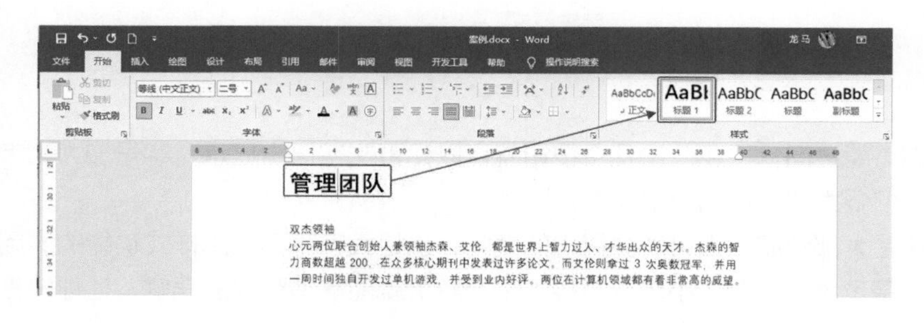

现在，“标题 1”这个团队中已经有 3 名成员了，而这 3 名成员都使用了“标题 1”的默认样式。

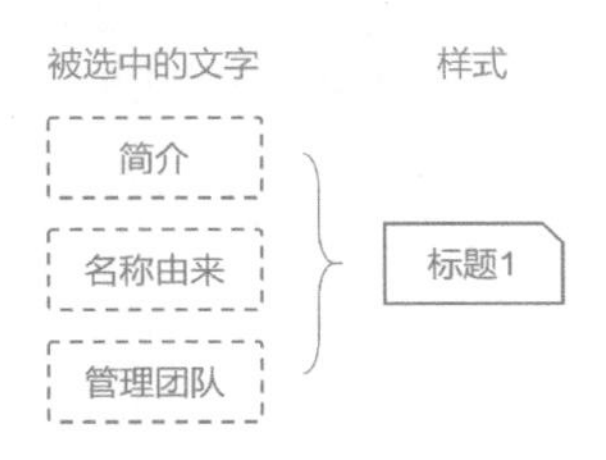

职场经验

既然感觉使用样式不方便，那为什么还要用样式？

原因就在于如果对“标题1”这个团队的样式进行修改，那么这个团队下的所有成员的格式就都会被修改，也就意味着“简介”、“名称由来”和“管理团队”的格式就不用分别设置了。

如何修改“标题 1”的样式呢？

在“标题 1”样式上单击鼠标右键，在弹出的快捷菜单中选择“修改”选项，即可打开“修改样式”对话框，然后将字体修改为微软雅黑，将字号设置为五号。单击“确定”按钮。

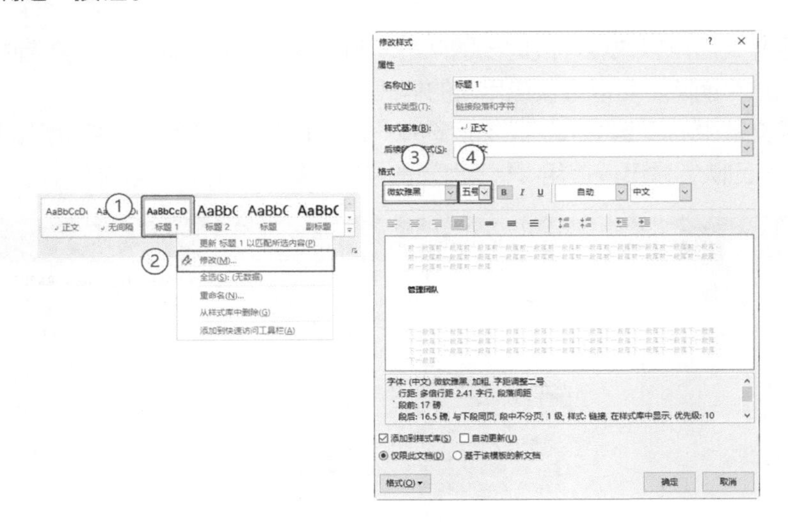

此时“标题 1”中的 3 名成员——“简介”、“名称由来”和“管理团队”的格式都发生了改变，字体被修改为微软雅黑，字号被修改为五号。

简介

心元高新科技是一家总部位于北京的科技公司，也是世界计算机软件开发的先导，由杰森与艾伦创办于 1980 年，以软件研发、计算机专利技术授权和硬件开发等业务为主。

名称由来

“心元”一词由“心”和“元”两个字组成。其中，“心”取自于“王阳明心学”，阳明心学集儒、释、道三家之大成。王阳明创立阳明心学，参透世事人心，终成一代圣哲。心元高新科技也希望能像王阳明一样成为千古流芳的一个典范。

管理团队

双杰领袖
心元两位联合创始人兼领袖杰森、艾伦，都是世界上智力过人、才华出众的天才。杰森的智力商数超越 200，在众多核心期刊中发表过许多论文。而艾伦则拿过 10 次奥数冠军，并用一周时间独自开发过单机游戏，并受到业内好评。两位在计算机领域都有着非常高的威望。

2.1.2 套用样式后的六大优势

套用样式后可以快速修改同一团队下所有文字的格式。此外，让文档中其他的文字加入这个团队，可以直接应用新的样式。

选择文档中的“经营方略”，然后选择“标题 1”样式。“经营方略”就加入了“标题 1”这个团队，并迅速应用“标题 1”的样式：微软雅黑，五号字体。

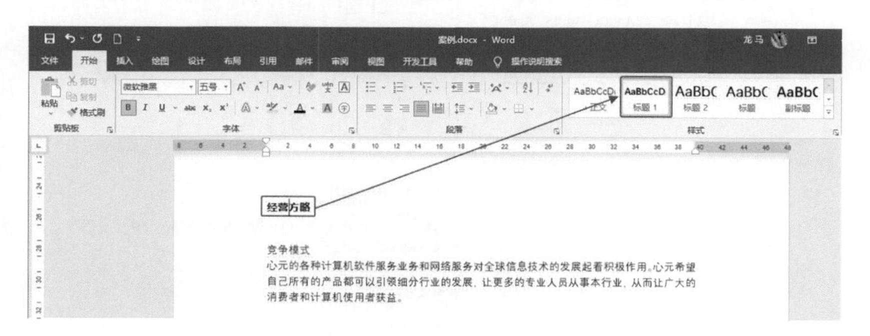

“团队”的概念是我用拟人化的手法来描述的，希望这样能让你更容易理解。“团队”在 Word 中所对应的就是“样式”，“加入团队”在 Word 中所对应的就是“套用样式”。

现在，你已经能够理解样式的概念，那么下文将不再使用团队这个拟人化的描述了。

你是否已经喜欢上了“样式”这个功能呢？套用样式共有六大优势。

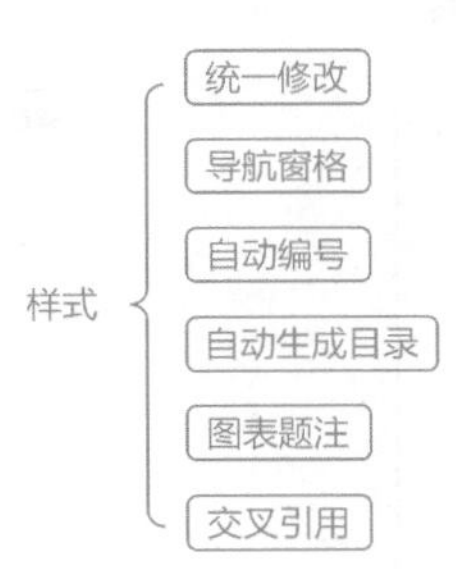

（1）统一修改。套用同一样式的所有文字的格式，可以被统一修改。

（2）导航窗格（见下页第一个图）。可使 Word 文档的结构一目了然，并且可以快速定位到某个标题的具体内容，以及调整标题及其内容的顺序。

（3）自动编号。通过设置，可以对不同级别的文字设置自动编号，自动生成“2.2”“2.3”这样的编号。

4.3 认证技术

心元认证是心元公司设立的以推广心元技术，培养系统、网络管理和应用开发人才为目的的完整技术金字塔证书体系，在全世界 80 多个国家有效，并且可以作为工作能力的有效证明，公司资质实力证明等多项益处！

心元认证从 2000 年设立，在业界的影响力也越来越大，已是具备相当含金量和实用价值的高端证书。

2013 年，心元认证计划进行了全面升级，以涵盖云技术相关的解决方案，并将此类技能的考评引入行业已获得高度认可和备受瞩目的认证考试体系，从而推动整个行业向云计算时代进行变革。经过重大升级之后，心元认证计划将更加注重最前沿的技术。心元认证能够证明持证者已经掌握了对最前沿的计算机解决方案进行部署、设计以及优化的技术能力。

2013 版心元认证计划结构简单明了且起点更为明确，包括 3 个级别：专员、专家、大师。

图 3-1 心元认证计划结构

自动编号 4.3.1 专员

专员是计算领域职业发展的坚实基础，包括技术专员和解决方案专员两种。

4.3.2 专家

专家是全球公认的 IT 精英，包括计算机专业人员、专业开发人员、解决方案专家和解决方案开发专家4 种。

（4）自动生成目录。Word 可以根据样式自动生成带页码的目录。

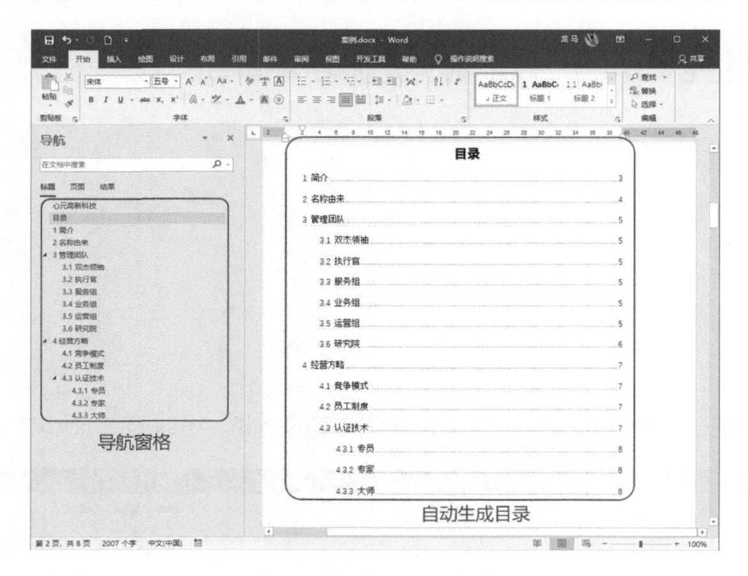

（5）图表题注。可以自动为图表添加带章节号的题注，比如“图 1-2”等。

（6）交叉引用。可以自动调用文字所在的页码和标题等，比如“详见第 4 页”“如图 1-2 所示”等。

而本章最初所提到的困扰职场人士的大部分问题，都可以通过样式来解决。

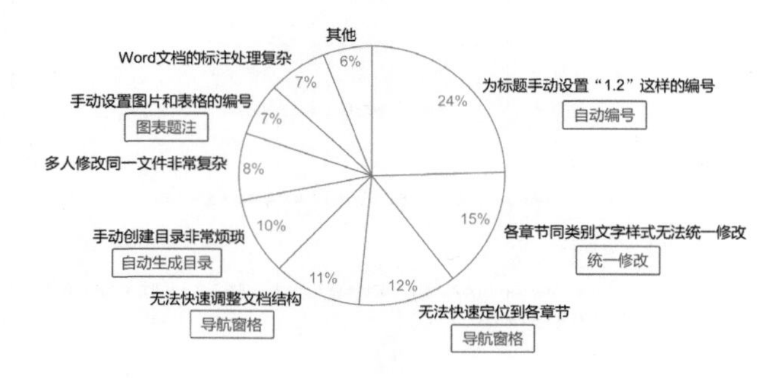

接下来就一一揭秘样式这个常用而又容易被大家忽略的强大工具是如何帮助我们工作的。

2.2 一次性设定文档的样式

在日常工作中，需要对文档中的文字频繁地进行基础设置，如修改文字的字体和字号，为段落设置首行缩进、行间距和段落间距等。

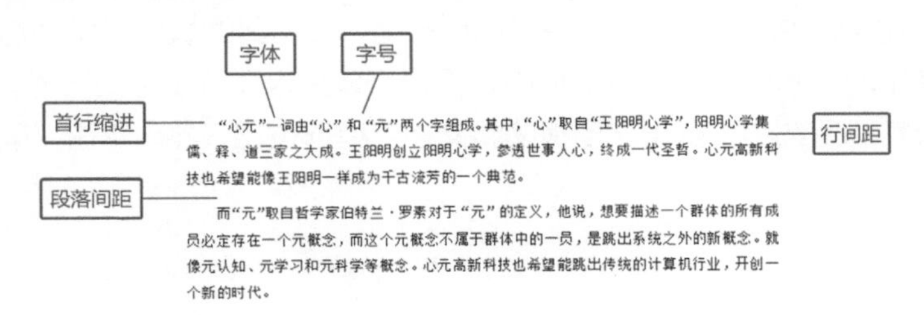

对于文档中的文字，在没有设置样式的情况下，“样式”组中会显示“正文”。也就是意味着，新建 Word 文档后，在这个文档中输入的文字，都默认采用“正文”这个样式。

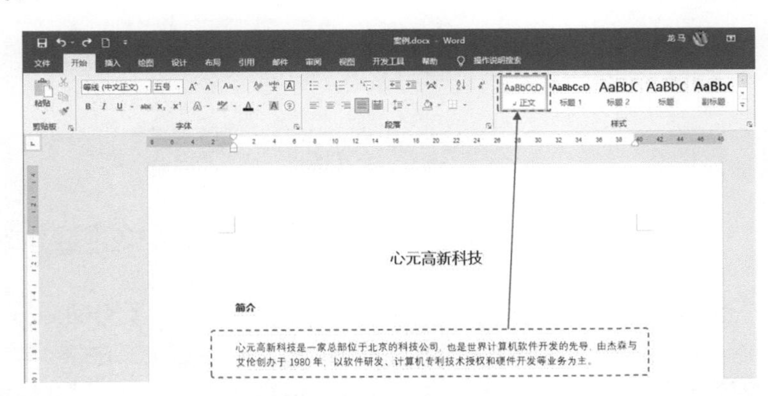

也就是说，如果我们修改“正文”的样式，那么采用“正文”样式的文字都会发生改变，不用再一个个修改了。

2.2.1 为所有新建文档建立统一样式

如果每个新建的文档都需要重复设置，着实让人头疼。其实这种重复的工作完全可以让 Word 来完成。

首先，需要将“正文”样式的格式修改为宋体、五号。

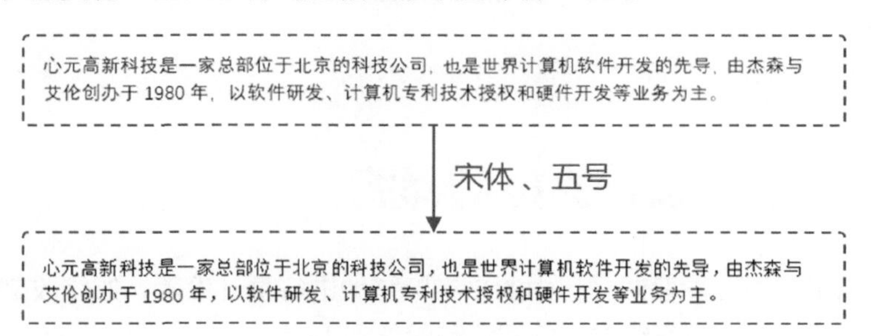

在“样式”组中的“正文”上单击鼠标右键，在弹出的快捷菜单中选择“修改”选项，在弹出的“修改样式”对话框中，修改字体为宋体，字号为五号。

在修改完成后选中“基于该模板的新文档”单选按钮，然后单击“确定”按钮。

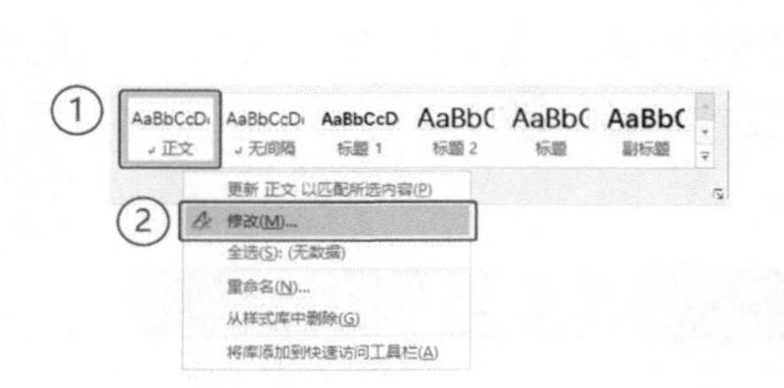

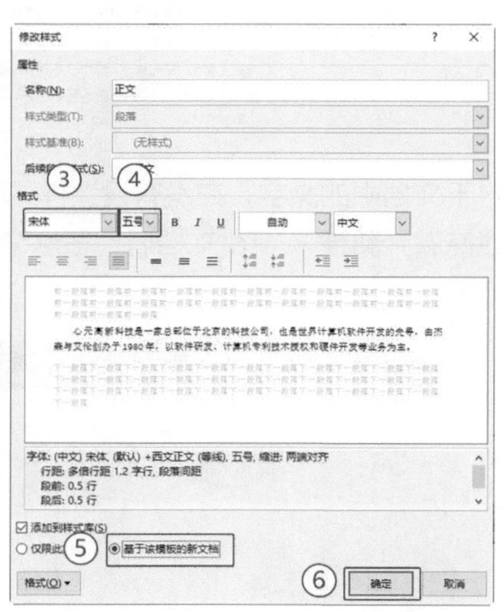

选中“基于该模板的新文档”单选按钮可以让这台电脑中所有的空白文档都应用以上设置。换句话说，下次新建 Word 文档时，就不用再设置正文的字体、字号了。

查看整篇文档，所有的文字都发生了改变。你是不是在感叹：“我以前浪费了多少时间在这些重复的操作上啊！”

2.2.2 调整行间距和段落间距

调整完文字格式后，还需要调整文档的段落格式，包括首行缩进、行间距和段落间距等。

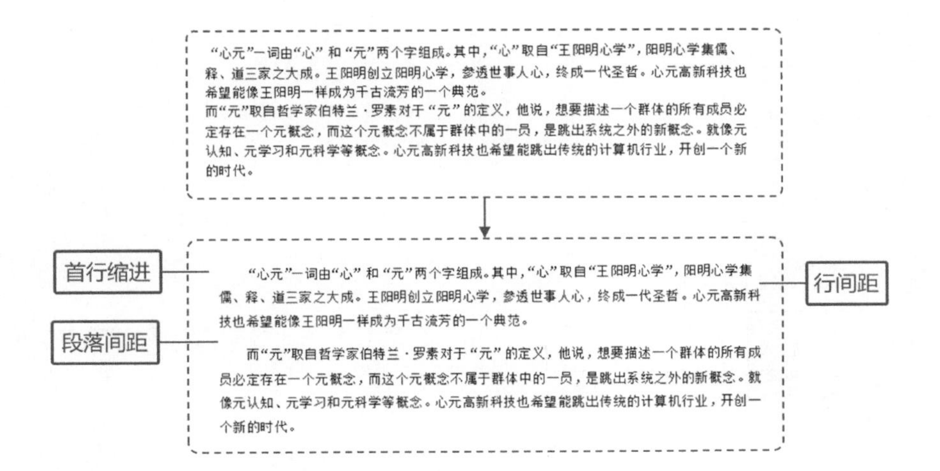

在"正文"样式上单击鼠标右键，在弹出的快捷菜单中选择"修改"选项，然后在"修改样式"对话框中单击"格式"按钮，选择"段落"选项。

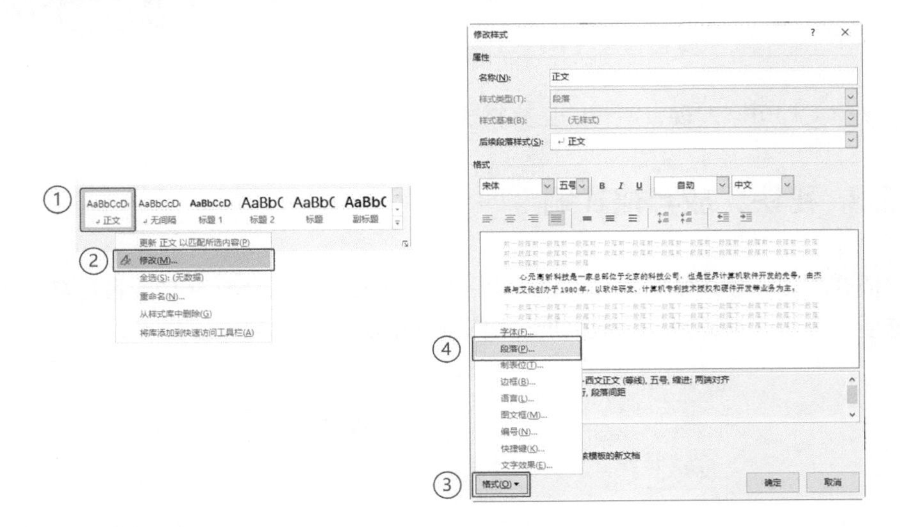

弹出"段落"对话框，在"缩进"栏中设置"特殊"为"首行"，设置"缩进值"为"2字符"。然后在"间距"栏中设置"段前""段后"均为"0.5行"，将"行距"设置为"多倍行距"，将"设置值"更改为"1.2"，单击"确定"按钮。

返回"修改样式"对话框后选中"基于该模板的新文档"单选按钮，以告诉Word你现在做的段落设置也需要在每个空白文档中应用。最后单击"确定"按钮。

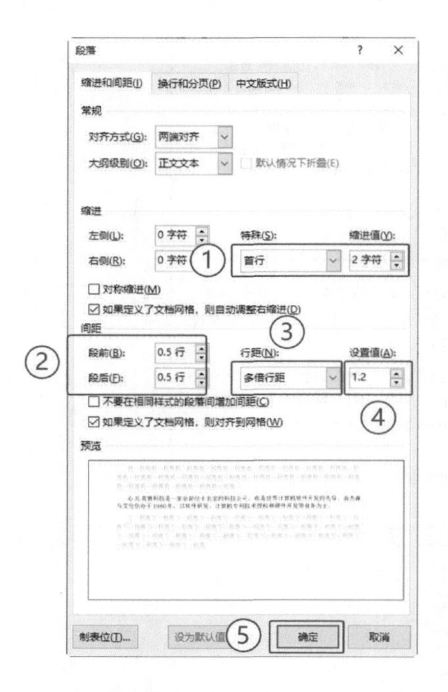

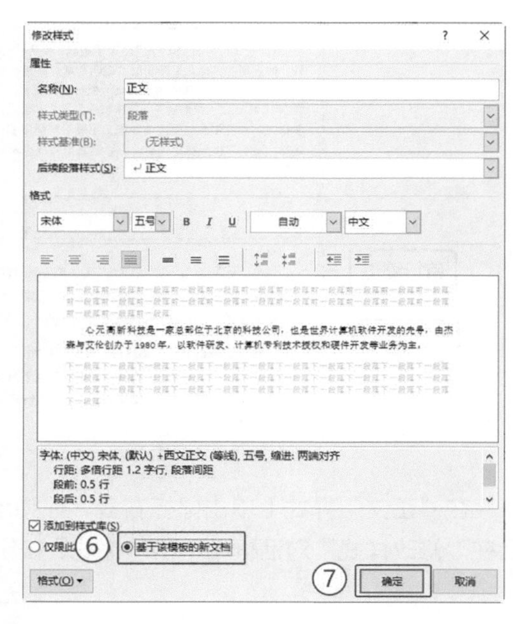

观察文档可以发现，所有的正文格式都发生了改变。

2.2.3 秘诀：放弃格式刷

格式刷是职场人士经常使用的“利器”，它在处理非正式文档或者短文档时比较方便。它可以帮助我们快速地把一段文字的格式复制给另一段文字。

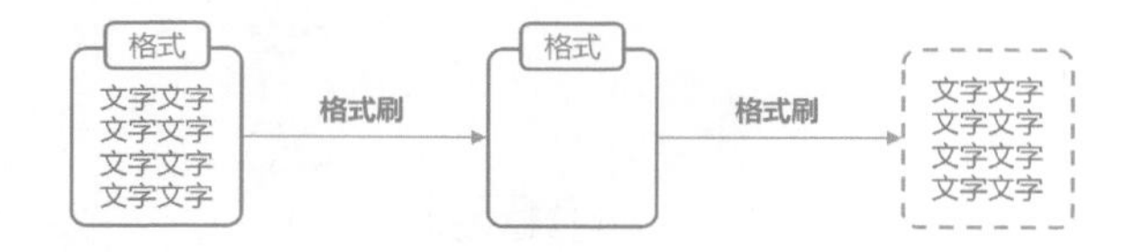

而对于一篇正式的文档，比如项目报告或合同，所有的文字格式都有统一的规定，在这时使用格式刷就不那么方便了。

为什么说用格式刷不方便呢?

我们来分解一下格式刷的动作：先选中目标格式的对应文字，然后单击格式刷按钮，最后选中需要套用该格式的目标文字。整个过程需要 3 次操作，如果整个文档文字较多，篇幅较长，则格式刷会被频繁使用，并且一旦需要修改格式，需要重新使用格式刷。

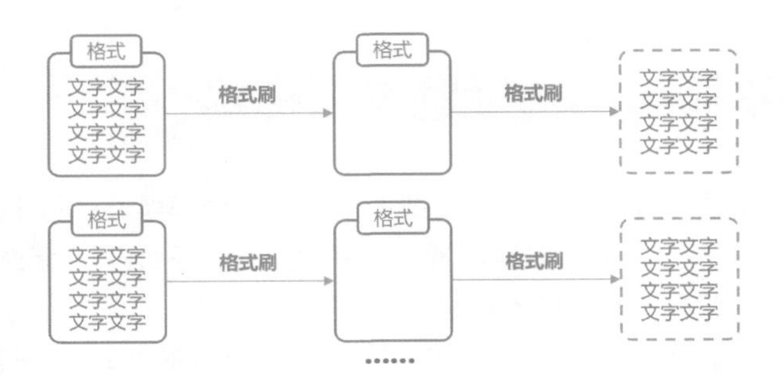

样式则完全提供了格式刷的功能，并且把格式单独保存在样式中，你只要单击一次就可以把格式应用到目标文字。

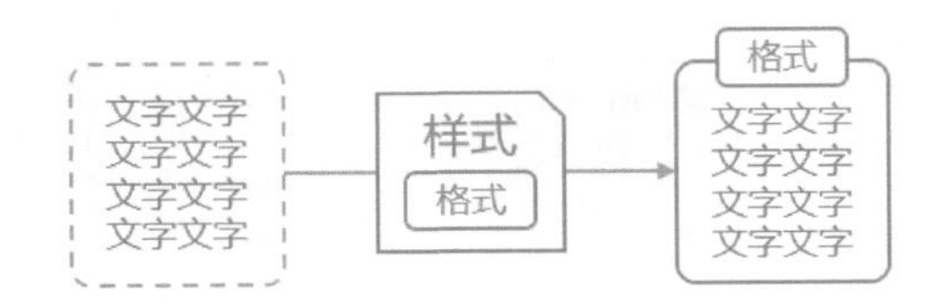

而且当需要改变格式时，不需要单独修改每处目标文字，只需要修改样式即可。

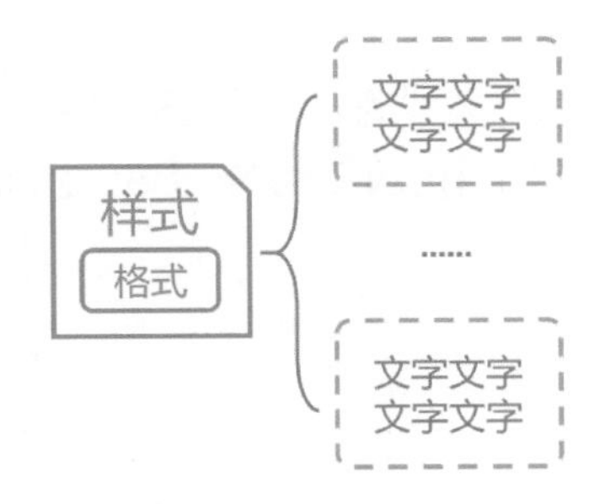

由此可见，在长文档编辑方面，样式的功能远强于格式刷。

样式如此好用，为什么我们都忽略它？因为样式的默认值太“丑”了，就像前文提到的“标题 1”样式，默认样式的字体很大，不美观，这时就需要修改样式的默认值。

修改样式的默认值有多大的工作量呢？基本上一篇文档有 7 个样式就完全够用了。而且你已经修改了其中的两个：“正文”和“标题 1”，剩下的样式只需要依葫芦画瓢就能够快速完成修改。

另外，在样式设置完毕后，选中“基于该模板的新文档”单选按钮，就可以一劳永逸，减少大量重复工作。

2.3 为不同级别的标题设置样式

上文已经设置了“标题 1”的样式，或许你心中一直有疑问：为什么“简介”“名称由来”“管理团队”“经营方略”属于“标题 1”，不属于“标题 2”？为什么这 4 个文本属于“标题 1”，其他文本不属于?

答案就在于这篇文档的结构。这篇文档虽长，但结构简单，如下图所示。

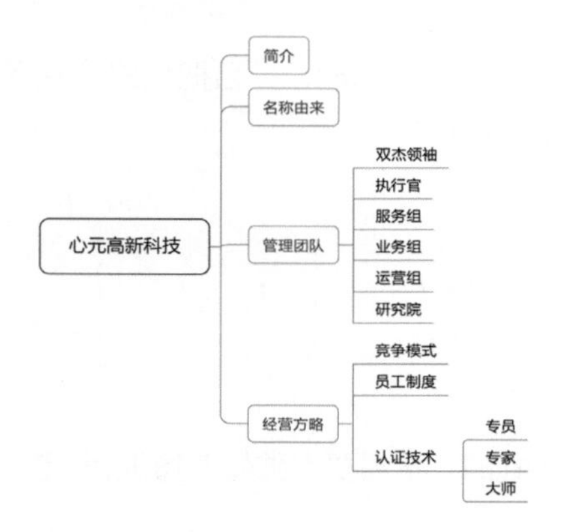

这时，你就能明白为什么只有“简介”“名称由来”“管理团队”“经营方略”使用“标题 1”样式了，因为它们是这篇文档的一级标题，而 Word 样式中的“标题 1”就是一级标题的意思。

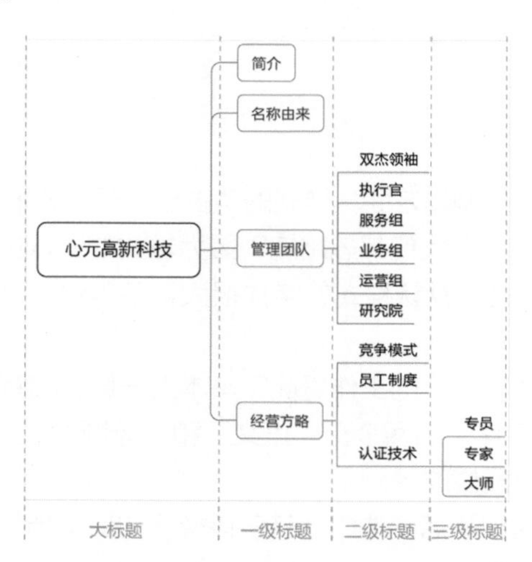

接下来，我们就一起来完成对所有的标题样式的修改。

2.3.1 自定义修改大标题样式

首先修改的是“标题”的样式。

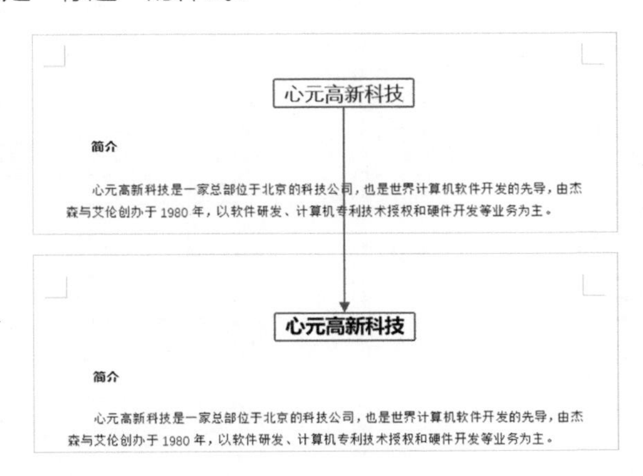

在“标题”样式上单击鼠标右键，在弹出的快捷菜单中选择“修改”选项。在“修改样式”对话框中“样式基准”的默认值是“正文”，通常不需要修改，意思是当前“标题”样式沿用的是“正文”样式。“后续段落样式”的默认值也是“正文”，通常也不需要修改，意思是当“标题”写完并按“Enter”键后，后续的文档段落是“正文”样式。

将“标题”文字的字体修改为微软雅黑，字号设置为三号，单击“格式”按钮，选择“段落”选项。

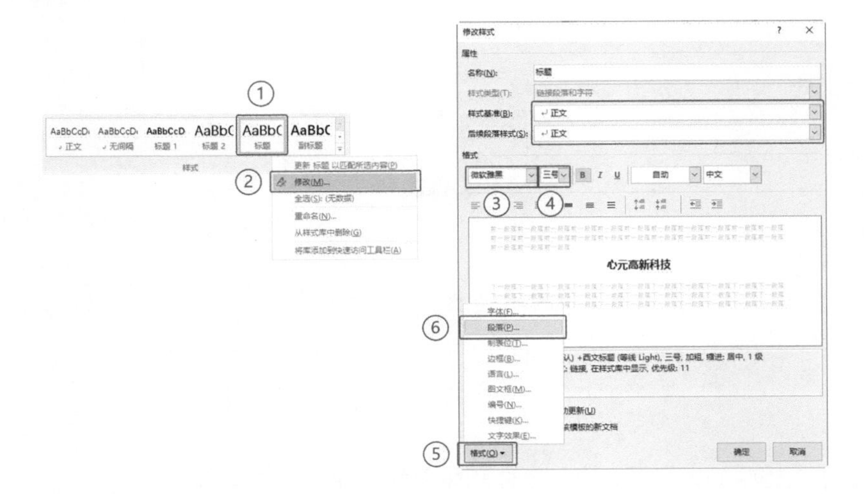

打开“段落”对话框，由于“样式基准”的值是“正文”，所以在正文中所有

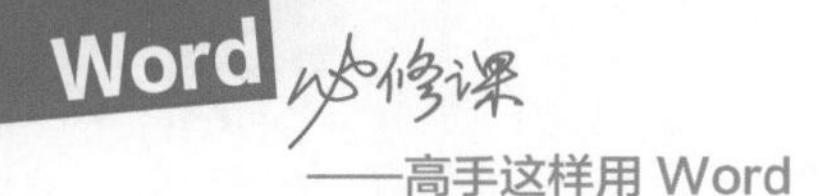

的设置都被沿用，此时唯一要修改的就是去掉首行缩进，然后单击“确定”按钮。

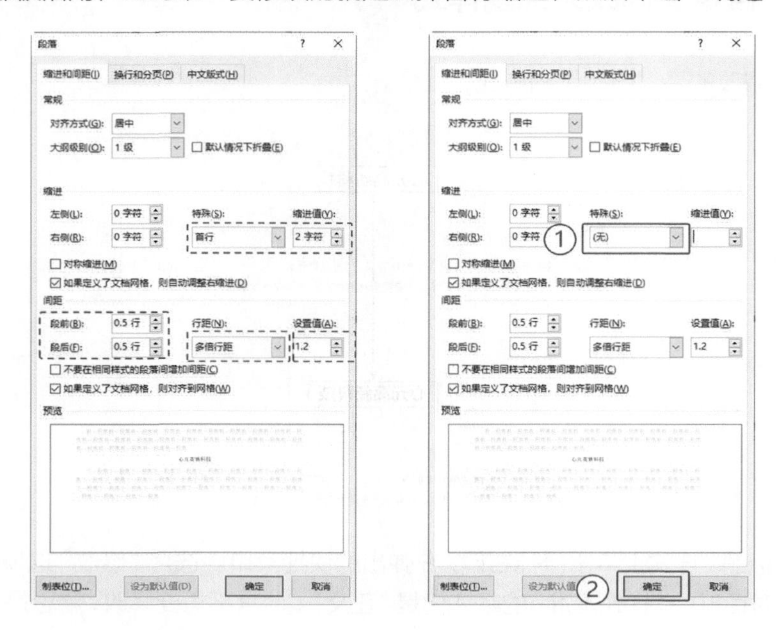

最后不要忘记选中“基于该模板的新文档”单选按钮，这样下次新建空白文档时就不需要再设置了。

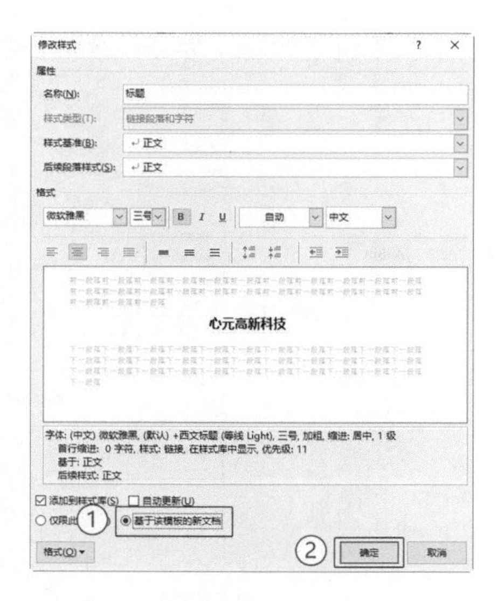

观察文档中的大标题，它的字体和段落都已经发生了改变。

2.3.2 让一级标题新建一页

完成大标题的样式设置后，接下来就要完成对“标题 1”的设置了。

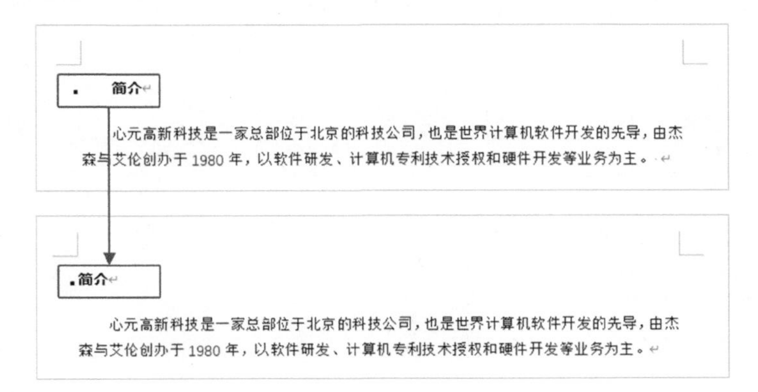

使用同样的方法打开“标题 1”的“修改样式”对话框。“样式基准”和“后续段落样式”不用修改，单击“格式”按钮并选择“段落”选项。

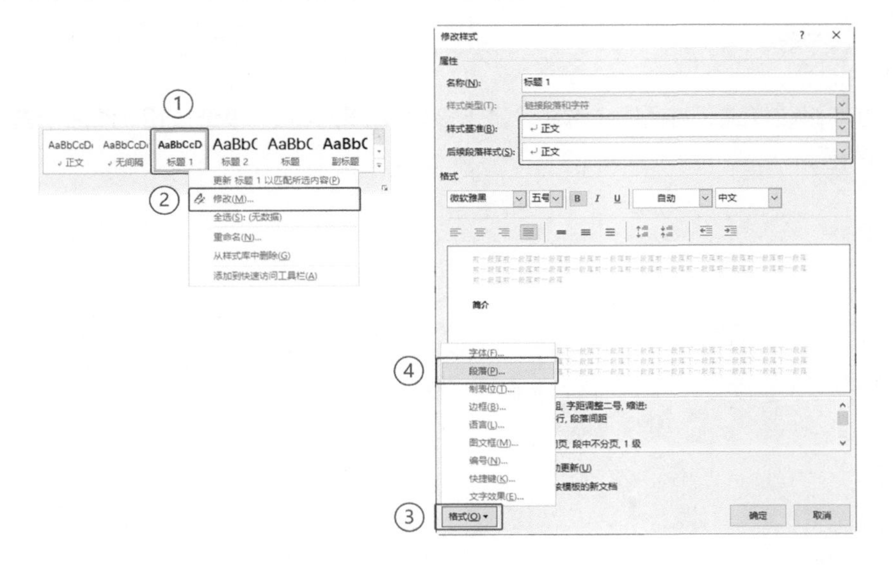

打开“段落”对话框，将“特殊”设置为“(无)”，并将“行距”改为“多倍行距”，将“设置值”设置为“1.2”。

“标题 1”是文档的一级标题，在写项目报告等内容时，需要将一级标题另起一页。这时需要切换至“换行和分页”选项卡，选中“段前分页”复选框，然后单击“确定”按钮。如不需要另起一页，则可以跳过此步骤。

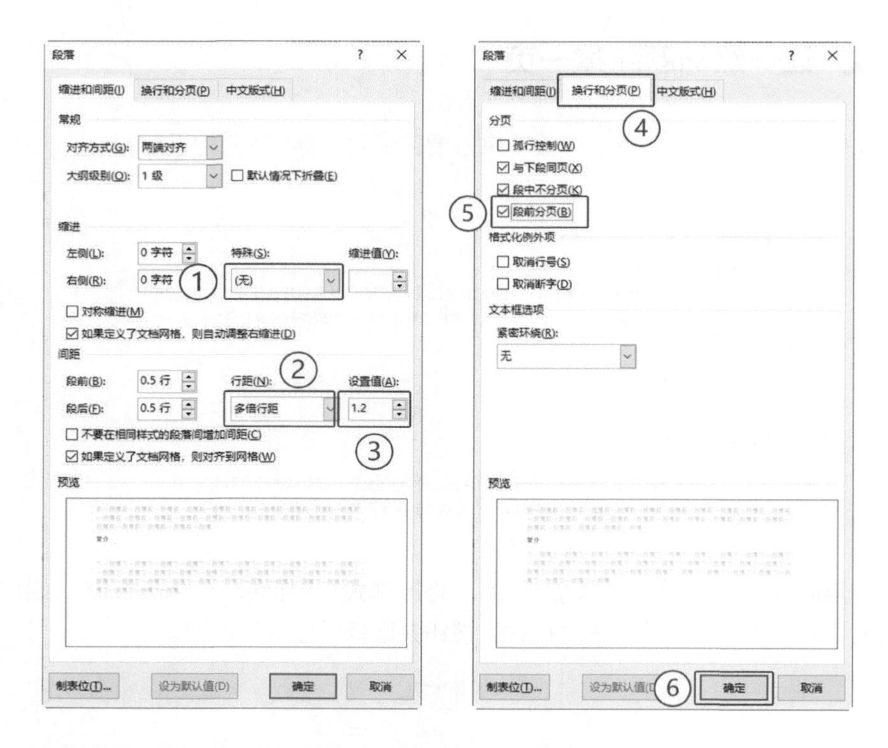

在“修改样式”对话框中选中“基于该模板的新文档”单选按钮，然后单击“确定”按钮。

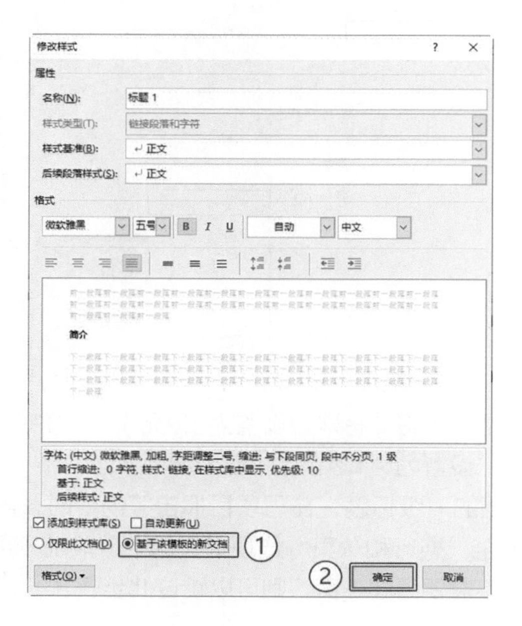

查看文档，发现“标题 1”以及下方的所有文字都已经另起一页了，只是首行缩进仍然存在。

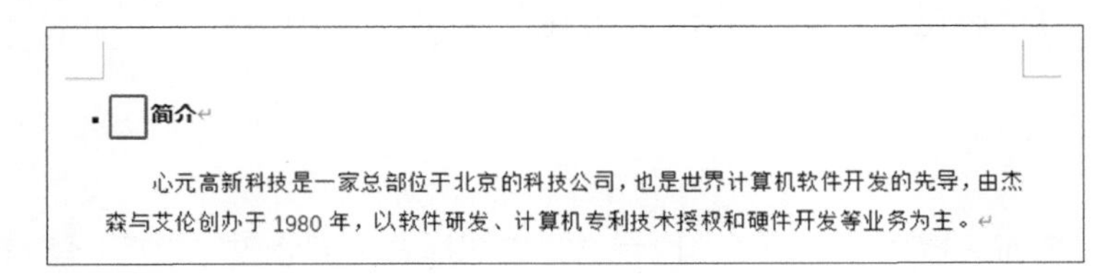

这是 Word 文档没有及时刷新样式导致的，此时需要手动刷新。

在“标题 1”样式上单击鼠标右键，在弹出的快捷菜单中选择“选择所有 4 个实例”选项，即选中属于“标题 1”样式的 4 个标题；此时再次单击“标题 1”样式，新的样式将会应用到这 4 个标题上。

再次观察文档，发现标题前的首行缩进已经消失了，可标题前却有一个“·”。

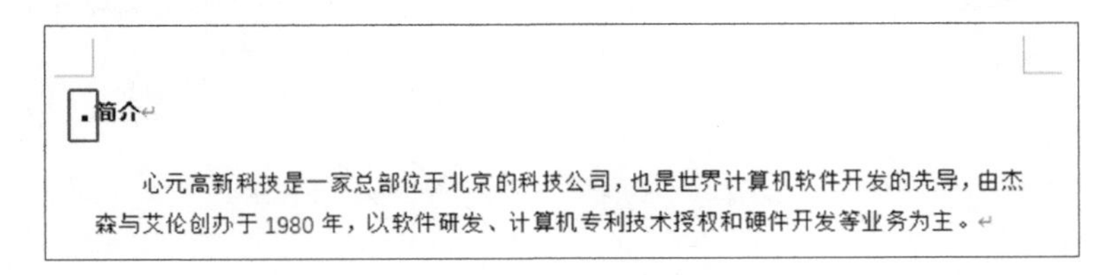

这个“·”在打印时并不会出现，它只是用于提醒你：“这一行使用了标题样式。”

在“修改样式”对话框中，选中“自动更新”复选框，在修改样式后 Word 就会自动更新样式。为什么不建议将其选中呢？

专栏 Word 为什么不把样式设置为自动刷新

如果你是一个细心的人，你会发现，“标题 1”需要手动刷新样式，“标题”怎么不需要手动刷新样式？

为什么 Word 不能自动刷新呢？因为刷新标题样式会占用大量的电脑系统资

源，导致 Word“卡顿”。假设修改一次样式就自动刷新一次标题样式，而在修改样式时通常要多次修改，也就意味着刷新得太频繁会导致 Word 多次“卡顿”，长此以往，会让你感觉“Word 好卡，不好用”。

将样式刷新设置为手动模式，也就是等你把样式全部修改完之后，再一起刷新，而这样只会“卡顿”一次。

2.3.3 为二级标题设置醒目的样式

在一级标题样式的相关介绍中，为了演示样式的作用，才先让文字套用样式，然后修改“标题 1”的样式。而在日常工作中，我们往往是先设定好各种样式，然后直接套用。

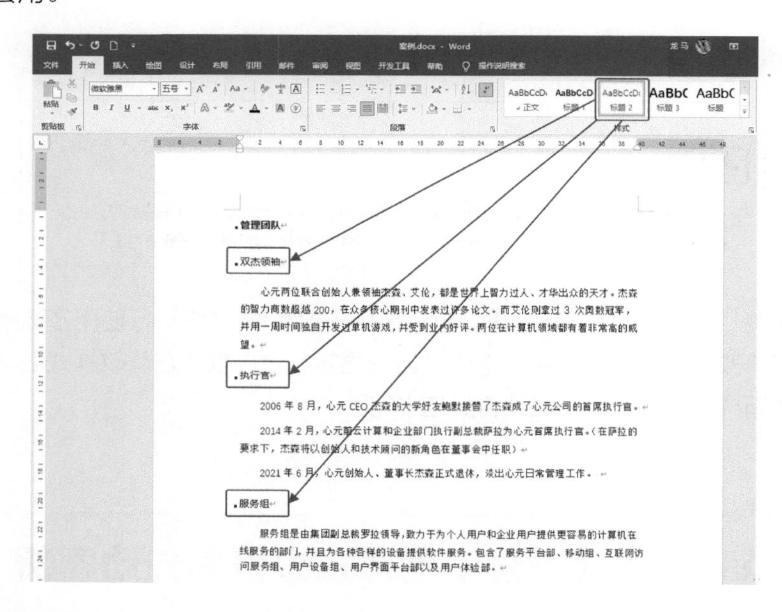

本小节就围绕如何设置二级标题展开介绍。

在“标题 2”样式上单击鼠标右键，在弹出的快捷菜单中选择“修改”选项，在“修改样式”对话框中将文字的字体修改为微软雅黑，将字号修改为五号，为了区别于“标

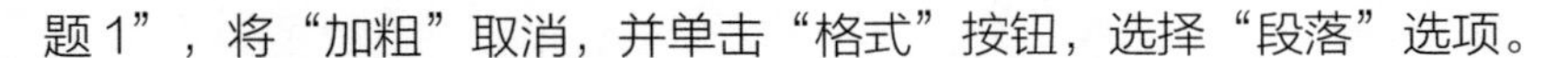
题 1”，将“加粗”取消，并单击“格式”按钮，选择“段落”选项。

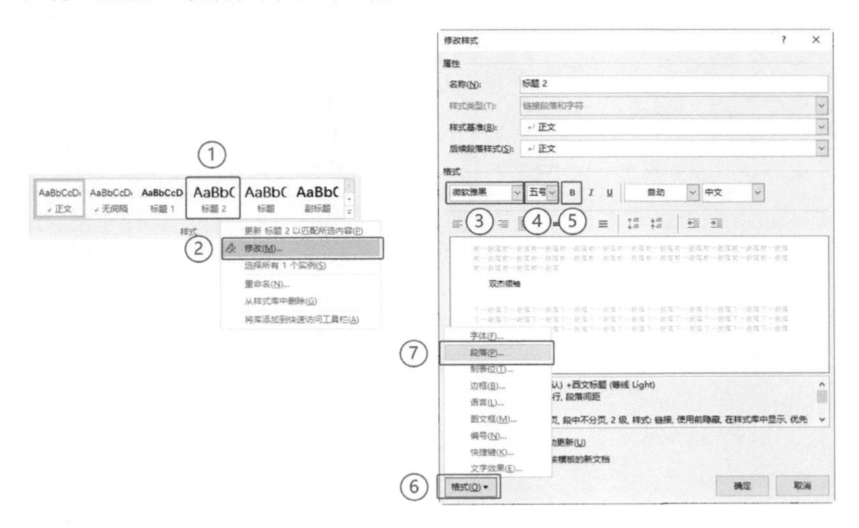

在打开的“段落”对话框中将“特殊”设置为“（无）”，将“行距”设置为“多倍行距”，将“设置值”设置为“1.2”，单击“确定”按钮后，选中“基于该模板的新文档”单选按钮，单击“确定”按钮。

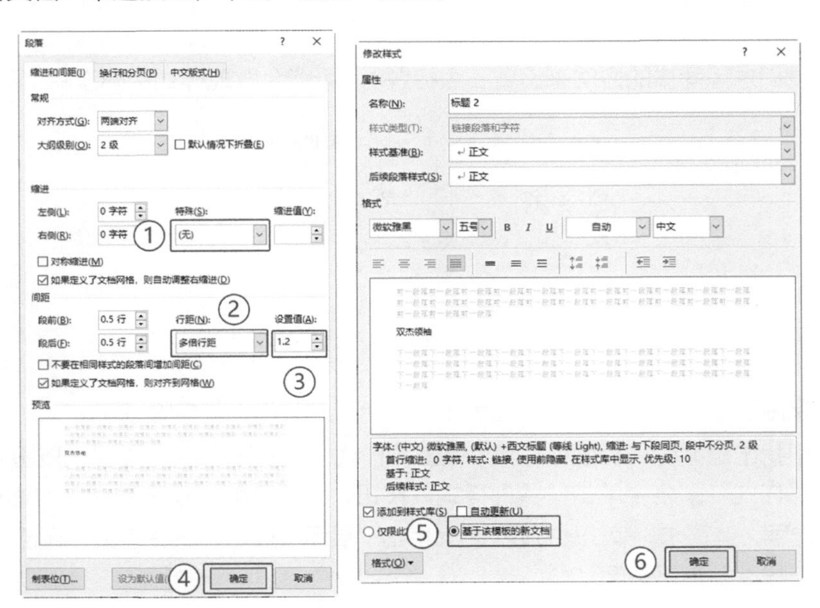

设置完“标题 2”的样式后，就需要将它套用至其他二级标题上。

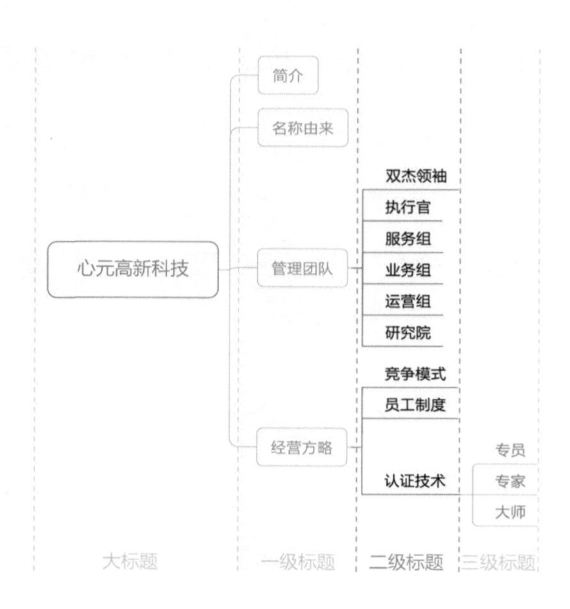

选中“双杰领袖”，单击“标题 2”；选中“执行官”，单击“标题 2”；……

2.3.4 找出隐藏的三级标题

当我们想用同样的方法来设置三级标题时，可能会发现样式中都没有“标题 3”。

这是由于 Word 中的样式实在太多了，所以“标题 3”被隐藏了。

如何找出隐藏的“标题 3”呢？单击“样式”组右下角的“样式”按钮，在弹出的“样式”窗格中单击“管理样式”按钮，在打开的“管理样式”对话框中切换至“推荐”选项卡，单击“标题 3”，单击“显示”按钮，然后单击“确定”按钮，最后将“样式”窗格关闭。

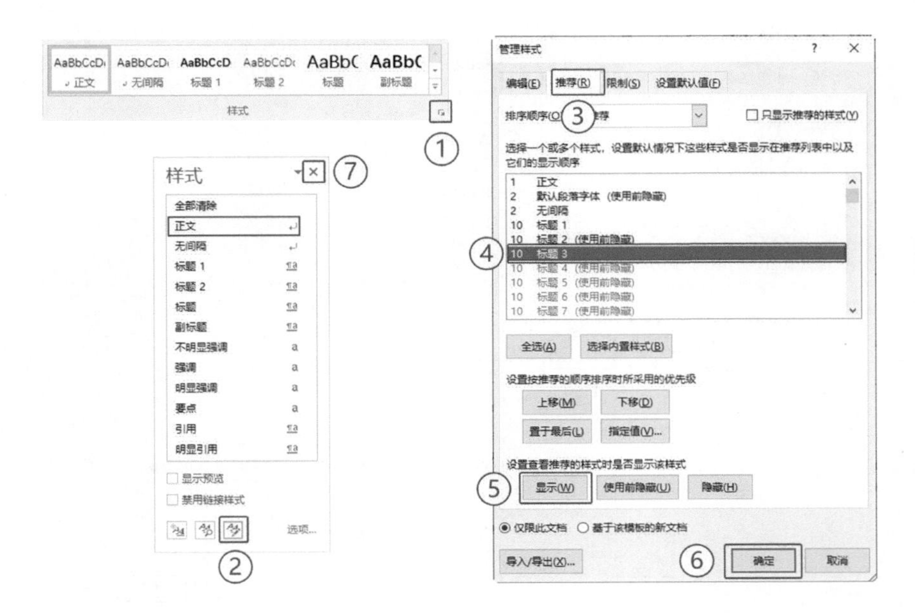

样式列表框中已经出现了被隐藏的"标题3"，此时使用同样的方法设置"标题3"的样式。为了区别于"标题1"和"标题2"，在设置"标题3"样式时取消"加粗"，并将颜色设置为灰色。单击"格式"按钮，选择"段落"选项。

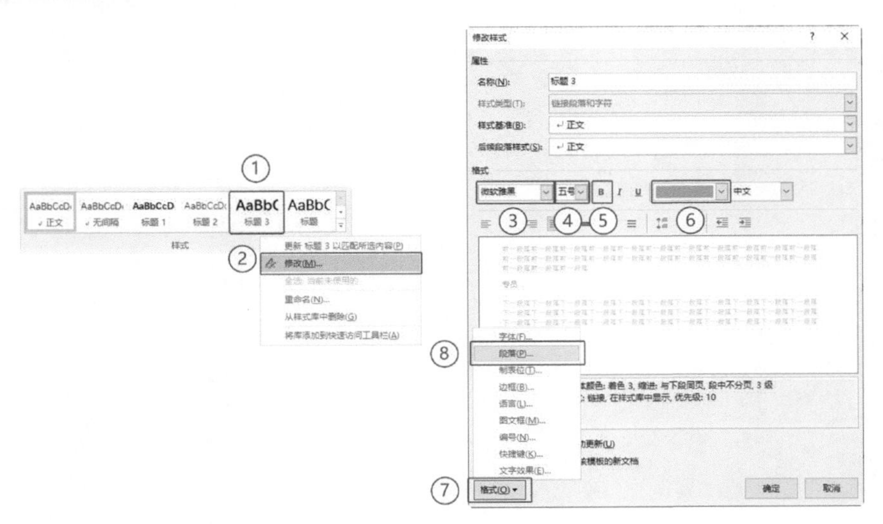

在打开的"段落"对话框中将"特殊"设置为"(无)"，并调整"行距"为"多倍行距"，设置"设置值"为"1.2"，单击"确定"按钮后，选中"基于该模板的新文档"单选按钮，单击"确定"按钮。

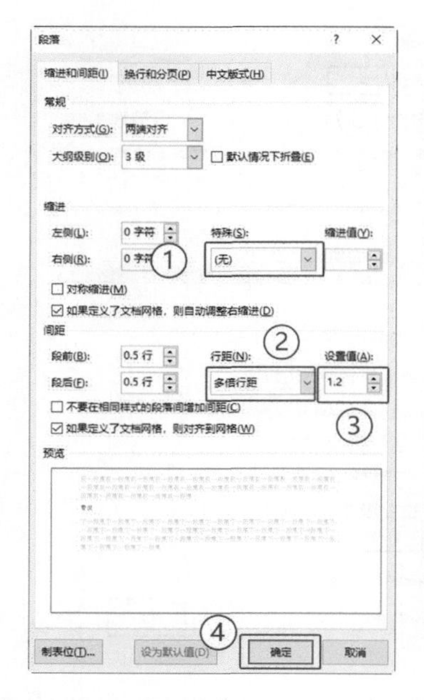

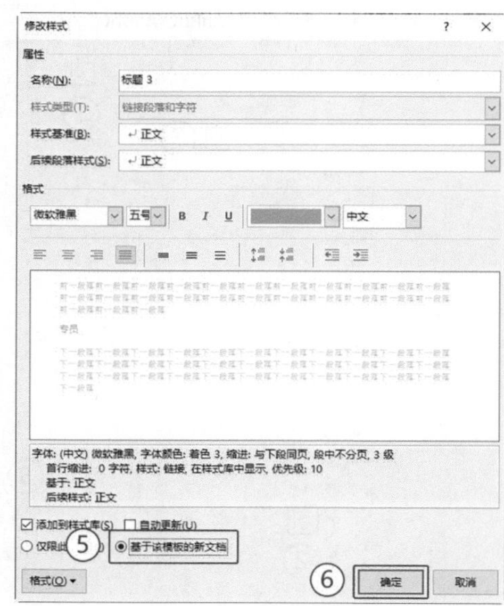

最后根据文档的结构为文本设置三级标题。

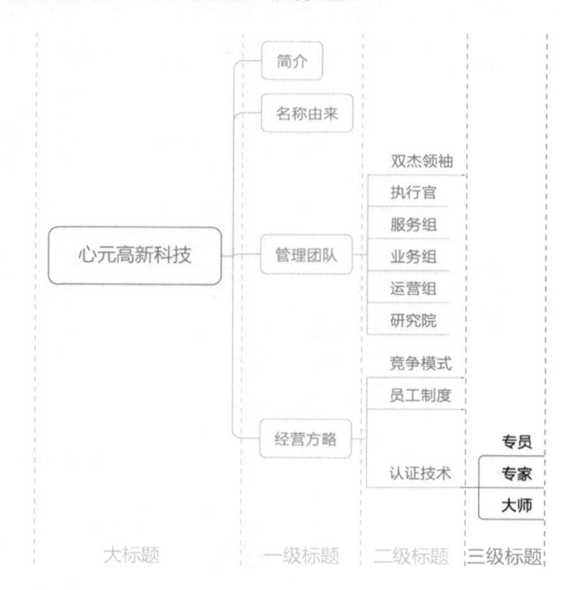

选择“专员”，单击“标题 3”；选择“专家”，单击“标题 3”；选择“大师”，单击“标题 3”。

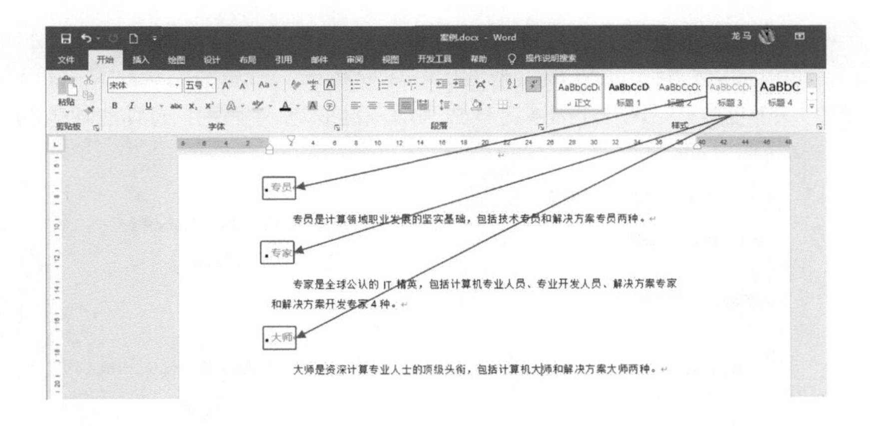

2.3.5 秘诀：不要设置四级标题

当设置完三级标题后，想必你已经对样式的设置不陌生了，并且期待着设置四级标题。但我建议不要设置四级标题，有以下两个原因。

（1）逻辑容易混乱。当文档的逻辑可划分出四级标题甚至更多时，对于作者来说，有个逻辑归类的大问题需要思考：“这个标题是二级标题？是三级标题？还是四级标题？”并且当你使用四级标题时，你会倾向于把原本不用拆开的三级标题，划分为多个四级标题。

（2）读者难于解读。当一篇文档出现四级标题时，读者是极难读懂其内容的，就算读者的逻辑能力很强，也不一定会花很多精力和时间去解读。他的第一反应可能是：“这篇文档太复杂了。”如果他是你的上司，那么你的工作成果可能就没法得到良好体现；如果他是你的同事，那么合作效率可能就会大大降低；如果他是你的客户，那么你的这次服务效果可能就会大打折扣。

而且，在后文中我们会给标题加上编号，如一级标题是“2.”，代表第 2 章；二级标题是“2.3”，代表第 2 章的第 3 节；三级标题是“2.3.1”，代表第 2 章中第 3 节的第 1 小节。三级标题已经是易于理解的极限了，如果在你面前有个四级标题“2.3.1.2”，你会有什么样的感想？

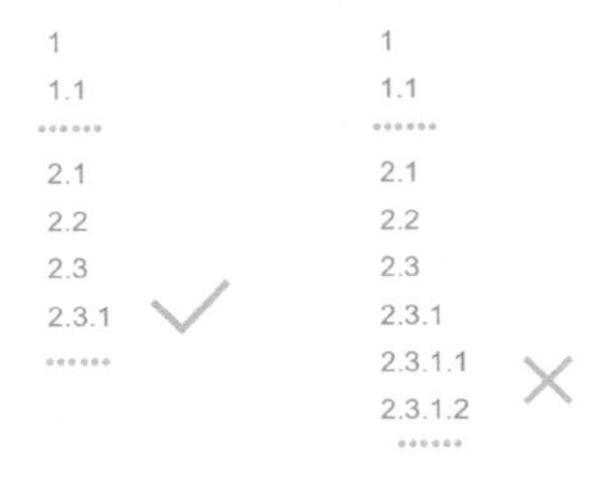

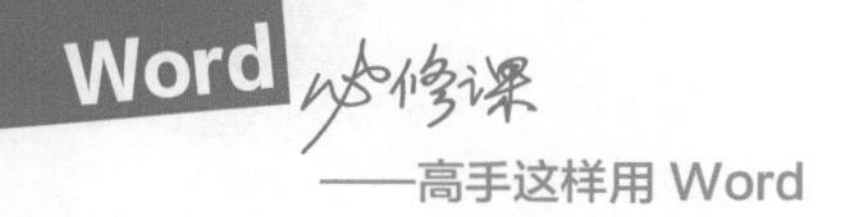

至此，我们已经设置了“正文”、“标题”、“标题 1”、“标题 2”和“标题 3”的样式。通过对这些样式的处理，我们已经可以解决“各章节同类别文字样式无法统一修改”的问题了，下文介绍通过样式来解决让职场人士头疼的其他问题的方法。

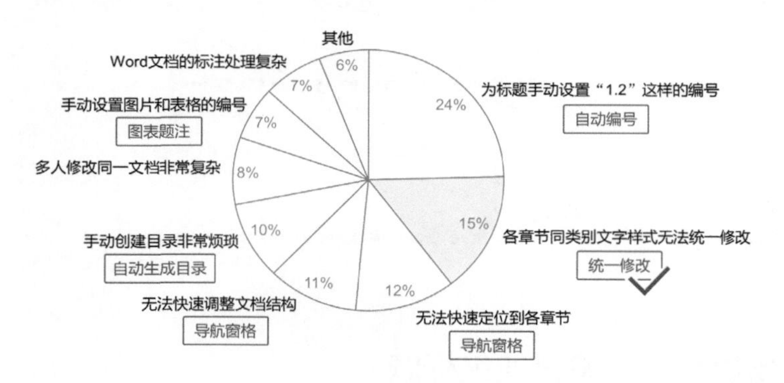

2.4 高手用“导航窗格”，新手用“滚动条”

当设置完“标题”、“标题 1”、“标题 2”和“标题 3”的样式后，在不做其他复杂操作的情况下，就可以享受到标题样式给我们的工作带来的便捷了。

2.4.1 如何将文档大纲尽收眼底

当文档的字数较多、篇幅较长时，如果要定位到文档的某一部分，通常我们会拖曳 Word 的滚动条，或者是不断地滚动鼠标滚轮。

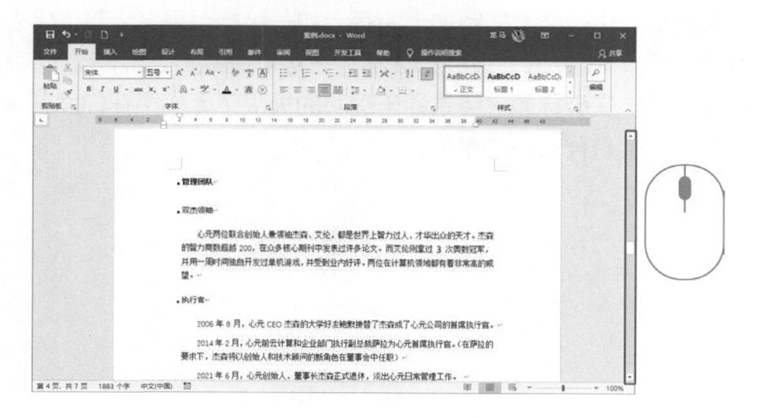

这样做不但烦琐，而且每次定位都不准确，有没有什么办法可以快速定位到文档的各个重要节点呢？用“导航窗格”就可以。

切换至“视图”选项卡，在“显示”组中选中“导航窗格”复选框，即可显示“导航”窗格。然后通过拖曳“导航”窗格的右侧边缘部分，调整导航窗格的显示宽度。宽度只要比导航窗格中的文字略宽就可以，这样就不容易影响正文的显示。

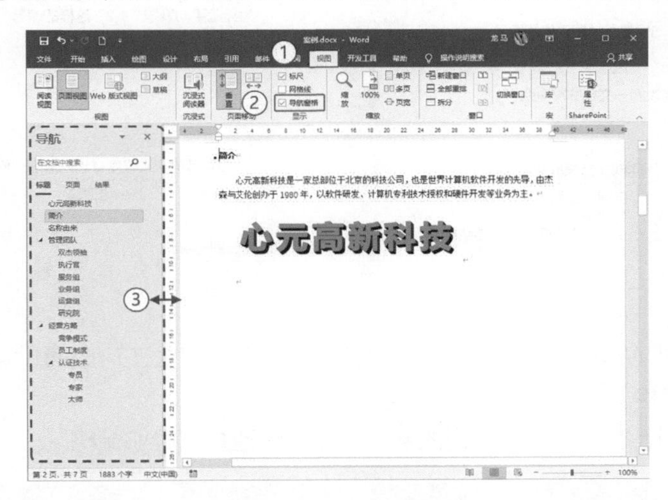

导航窗格中的文字就是我们设置的大标题、一级标题、二级标题和三级标题。导航窗格将它们按照各级标题出现的顺序依次排列，并且可以直接单击。比如单击“经营方略”，Word 就迅速跳转到“经营方略”这个标题所在的位置，代替了以往烦琐的手动拖曳滚动条和滚动鼠标滚轮的操作。

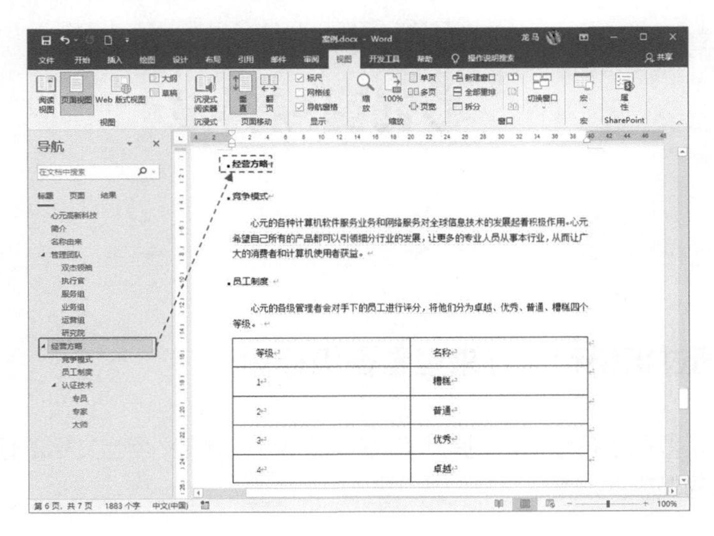

也就是说，当我们设置完各级标题后，导航窗格能提供“快速定位”的功能来帮助我们快速跳转到各个章节。这样可解决职场人士头疼的“无法快速定位到各章节”这一问题。

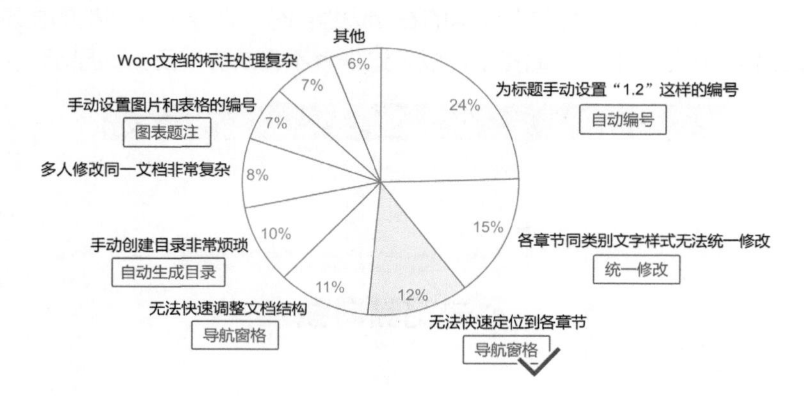

如果你的 Word 版本是 2013、2016 或 2019，那么还可以通过更便捷的方式来打开导航窗格。

单击 Word 左下角显示页码的部分，即可快速打开导航窗格。

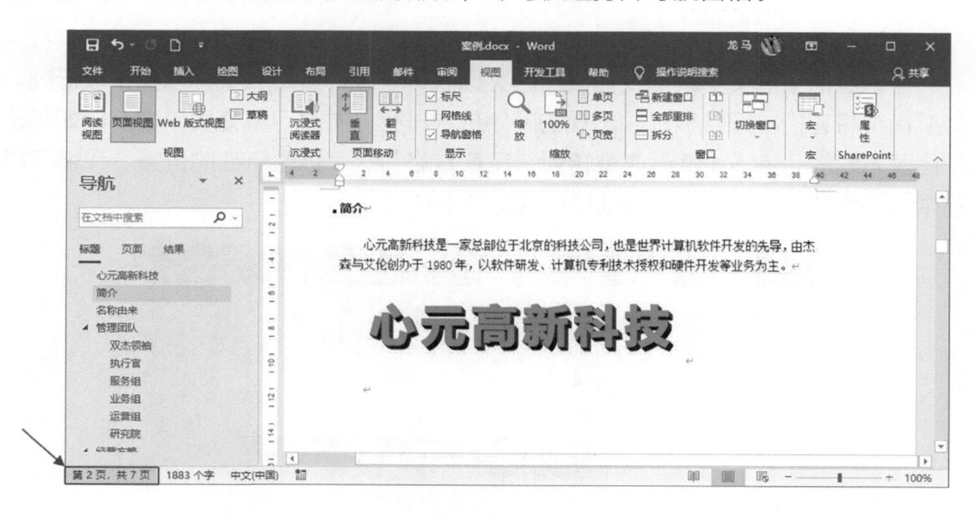

2.4.2 通过折叠和展开来查看各级标题

导航窗格罗列了各级标题，提供了“快速定位”的功能，但当文档的标题较多时，会造成阅读时逻辑的混乱。

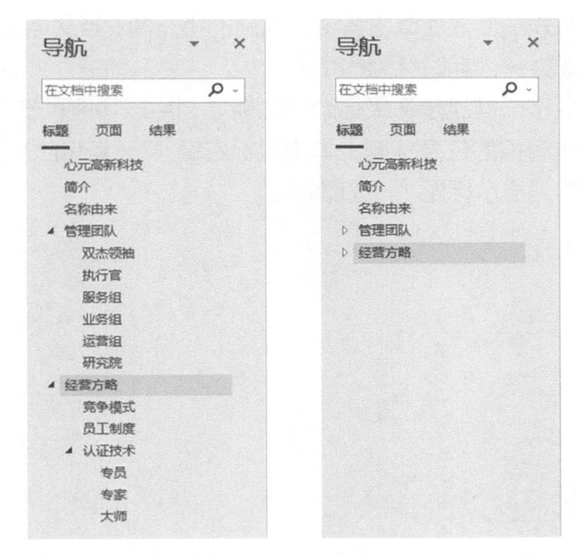

复杂，容易造成混乱　　简单，一目了然

减少导航窗格中的行数，就可以让文档更容易阅读。如上图所示，将二级标题和三级标题隐藏，就能让文档结构一目了然。导航窗格提供了可以折叠各级标题的功能。

单击“经营方略”前方的小三角，在“经营方略”这个一级标题下的所有二级标题和三级标题都被折叠起来了。

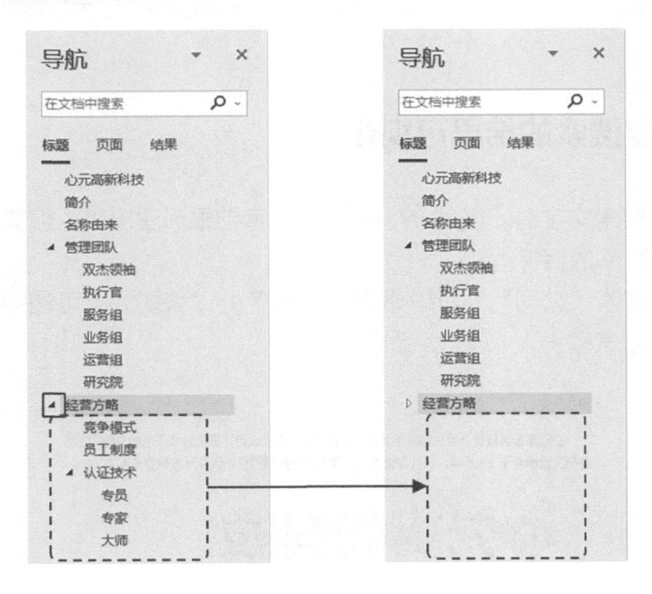

这种手动的方式需要依次单击各个标题前的小三角，当文档的结构较为复杂时，折叠各级标题会成为一件耗时耗力的事情。

导航窗格提供了一键显示各级标题的功能，利用该功能可省去依次折叠标题的烦琐操作。在导航窗格的任意标题上单击鼠标右键，在弹出的快捷菜单中选择“显示标题级别”中的“显示标题 1”选项即可。

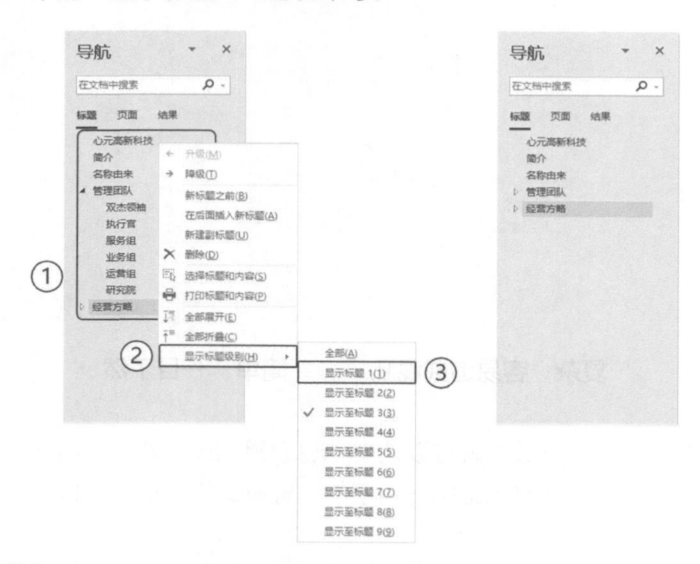

此时导航窗格仅显示大标题和一级标题，折叠了二级标题和三级标题，这可大大方便我们的操作。如果要重新显示所有标题，只需选择“显示标题级别”中的“全部”选项。

2.4.3 文字搜索的结果可视化

在文档中搜索文字时，虽然 Word 会将搜索结果标注出来，但需要我们依次浏览，直到找到我们的目标为止。

在案例中搜索“公司”，可以看到全文有 7 处“公司”，可能需要逐个看一遍才能找到想要的信息。

简介

心元高新科技是一家总部位于北京的科技公司，也是世界计算机软件开发的先导，由杰森与艾伦创办于 1980 年，以软件研发、计算机专利技术授权和硬件开发等业务为主。

心元高新科技

而使用导航窗格后，这一切就变得简单了，因为导航窗格能把文字搜索的结果可视化，也就是说，我们可以在整个文档的大纲中就看出搜索结果中的“公司”在哪些章节中，这样就能快速找到想要的内容。

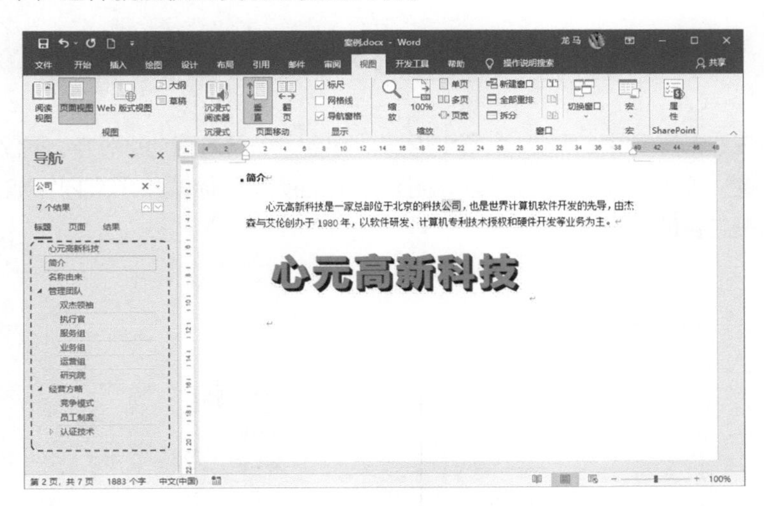

为了快速在多个搜索结果之间跳转，可以单击导航窗格中的上下箭头按钮，并在搜索结束后，单击文本框右侧的“×”，结束搜索。

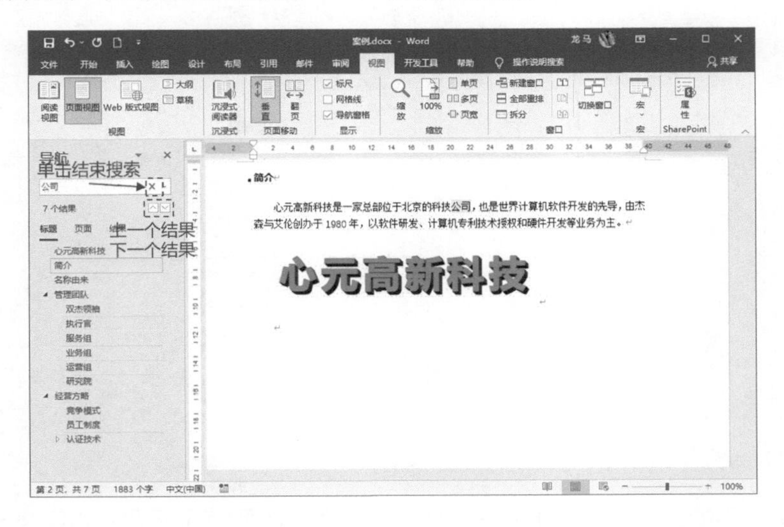

2.4.4 整理文档结构一“拖”搞定

处理文档过程中，调整文档中的文字顺序是一个非常令人头疼的问题，虽然通过样式将文档的逻辑整理成一级标题、二级标题和三级标题，处理起来比纯文字要简单很多，但还是需要经过“选择文字”、“剪切”、“找到插入位置”和“粘贴”这 4 个步骤。

比如在本书案例中，需要将“管理团队”放到“经营方略”的下方。不仅仅是“管理团队”这 4 个字，而且要将“管理团队”下的所有子标题和正文内容放到“经营方略”相关内容的下方。

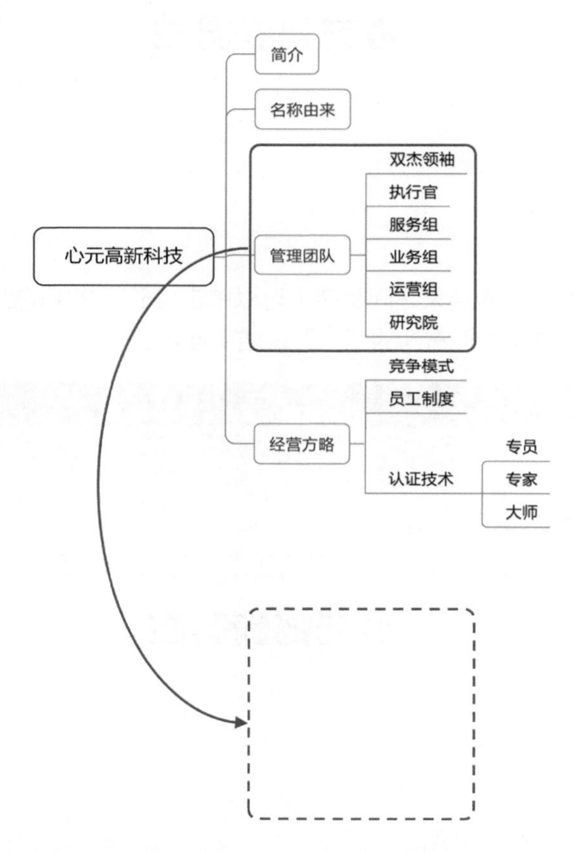

通常使用的方法：先选中文字，要将该标题下的所有子标题和内容全部选中，不能多选或者少选，而且当内容较多时，还需要不断地滑动鼠标滚轮来选中；之后执行剪切命令；然后找到插入位置，定位插入位置时光标不能点错；最后粘贴。

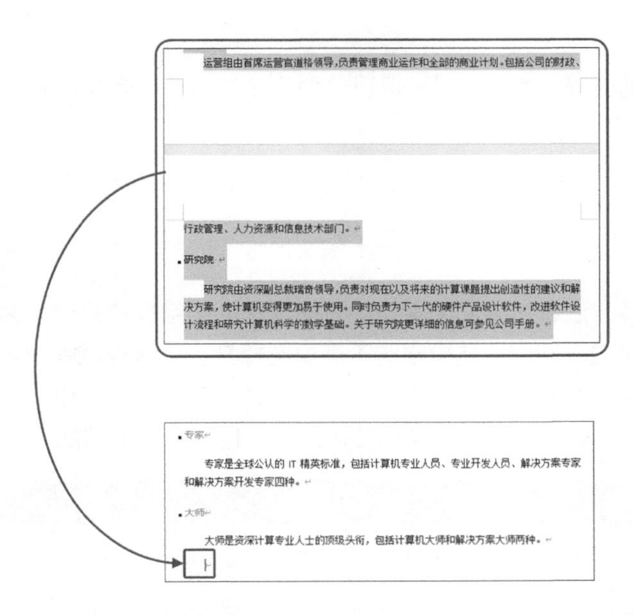

这个过程中的每一步都不能出错，不然造成的后果就是文档的逻辑全部变乱了，如果文字较多，你可能需要花很长时间重新整理。

更让人头疼的是，这才是一次调整结构所需的操作。一篇没有完成的产品手册或方案，需要调整数十次甚至上百次，每次都这样操作会让你消耗大量精力。

用导航窗格，不需要“选择文字”，也不需要“剪切”和“粘贴”，需要做的就是“拖”。

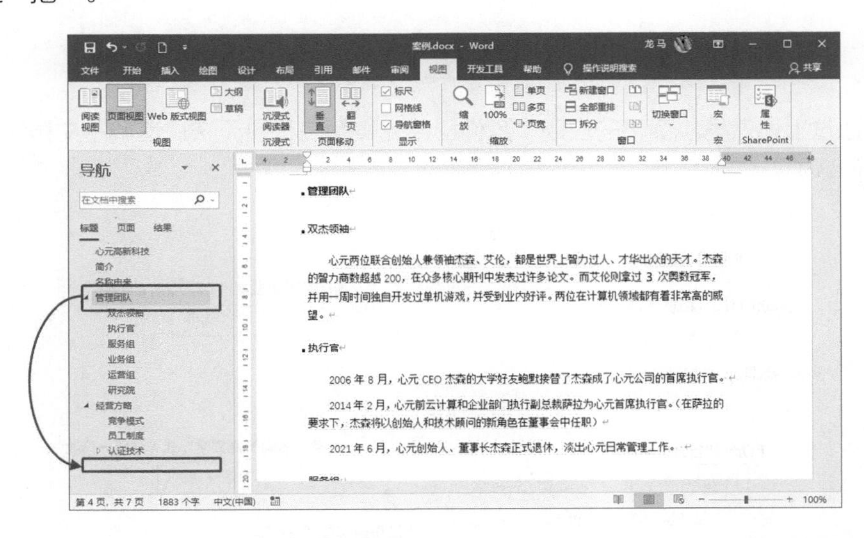

在导航窗格中，选择需要调整位置的文档标题“管理团队”，然后直接拖曳至

插入位置。

使用导航窗格操作的整个过程可以分为 3 个步骤：“单击标题”、“拖”和“放到插入位置”。

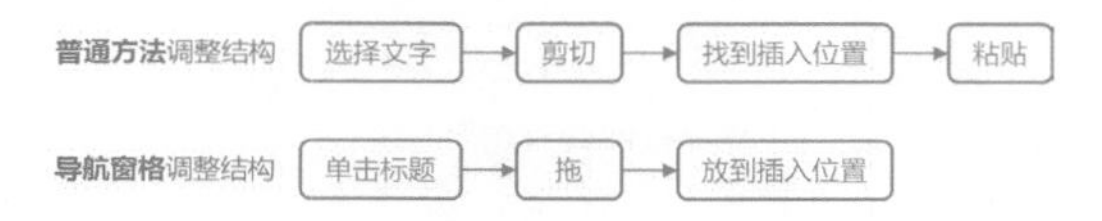

对比这两种方法，从表面上看，用导航窗格调整结构的方法只减少了一步，但从实际操作上来说，使用导航窗格时不需要选择文字，这样就能降低选择出错的概率。最主要的是，在调整文档结构时，只需要看导航窗格就可以了，大量的正文内容不会干扰思考。就算上百次的文档结构调整，也不会产生困扰。

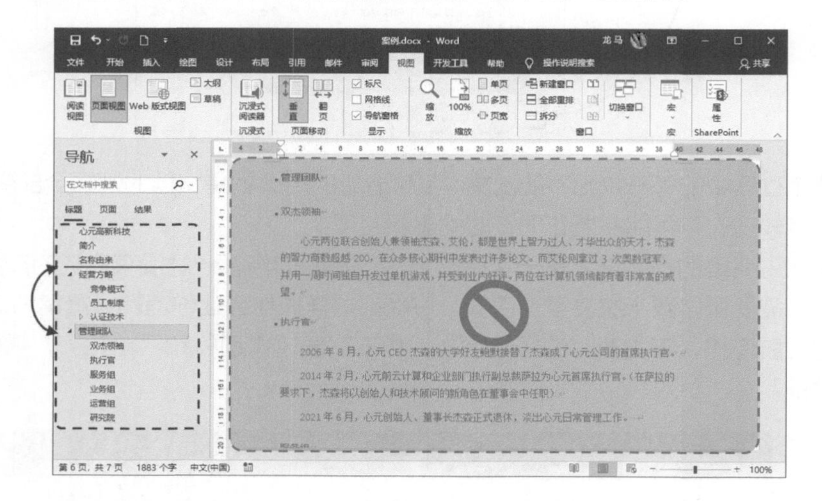

通过上述对导航窗格的应用，我们已经完美解决了“无法快速调整文档结构”这一问题。

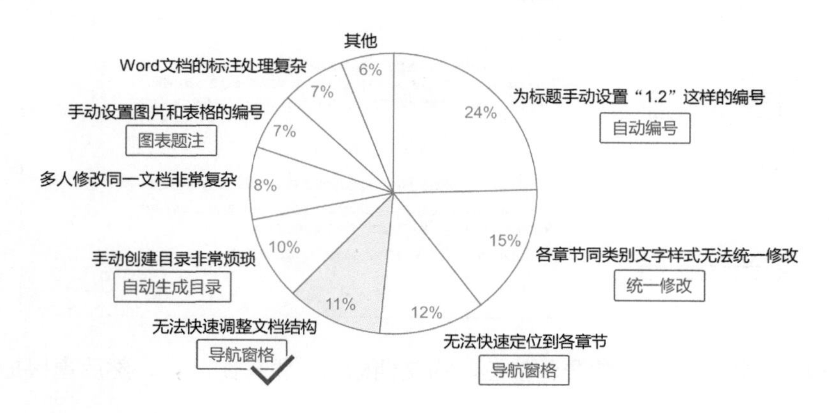

第3章 高手的秘诀——利用Word的自动化

本章将解析样式的“自动编号”、“自动生成目录”和“图表题注”这3个优势，并通过它们来解决工作中困扰大家的大部分问题。

3.1 自动为标题添加编号

通过为不同标题设置样式，可以区分它们的级别，让我们在导航窗格中快速地浏览整篇文档的结构，可是在查看文档时，文档的结构却不明显。就像案例中，“管理团队”、“双杰领袖”、“执行官”和“服务组”这 4 个标题的格式接近，不容易区分它们谁是一级标题，谁是二级标题。

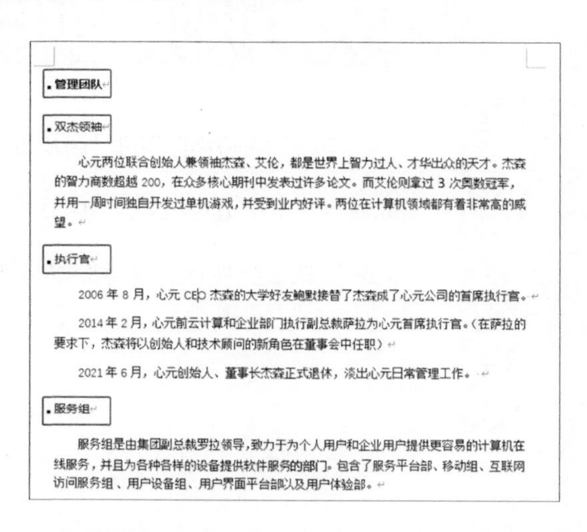

管理团队

双杰领袖

心元两位联合创始人兼领袖杰森、艾伦，都是世界上智力过人、才华出众的天才。杰森的智力商数超越 200，在众多核心期刊中发表过许多论文。而艾伦则拿过 3 次奥数冠军，并用一周时间独自开发过单机游戏，并受到业内好评。两位在计算机领域都有着非常高的威望。

执行官

2006 年 8 月，心元 CEO 杰森的大学好友鲍默接替了杰森成了心元公司的首席执行官。

2014 年 2 月，心元前云计算和企业部门执行副总裁萨拉为心元首席执行官。（在萨拉的要求下，杰森将以创始人和技术顾问的新角色在董事会中任职）

2021 年 6 月，心元创始人、董事长杰森正式退休，淡出心元日常管理工作。

服务组

服务组是由集团副总裁罗拉领导，致力于为个人用户和企业用户提供更容易的计算机在线服务，并且为各种各样的设备提供软件服务的部门。包含了服务平台部、移动组、互联网访问服务组、用户设备组、用户界面平台部以及用户体验部。

这样的标题样式显然会给文档的解读带来困扰，为了让文档的标题层级“一目了然”，我们通常的做法是在它们前方加上编号。

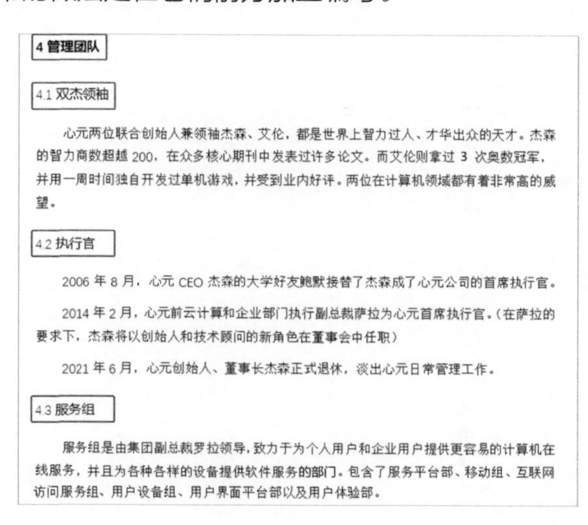

4 管理团队

4.1 双杰领袖

心元两位联合创始人兼领袖杰森、艾伦，都是世界上智力过人、才华出众的天才。杰森的智力商数超越 200，在众多核心期刊中发表过许多论文。而艾伦则拿过 3 次奥数冠军，并用一周时间独自开发过单机游戏，并受到业内好评。两位在计算机领域都有着非常高的威望。

4.2 执行官

2006 年 8 月，心元 CEO 杰森的大学好友鲍默接替了杰森成了心元公司的首席执行官。

2014 年 2 月，心元前云计算和企业部门执行副总裁萨拉为心元首席执行官。（在萨拉的要求下，杰森将以创始人和技术顾问的新角色在董事会中任职）

2021 年 6 月，心元创始人、董事长杰森正式退休，淡出心元日常管理工作。

4.3 服务组

服务组是由集团副总裁罗拉领导，致力于为个人用户和企业用户提供更容易的计算机在线服务，并且为各种各样的设备提供软件服务的部门。包含了服务平台部、移动组、互联网访问服务组、用户设备组、用户界面平台部以及用户体验部。

添加编号之后，在不需要额外解释的情况下，他人就知道“双杰领袖”、“执行官”和“服务组”都是“管理团队”下的标题。

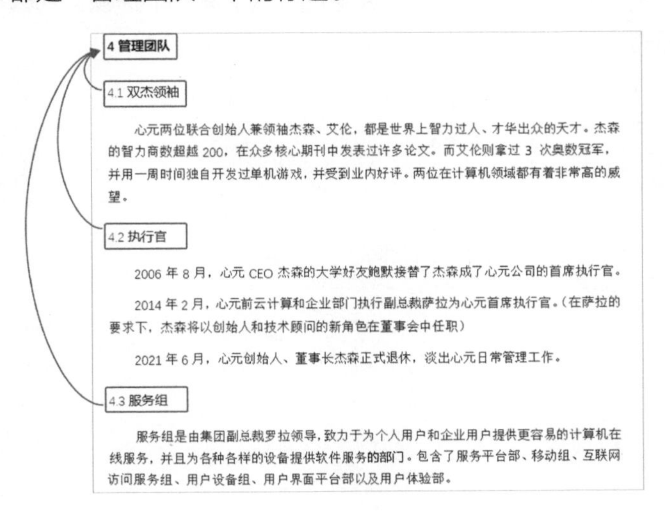
4 管理团队

4.1 双杰领袖

心元两位联合创始人兼领袖杰森、艾伦，都是世界上智力过人、才华出众的天才。杰森的智力商数超越 200，在众多核心期刊中发表过许多论文。而艾伦则拿过 3 次奥数冠军，并用一周时间独自开发过单机游戏，并受到业内好评。两位在计算机领域都有着非常高的威望。

4.2 执行官

2006 年 8 月，心元 CEO 杰森的大学好友鲍默接替了杰森成了心元公司的首席执行官。

2014 年 2 月，心元前云计算和企业部门执行副总裁萨拉为心元首席执行官。（在萨拉的要求下，杰森将以创始人和技术顾问的新角色在董事会中任职）

2021 年 6 月，心元创始人、董事长杰森正式退休，淡出心元日常管理工作。

4.3 服务组

服务组是由集团副总裁罗拉领导，致力于为个人用户和企业用户提供更容易的计算机在线服务，并且为各种各样的设备提供软件服务的部门。包含了服务平台部、移动组、互联网访问服务组、用户设备组、用户界面平台部以及用户体验部。

3.1.1 手动添加编号是“残忍”的

如何给标题添加编号呢？如果你所需的标题只有两三个，那么手动添加是最方便的，直接在标题前方输入编号即可。但是当文档较长、标题较多时，你采用手动添加会面临以下两个问题。

1. 编号复杂

标题的级别越多，也就意味着你需要进行的手动编号越多，如下图所示。你在输入编号时，还需要考虑上一个标题的编号，这时你需要到上文找到 2.3.1，然后回到待编号位置，思考 2.3.1 的后面是什么编号。如果待编号的内容是一级标题，则编号就是 3；如果是二级标题，就是 2.4；如果是三级标题，就是 2.3.2。

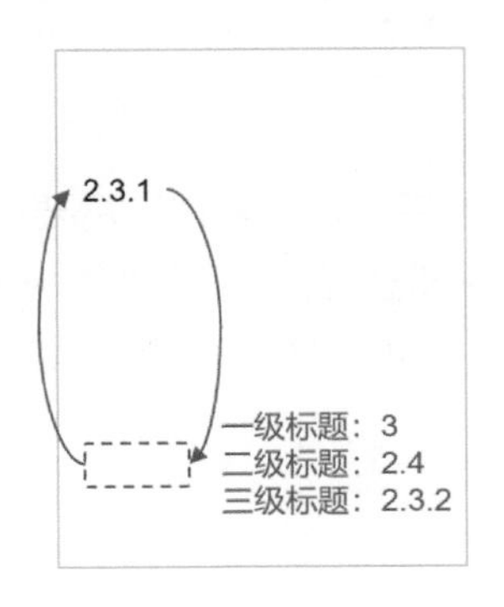

2. 修改麻烦

在完成了大部分的编号后，一旦需要删除其中某一个标题，那么在这个标题后的所有编号都需要手动修改。

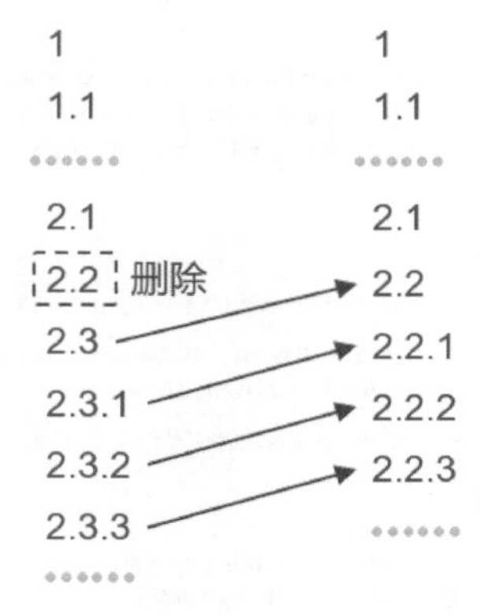

这一过程可能需要花费数小时的时间，非常痛苦：你需要定位到各个标题编号，并且思考该修改成哪一个编号。

而且不只是删除标题时需要修改标题编号，如果新增加了一个标题，或者调整了标题的顺序，都需要对相应的编号进行调整。

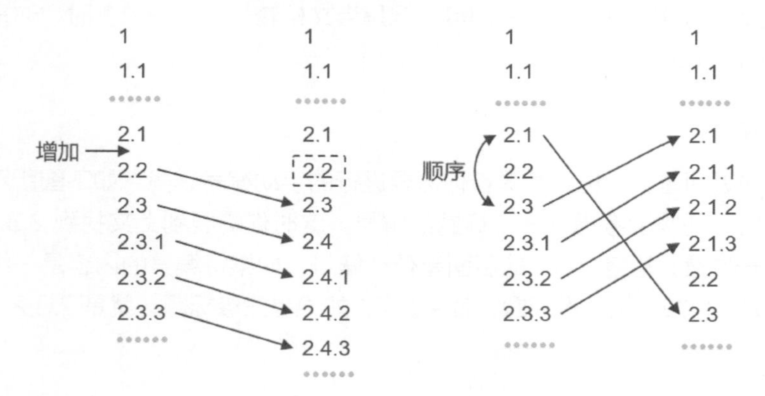

好不容易完成了编号的修改后，你会发现还需要再修改一次：对文档结构的调整是非常频繁的，删除标题、增加标题和调整标题顺序可能每 10 分钟就要做一次，也就意味着你每 10 分钟就需要手动修改一次编号，这样的过程已经不能用“痛苦”来形容，用“残忍”更加贴切。

3.1.2 用多级列表设置级别编号

手动编号需要花费大量的精力以保证编号的连贯性，但是对于一篇文档来说，编号不能提升文档的价值，它们只是让文档的结构能一目了然而已，花费大量的精力在编号上是非常不值得的。

如何让这一“残忍”的手动编号不再占用我们的时间呢？首先这些编号都是有规律可循的。一级标题按照数字的顺序增加，二级标题在一级标题的基础上，数字顺序增加，三级标题在二级标题的基础上，数字顺序增加。

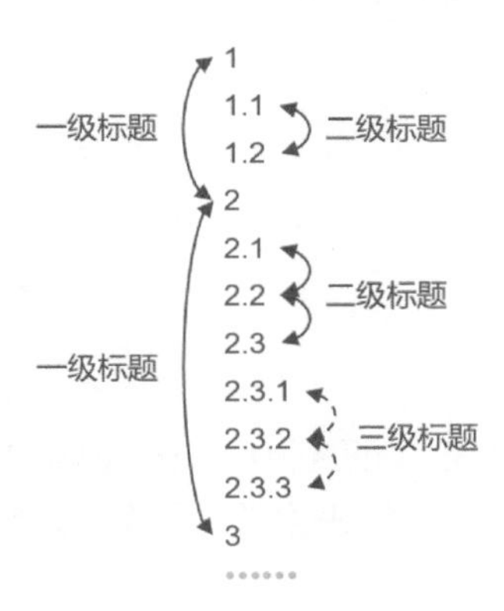

这样有规律的编号，可以让 Word 来完成吗？我们已经为标题设定了一级、二级和三级 3 个级别，而 Word 本身就有编号功能，现在只需要将编号放到对应的标题中。

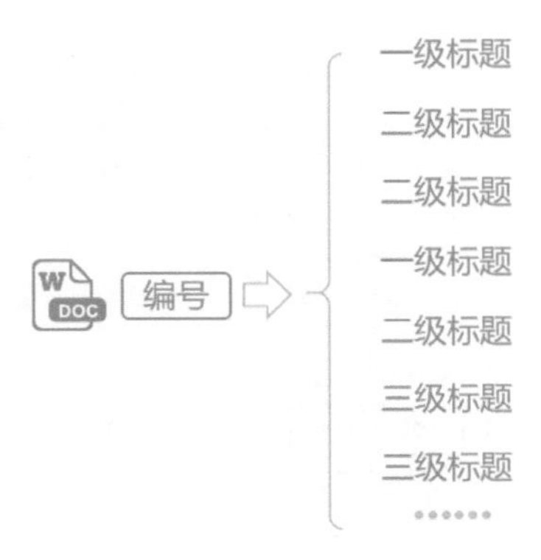

单击“开始”选项卡中的“多级列表”按钮，然后选择“定义新的多级列表”选项。

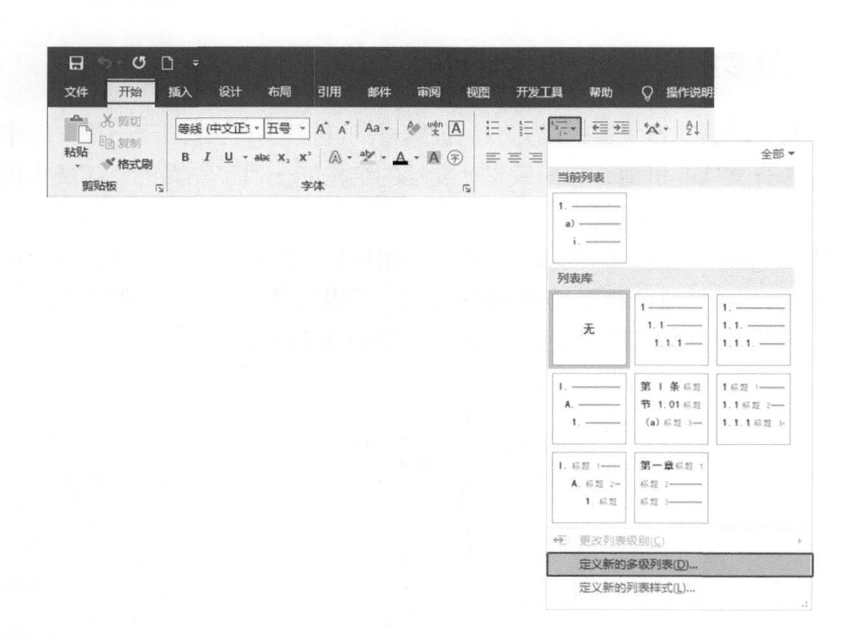

在弹出的“定义新多级列表”对话框中，单击“设置所有级别”按钮，在弹出的“设置所有级别”对话框中将各位置和缩进量都调整至“0 厘米”，之后单击“确定”按钮。

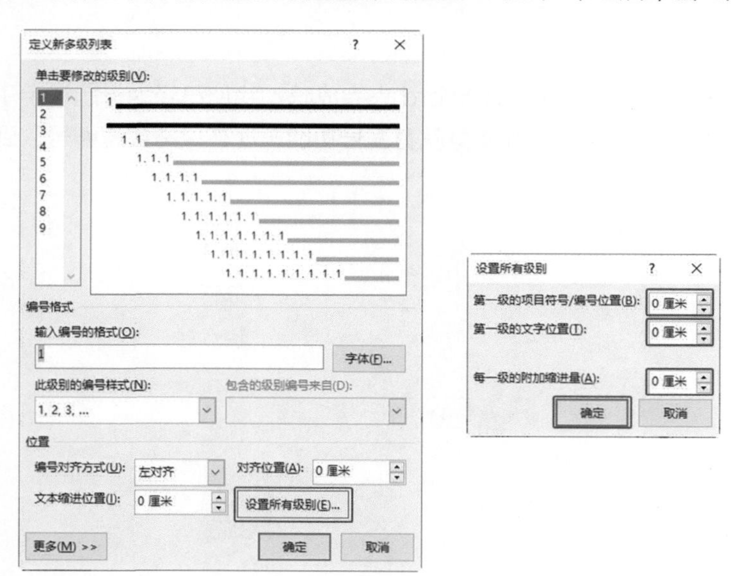

将各位置和缩进量调整至“0 厘米”的目的是让各级标题前都没有缩进。有无缩进的区别如下图所示，如果你希望每一级标题都有缩进，可以跳过此步骤。

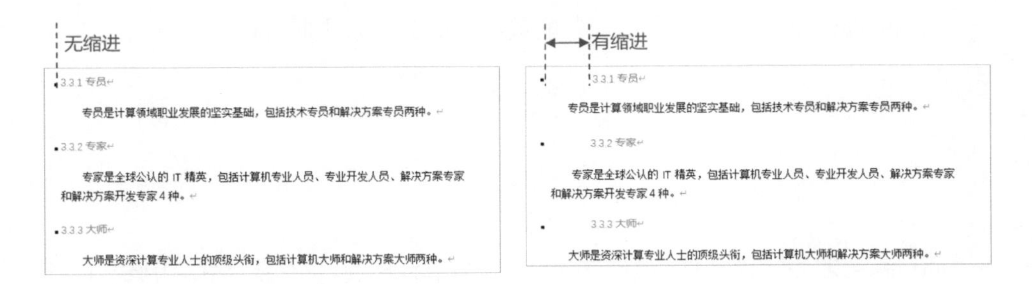

单击“定义新多级列表”对话框左下角的“更多”按钮，打开全部设置内容。

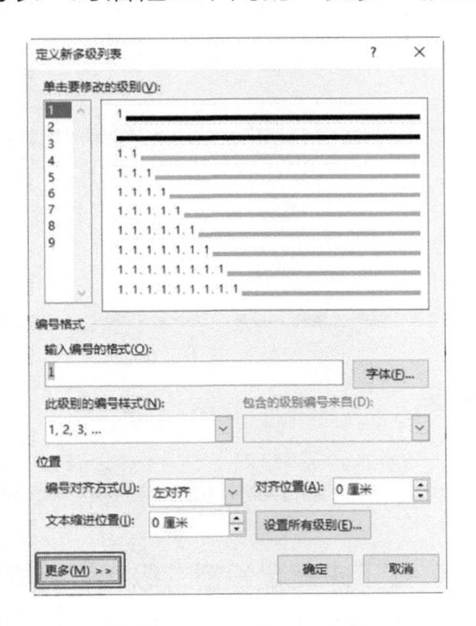

多级列表的默认修改级别是“1”，设置“输入编号的格式”为“1”，此时不需要修改编号格式，设置“将级别链接到样式”为“标题 1”，然后将“编号之后”设置为“空格”。此时不用单击“确定”按钮。

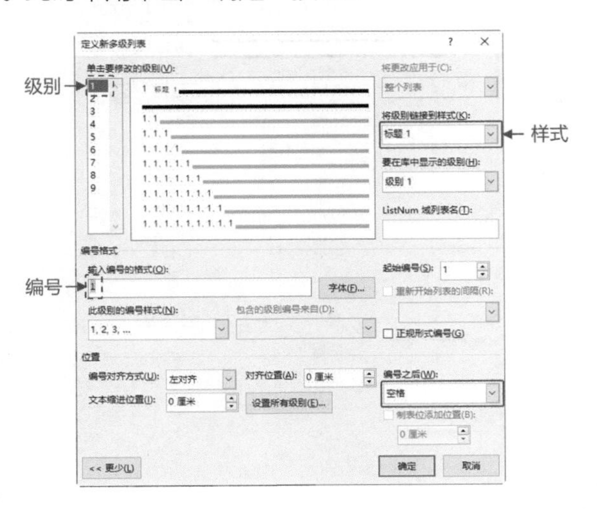

当前的操作是将编号格式为“1”的数字添加至“标题 1”样式。

而“编号之后”有 3 种空隙方式：“不特别标注”、“空格”和“制表符”，应用不同的空隙方式后的效果如下图所示，通常使用“空格”作为编号之后的空隙。

为一级标题设置编号后，接下来就是设置二级和三级标题的编号。单击级别“2”，默认的编号格式为“1.1”，不需要修改，把“将级别链接到样式”设置为“标题 2”，并将“编号之后”设置为“空格”。

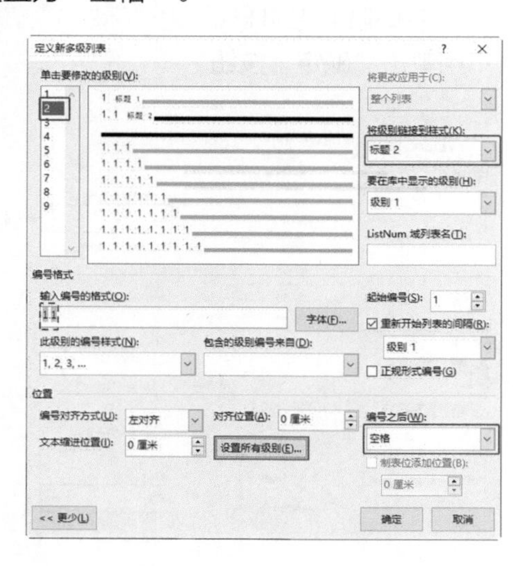

此时的操作是将编号格式为“1.1”的数字添加至“标题 2”样式。

一级标题
1.1 ⇨ 二级标题
1.2 ⇨ 二级标题
······
一级标题
2.1 ⇨ 二级标题
2.2 ⇨ 二级标题
······

单击级别“3”，默认的编号格式是“1.1.1”，不需要修改，把“将级别链接到样式”设置为“标题 3”，把“编号之后”设置为“空格”。最后单击“确定”按钮。

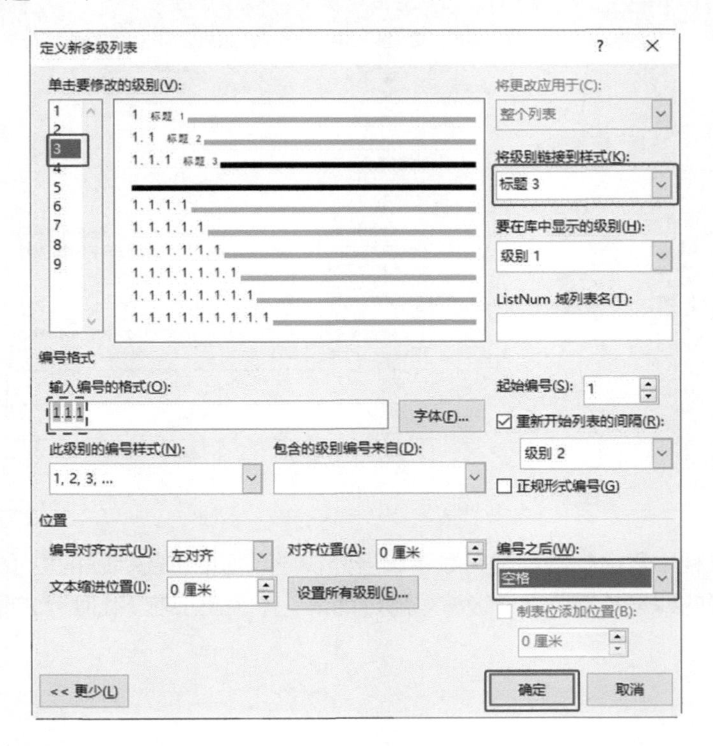

最后一步的操作是将编号格式为“1.1.1”的数字添加至“标题 3”样式。

一级标题

二级标题

1.1.1 三级标题

1.1.2 三级标题

······

一级标题

二级标题

二级标题

2.2.1 三级标题

2.2.2 三级标题

······

设置完成后查看文档。

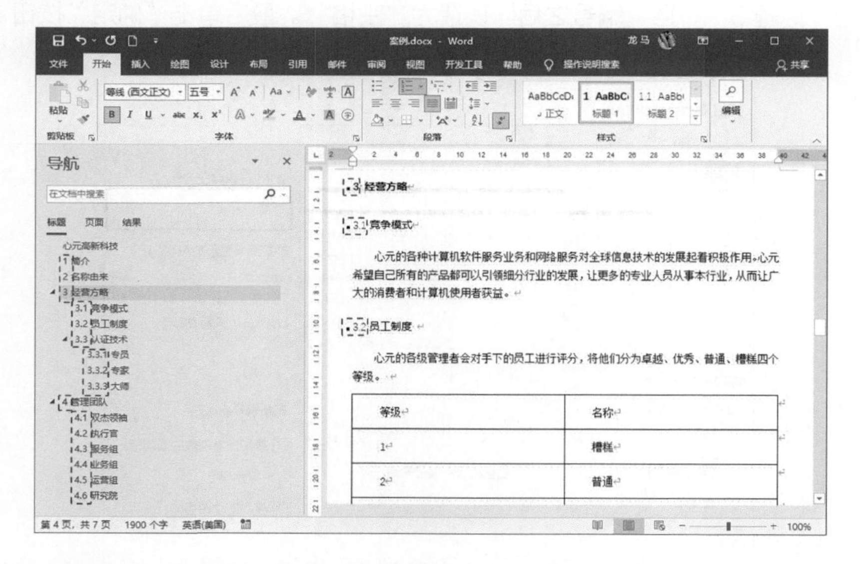

除了文档中各级标题前都有数字编号外，导航窗格中各标题前也添加了编号。而且每一级的编号都按照上一级编号顺延而得，不会出现左下图所示的情况。

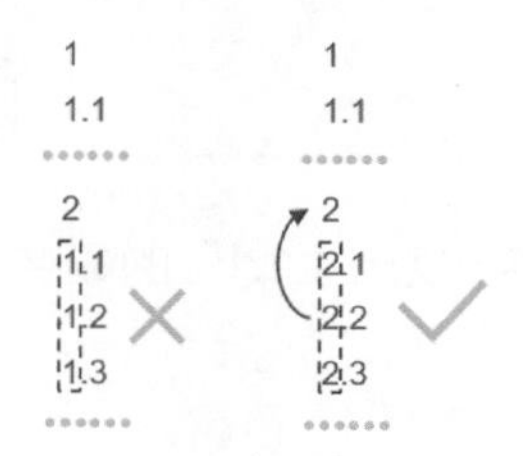

通过 Word 来给标题添加编号，可以保证准确率，并且当文档的结构发生改变，需要对标题进行删除、添加和顺序调整时，Word 会自动修改编号，不需要你再花费精力去手动修改。

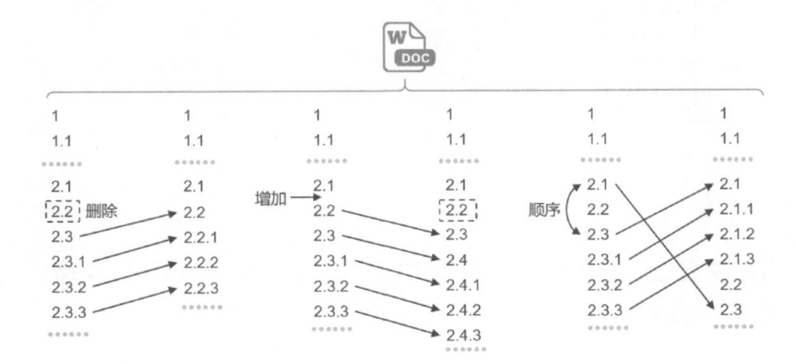

而通过给标题自动编号，就能够解决“为标题手动设置‘1.2’这样的编号”的问题了。

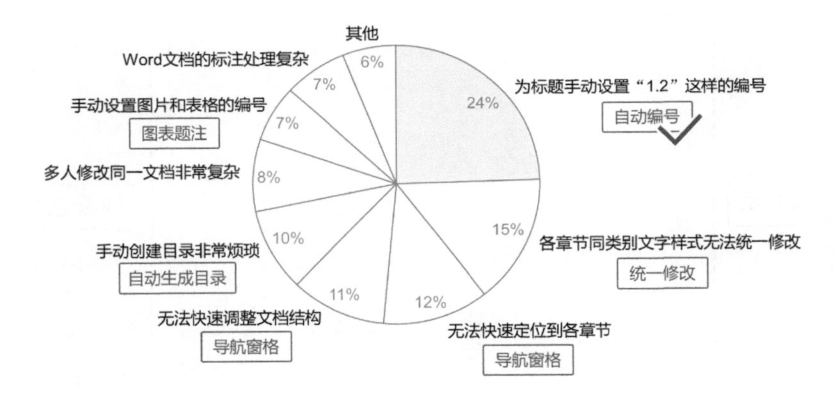

3.2 快速自动生成目录

导航窗格可以帮助我们一目了然地解读文档的结构，也可以帮助我们在不用滚动条的情况下快速定位到各个章节。但是在将文档发送给其他人解读时，其他人不一定会用导航窗格，而且在打印文档时，也不能将导航窗格打印出来。

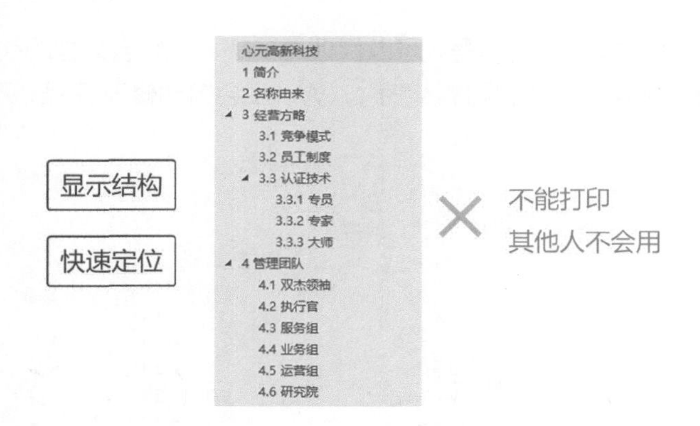

有什么办法可以让别人一目了然地了解文档的结构，并且可以快速定位到各个章节呢？答案是可以通过目录。

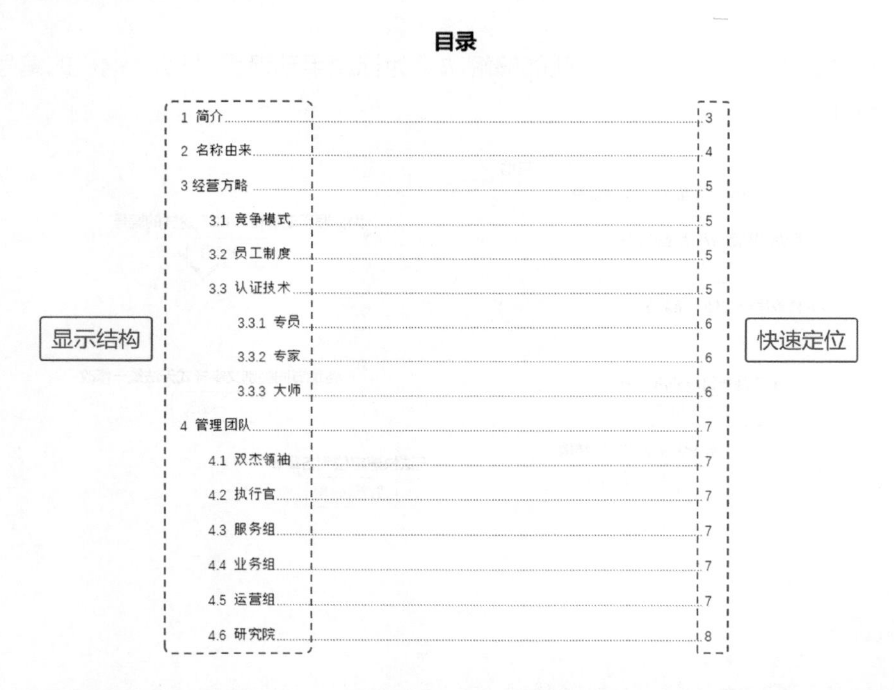

目录可以显示各个标题，从而让别人一目了然地了解文档的结构，还可以通过页码，让别人快速定位到相关章节。

3.2.1 手动做目录是“残忍”的

如果手动做目录会怎么样呢？手动做目录的步骤非常单一，就是“复制标题，查看页码，输入页码”。

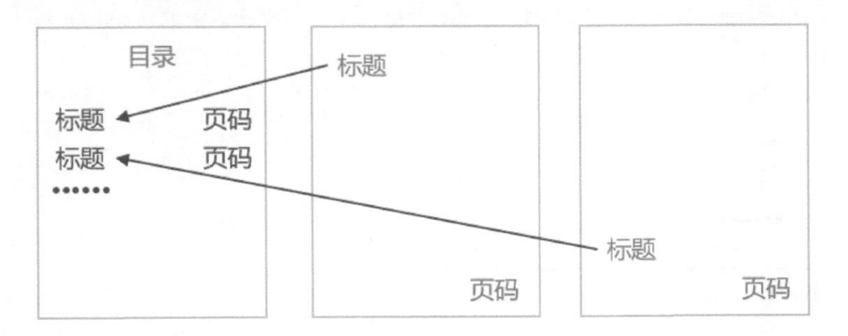

当完成目录制作后，一旦某个章节的内容减少或增多，页码就很可能发生改变，这时就很可能需要对目录中的页码进行修改。

目录
标题 页码
标题 页码
标题 页码
······ ······

如果发生文档结构的改变，比如标题的增加、删除和顺序调整，那么就需要对目录进行修改，在该过程中付出的精力不亚于做一份新的目录，所以说手动做目录是“残忍”的。

如果用 Word 来生成目录，则会大大减少我们的重复劳动。

3.2.2 用标题自动生成目录

在设置了标题样式之后，Word 就可以根据设置的标题来创建目录，并添加对应的页码。

首先将光标停留在标题“心元高新科技”下方，单击“引用”选项卡中的“目录”按钮，在弹出的下拉列表中单击“自动目录 1”。

观察文档中的变化，首先添加了“目录”二字；所有的标题被写入生成的目录中，二级标题和三级标题都有相应的缩进，这样可以一目了然地查看文档的结构；每个标题后都有相应的页码。

心元高新科技

目录

心元高新科技........1
1 简介........2
2 名称由来........3
3 经营方略........4
3.1 竞争模式........4
3.2 员工制度........4
3.3 认证技术........4
3.3.1 专员........5
3.3.2 专家........5
3.3.3 大师........5
4 管理团队........6
4.1 双杰领袖........6
4.2 执行官........6
4.3 服务组........6
4.4 业务组........6
4.5 运营组........6
4.6 研究院........7

在功能上，Word 自动生成的目录已经完全符合要求了，而且按住“Ctrl”键，再单击目录标题时，可以快速定位到相关章节。

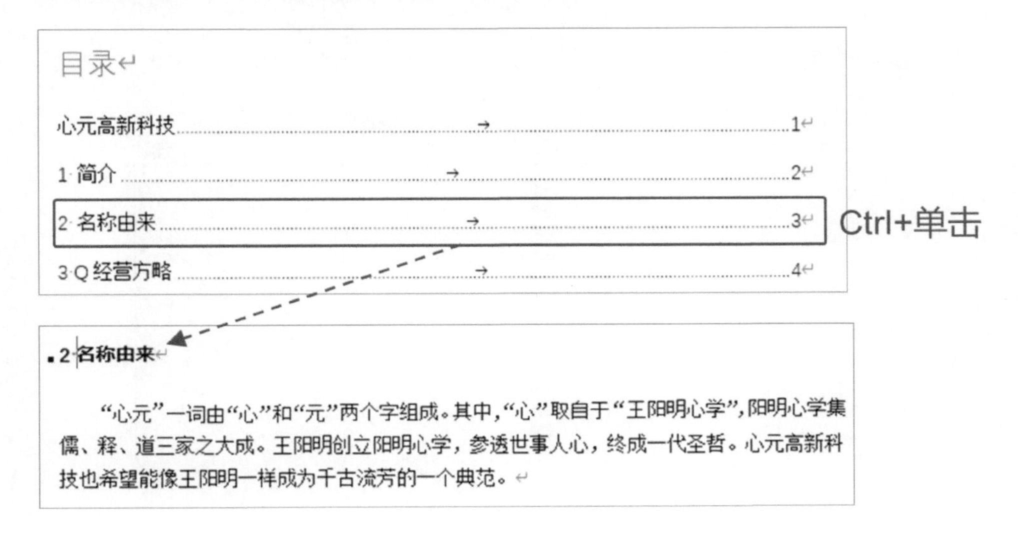

在单击目录中的任何文字时，目录区域会有边框，所有的目录标题都会有灰色的背景，这些只是 Word 提示你：此内容由 Word 生成，并非手动生成的。打印文档不会出现边框和背景色。

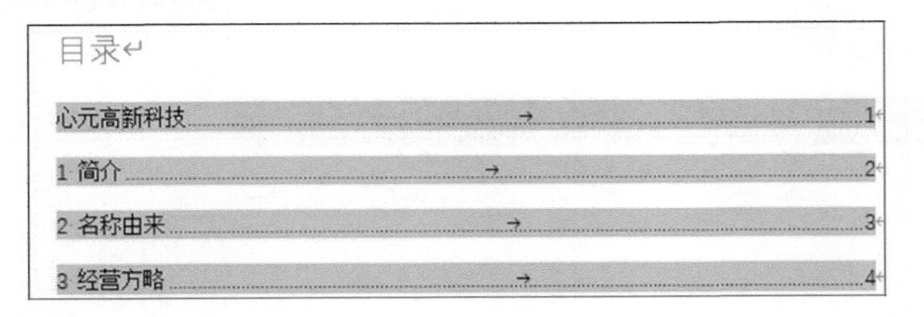

了解自动创建目录的方法后，接下来只需要对这个目录的格式稍加修改。将“目录”设置为“标题”样式，通过按“Ctrl+Enter”键来让目录另起一页，然后删除不需要的第一行，就完成目录的设置了。

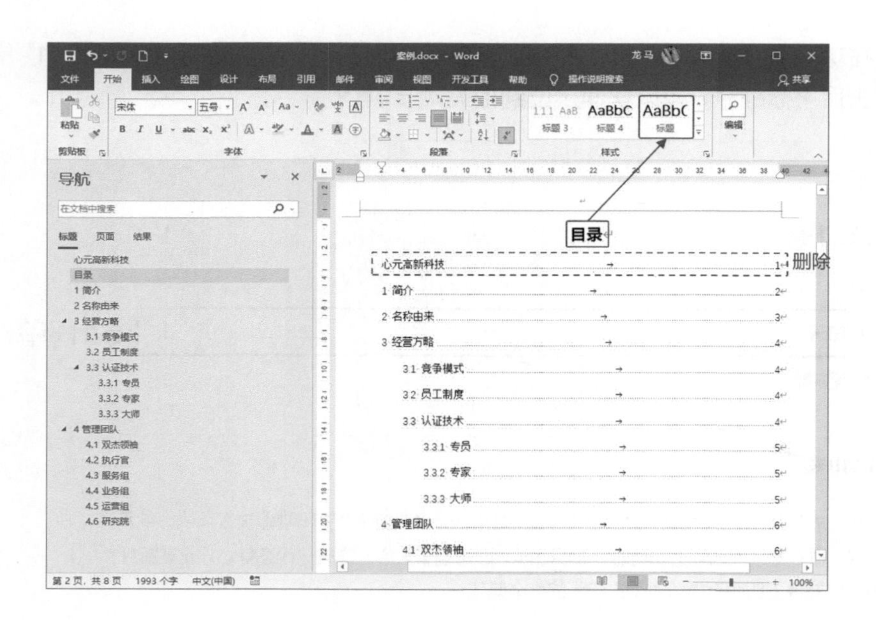

3.2.3 文档修改完成后再生成目录

为了检查目录中自动创建的页码是否正确，需要给文档添加页码。

单击“插入”选项卡中的“页码”按钮，在弹出的下拉列表中单击“页面底端”中的“普通数字 2”。

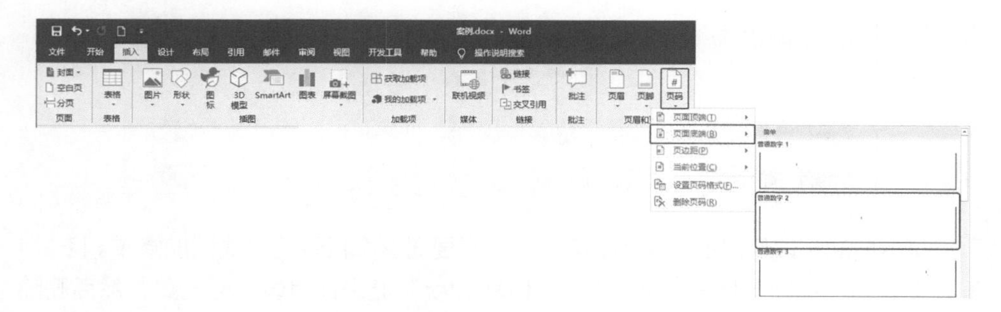

默认添加的页码会沿用“正文”样式，会有首行缩进格式，此时可以通过标尺将首行缩进删除。

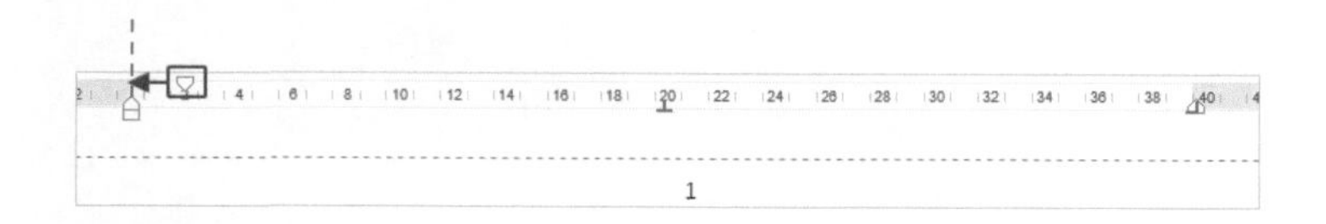

此时检查目录中的页码，发现了一个问题：“简介”的实际页码是 3，而目录中“简介”的页码是 2。

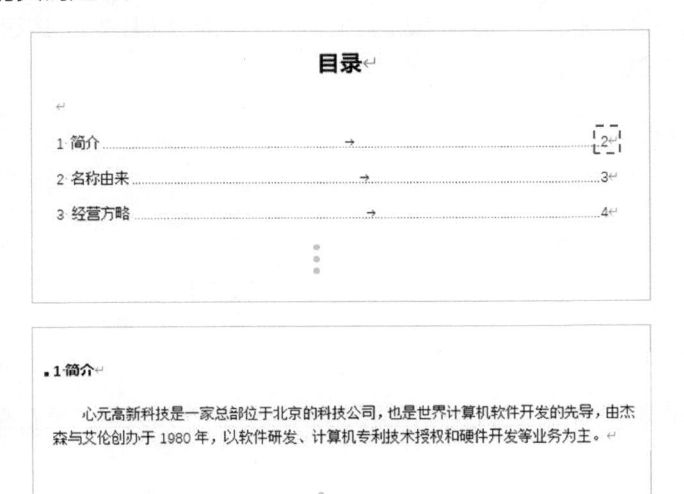

这是因为之前的操作中，先创建了目录，此时目录是第 1 页，“简介”是第 2 页，目录中标注的页码没有错误。而当目录另起一页时，目录变成第 2 页，“简介”变成了第 3 页，但是目录中的页码没有改变。

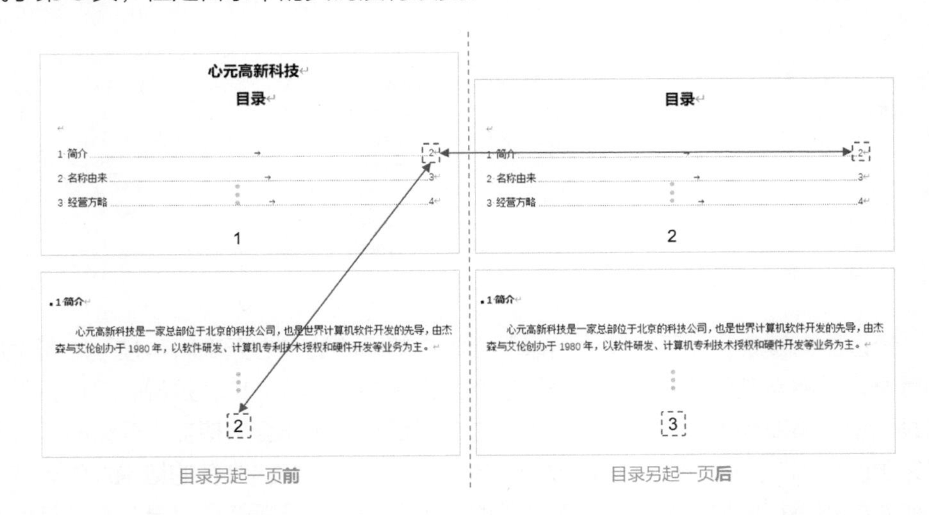

目录另起一页前　　目录另起一页后

这样会导致目录中的页码与实际页码不符，可能造成文档的可信度大大降低，该如何规避呢?

此时只需要在目录区域的任何位置单击鼠标右键，在弹出的快捷菜单中选择“更新域”选项，在打开的对话框中默认选中的是“只更新页码”单选按钮，无须修改，单击“确定”按钮即可。

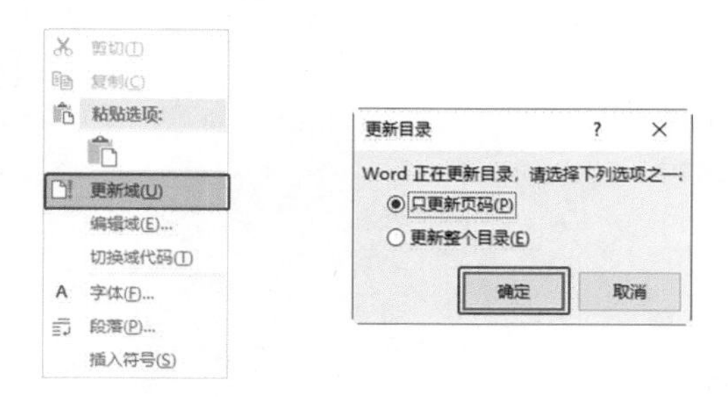

“只更新页码”和“更新整个目录”有什么区别？如果是“更新整个目录”，那么会得到以下结果。

通过比对发现，“更新整个目录”会将之前删除的“心元高新科技”重新添加到目录，并将新制作的标题“目录”也作为目录的一部分。也就是说，“更新整个目录”就像重新插入了目录一样，会将之前对目录的操作全部覆盖。什么时候选择“只更新页码”，什么时候选择“更新整个目录”呢？通常当文档的结构发生改变，比如对标题进行增加、删除和顺序调整时，需要选择“更新整个目录”，而其他情况都选择“只更新页码”。

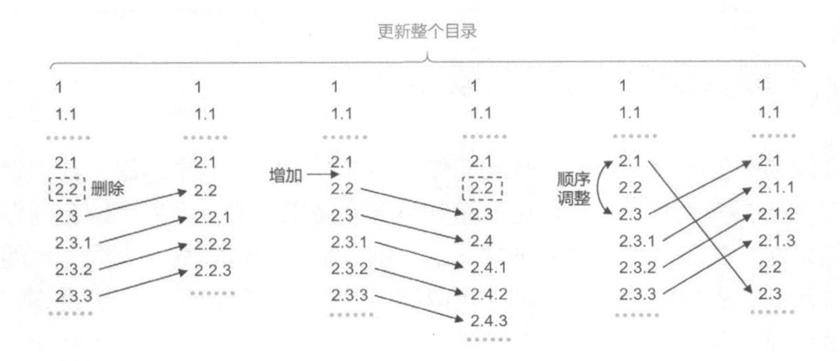

如果将错误的目录发送给其他人，可能会导致文档的可信度降低，而你辛苦的工作成果也可能会不被人重视，从而影响你的工作形象，而为了防止这样的事情发生，通常会在文档全部完成之后添加目录。如果是对已经添加完目录的文档进行修改，建议在整个文档修改完成后更新目录。

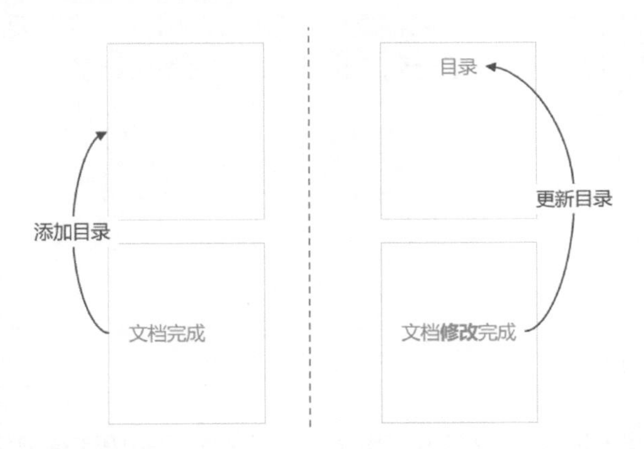

至此，我们就可以通过自动生成目录的方法，来解决职场人士“手动创建目录非常烦琐”的问题了。

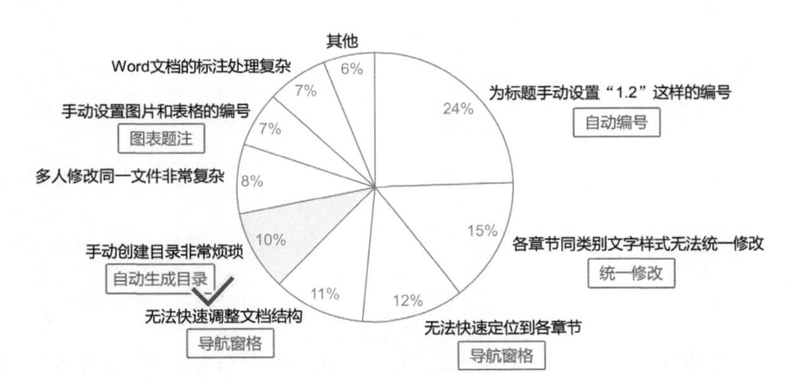

专栏 别人跟你要大纲怎么办？

如果你是一名老师，教务老师会向你索要教学大纲；如果你是一名作者，出版社会向你索要图书大纲；如果你正在写一份产品使用手册，产品经理会向你索要这份手册的大纲。在工作中的很多种情况下，别人都会向你索取“大纲”，而这大纲反映的就是你的思想逻辑结构。别人可以通过这些逻辑结构来大致审视你的思路，确认是否出现了偏差。

大纲是什么？大纲是文档的内容要点，而在 Word 中，内容要点不就是各级标题吗？也就是说，将各级标题组合到一起就可以称之为大纲了。

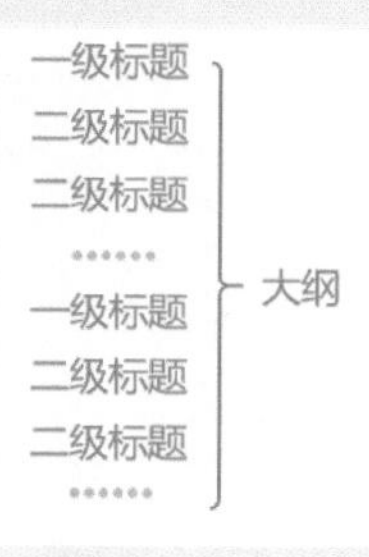

各级标题组合到一起？这不就是目录吗？只不过目录里还有页码，而大纲没有。也就是说，只需要将目录中的页码去除，就可以得到一份大纲了。

如何做呢？单击“引用”选项卡中的“目录”按钮，在弹出的下拉列表中选择“自

定义目录”选项。

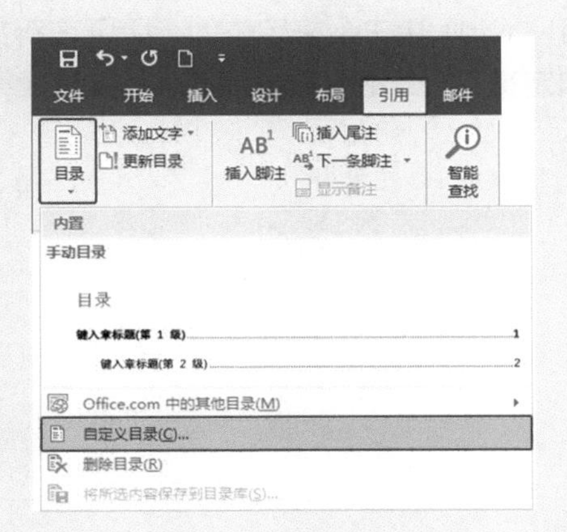

在弹出的“目录”对话框中，取消选中“显示页码”复选框，并单击“确定”按钮即可。

此时 Word 会弹出对话框，询问“要替换此目录吗？”因为当前文档已经有一个目录，所以 Word 会进行询问，而此时你需要把这个“自定义目录”作为大纲发给别人，所以单击“否”按钮，不替换原来的目录。

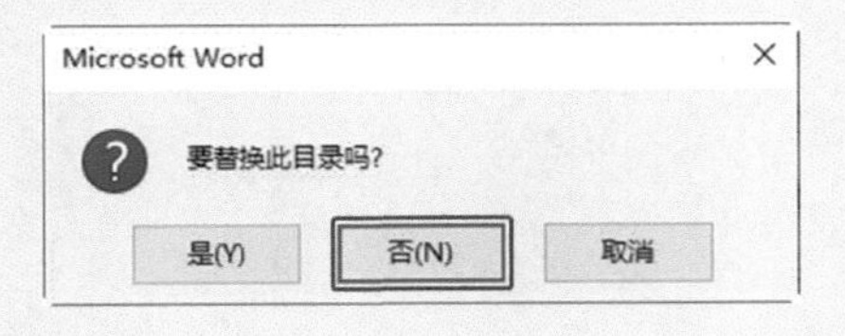

新建一个 Word 文档，将没有页码的“自定义目录”剪切至新文档。由于“自定义目录”是可以使用“Ctrl+ 单击”来定位的，所以在新文档中粘贴时使用无格式粘贴，即可去除“自定义目录”的相关链接，从而完成大纲的制作。

3.3 统一管理图表的说明

在一个 Word 文档中，除了文字以外，还有很多的元素，常用的包括形状、SmartArt、图表、艺术字、图片和表格。

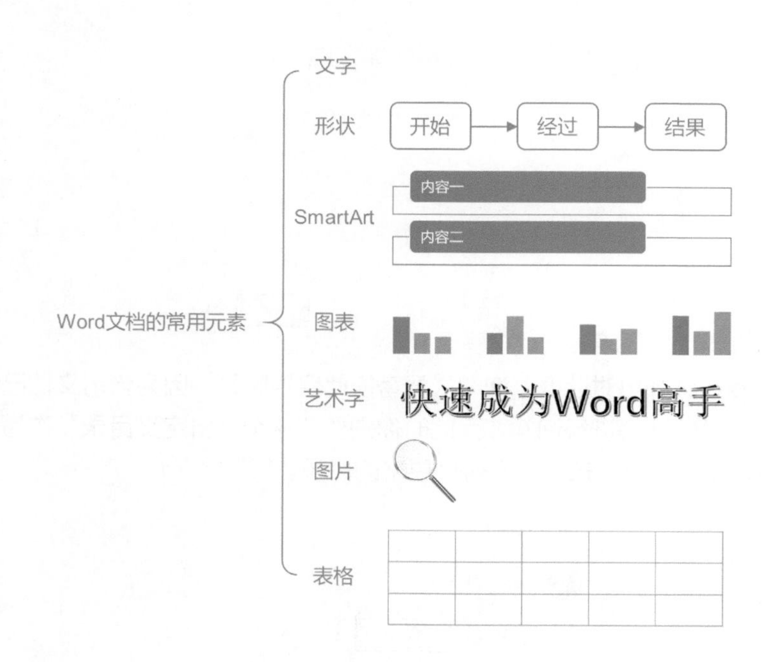

除特殊的排版要求外，形状、SmartArt、图表和艺术字都可以作为图片插入文档中。

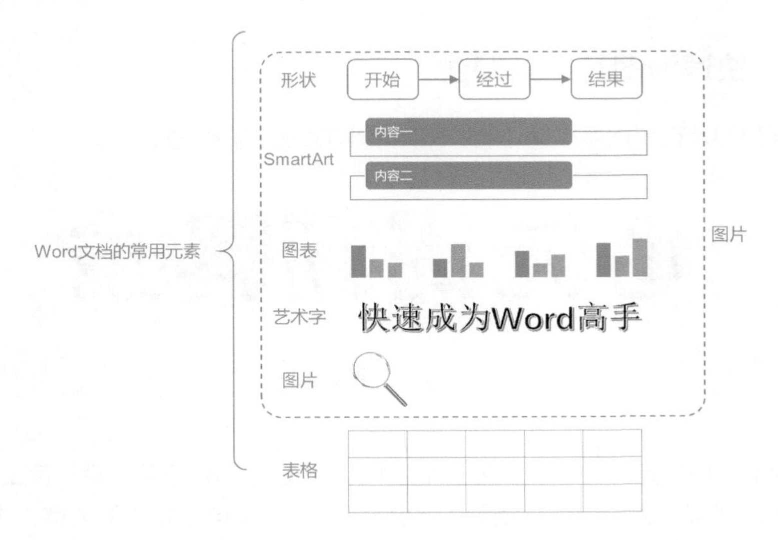

也就是说，在 Word 中的元素除了文字以外，只会有两种形式存在：图片和表格。在有些文档中，会为每一张图片和每一个表格都设置说明，用来告诉解读文档的人这张图片和表格是做什么的。而这些说明在 Word 中被称为“题注”。图片题注通常设置在图片的下方，而表格题注通常设置在表格的上方。

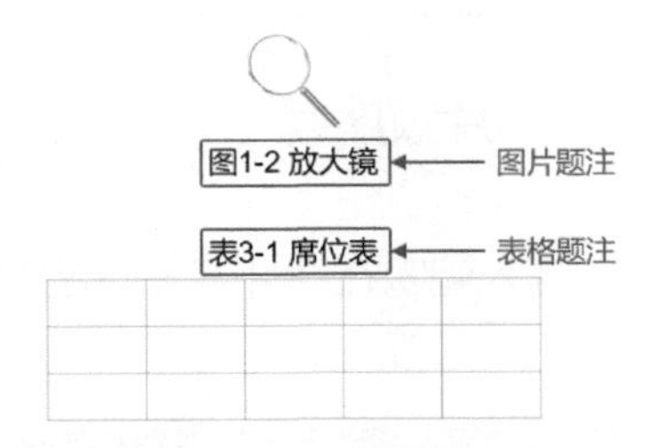

为了区别每张图片，会给每个图片题注添加编号，表格题注也是如此，而且图片题注和表格题注的编号互不干扰。

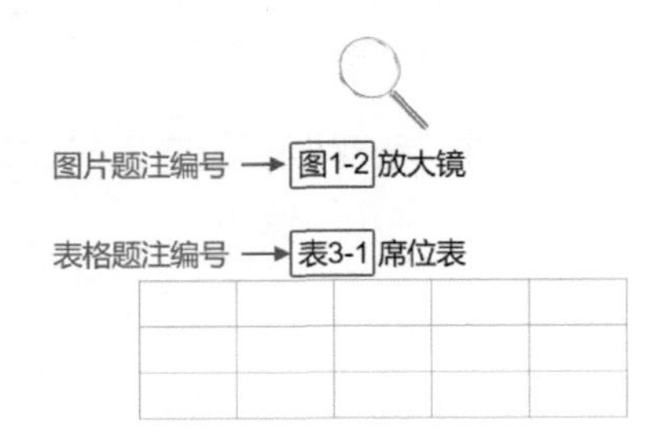

如果手动给图片和表格添加编号，会出现和给标题添加编号一样的问题：编号复杂和修改麻烦。所以需要由 Word 来完成题注编号的插入，以保证编号的准确性。

3.3.1 快速为图片插入题注

如何为图片和表格添加题注呢？比如本小节案例的题注如下。

心元高新科技

图 1-1 公司 Logo

其中的“图”是题注标签，第一个“1”代表这张图位于第 1 章，第二个“1”代表这张图是第 1 章内的第一张图，“公司 Logo”是这个题注的内容，也就是这张图片的说明。

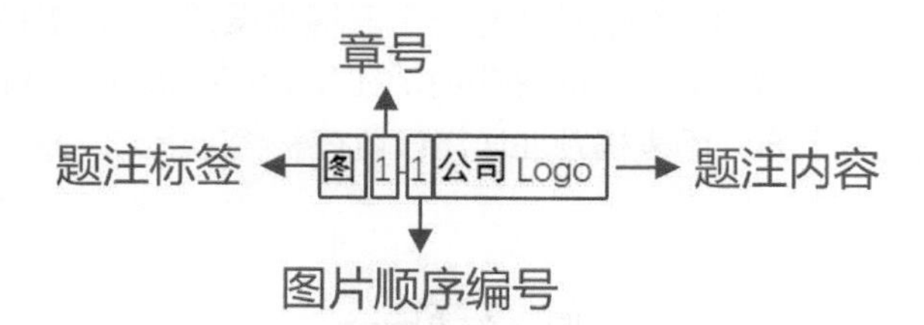

如何完成以上复杂题注的插入呢？在图片下方新起一行，然后单击“引用”选项卡中的“插入题注”按钮。

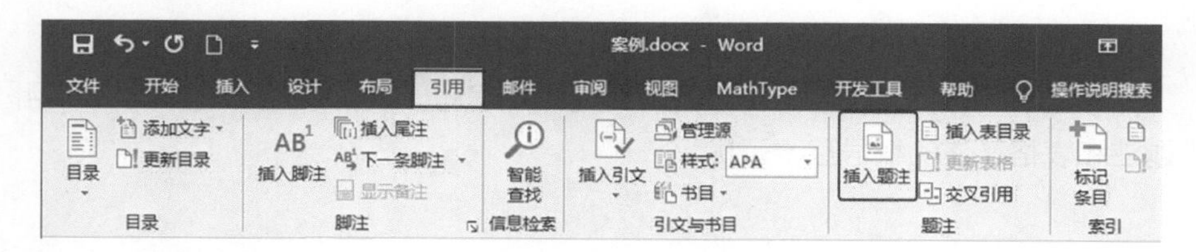

在弹出的“题注”对话框中单击“新建标签”按钮，在“新建标签”对话框的“标签”文本框中输入“图”，并单击“确定”按钮。

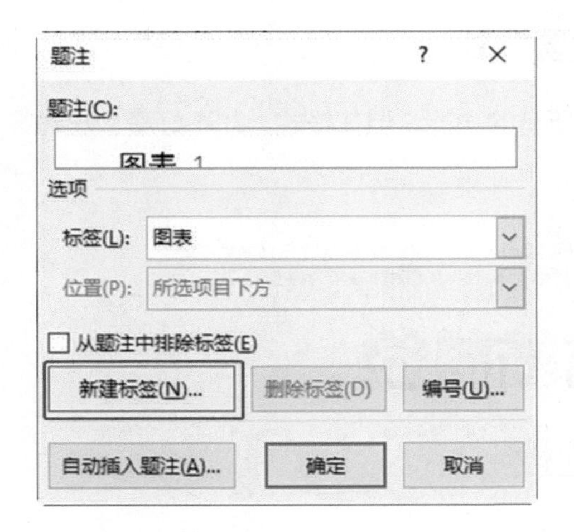

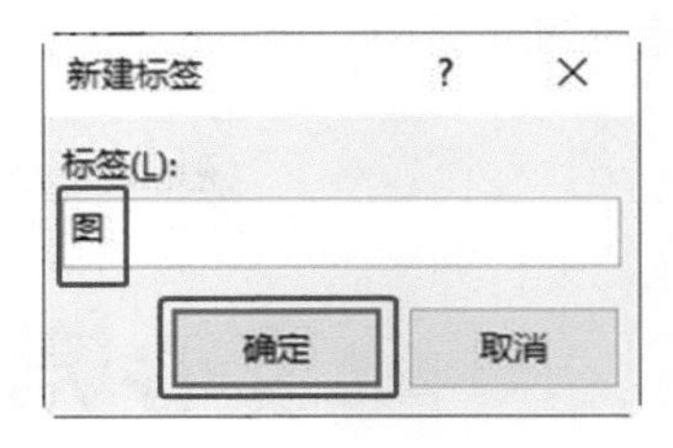

此时的题注标签已变为“图”，然后单击“编号”按钮，在弹出的“题注编号”对话框中选中“包含章节号”复选框，并单击“确定”按钮。

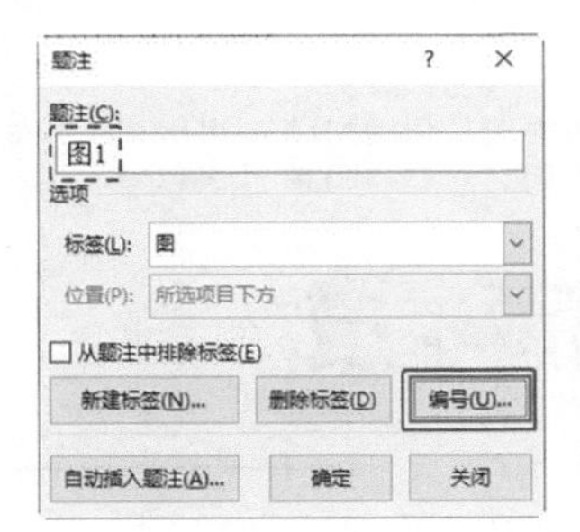

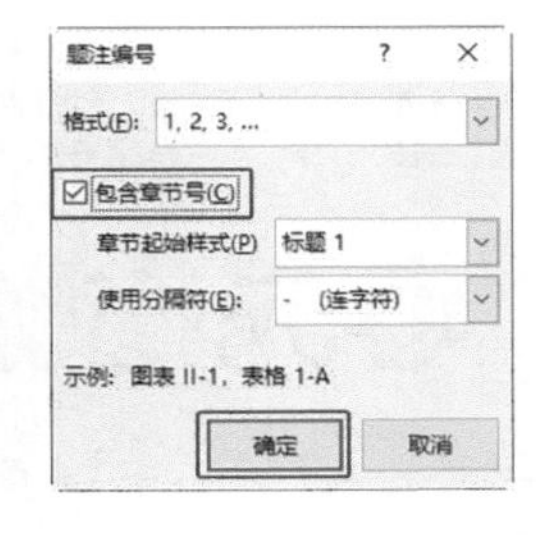

此时 Word 已为图片添加了题注，这时只需要输入“公司 Logo”4 个字即可。

心元高新科技

图 1-1 公司 Logo

用同样的方法，为案例“3.5 认证技术”中的图片添加题注“心元认证计划结构”。此时 Word 会自动选择标签“图”，根据当前图片所在的章添加编号“3”，并根据图片在当前文档中的位置，添加图片顺序编号“1”。

图 3-1 心元认证计划结构

3.3.2 为大量的图片题注设置样式

前文完成的操作，让题注实现了所有的功能，但在样式上却不好看：左对齐，有首行缩进。

而通常对题注的要求是去除首行缩进并居中对齐。

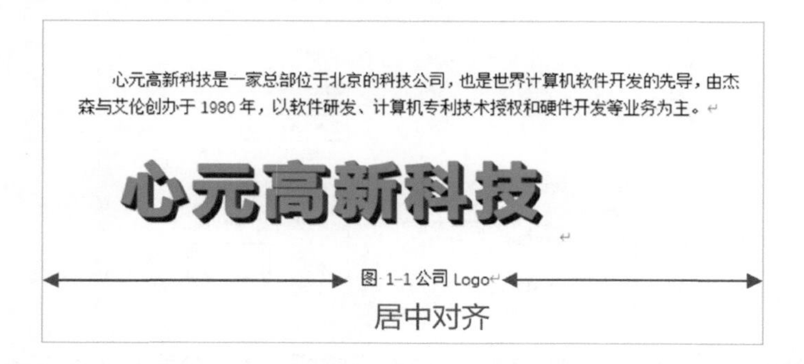

如何批量处理文档中所有的题注呢？单击题注，发现 Word 对新插入的题注套用了“题注”样式。

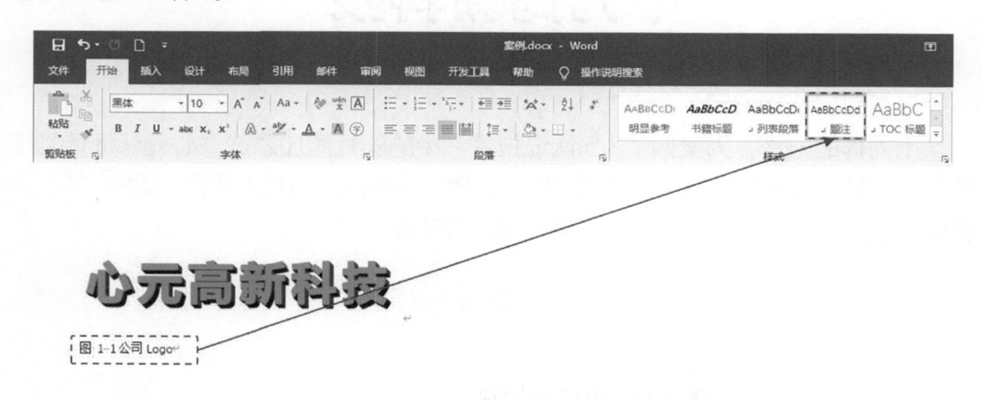

根据样式的原理，只需要修改“题注”样式，就可以修改文档中所有题注的样式了。

在“题注”样式上单击鼠标右键，在弹出的快捷菜单中选择“修改”选项。

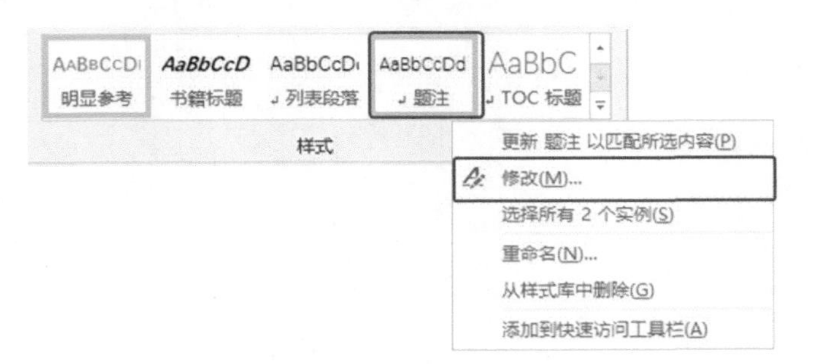

在打开的“修改样式”对话框中单击“居中”按钮，并单击“格式”按钮，选择“段落”选项。

在打开的“段落”对话框中将“特殊”设置成“(无)”，并将“段前”“段后”的间距都设置为“0 行”，然后单击“确定”按钮。

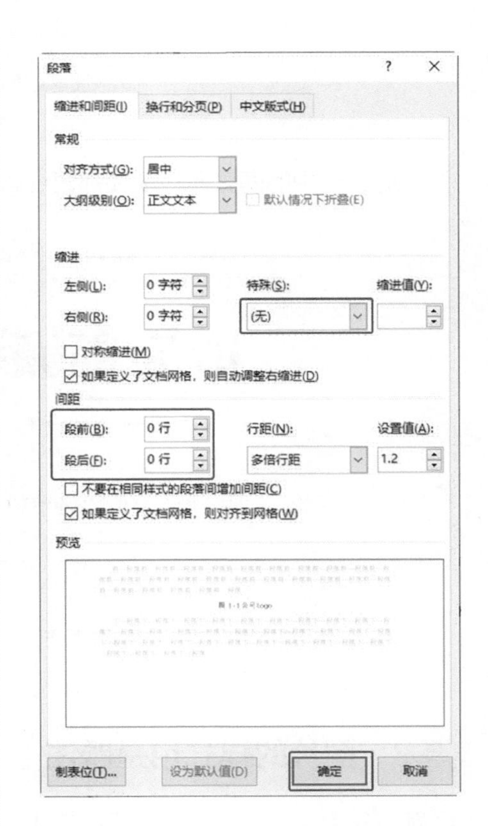

选中“基于该模板的新文档”单选按钮，最终单击“确定”按钮。

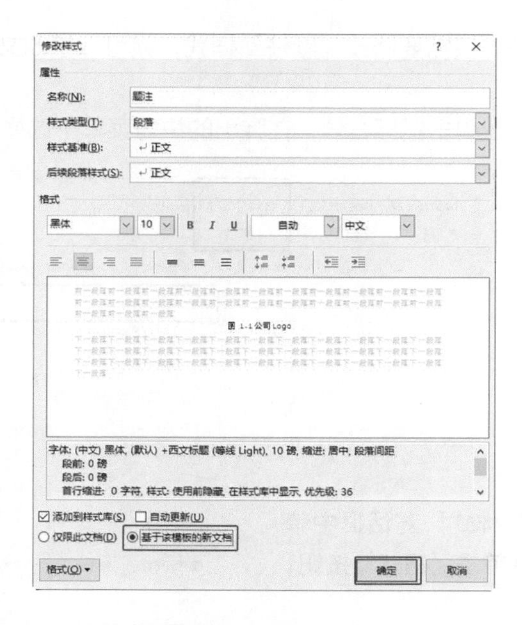

此时文档中的两张图片题注都已经居中了。

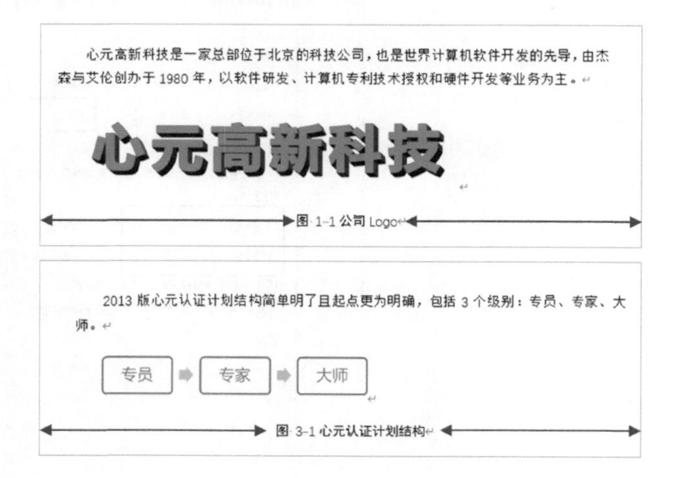

3.3.3 图片的样式也是题注

题注居中了，可是图片并没有居中，而且图片前还有首行缩进。单击图片，原来 Word 给插入的图片使用的是“正文”样式。

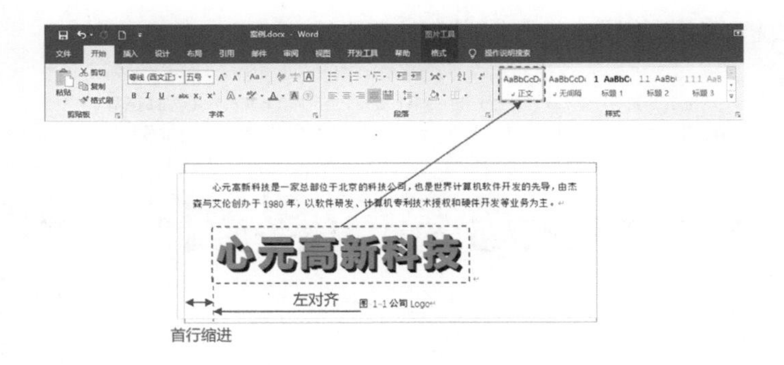

通常对图片的要求是去除首行缩进，并居中对齐，如下图所示。

“去除首行缩进，并居中对齐”，这不就是“题注”样式吗？只需给图片套用“题注”样式，即可去除首行缩进并实现居中对齐，不用再为图片单独设置样式。分别单击文档中的两张图片，再单击“题注”样式。

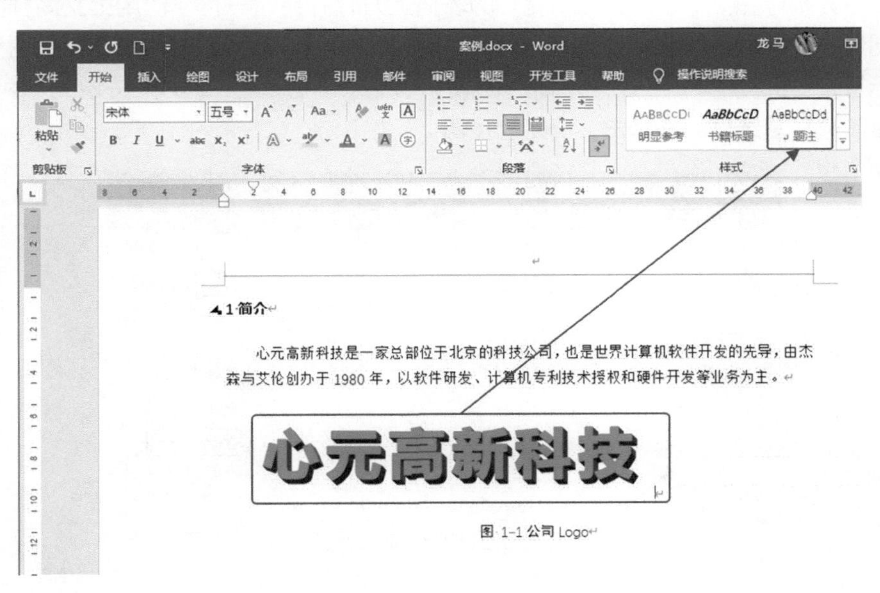

此时文档中的两张图片都已经居中对齐了。

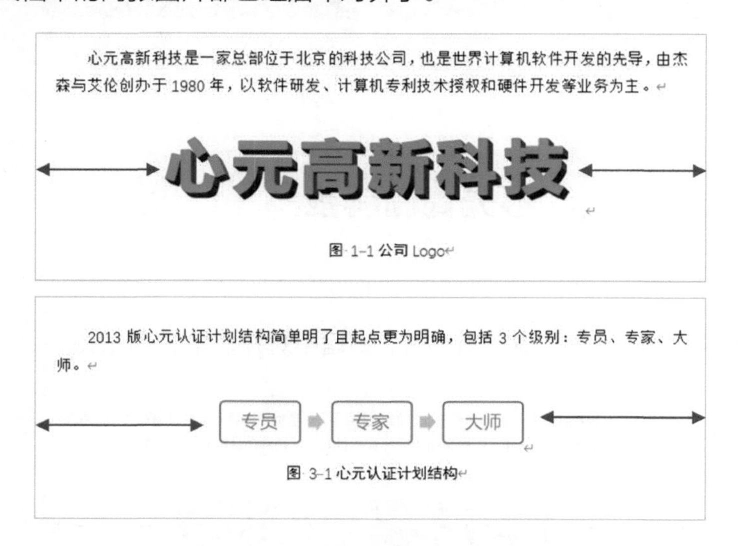

专栏 给“三合一”的题注重新命名

完成图片和图片题注的设置后，接下来就是设置表格和表格题注了。

将光标停留到“3.2 员工制度”的表格上方，并另起一行。使用上文同样的方法创建“表”的题注标签。单击“引用”选项卡中的“插入题注”按钮，单击“新建标签”按钮，并输入“表”，单击“确定”按钮，然后单击“编号”按钮，选中“包含章节号”复选框，并单击“确定”按钮。

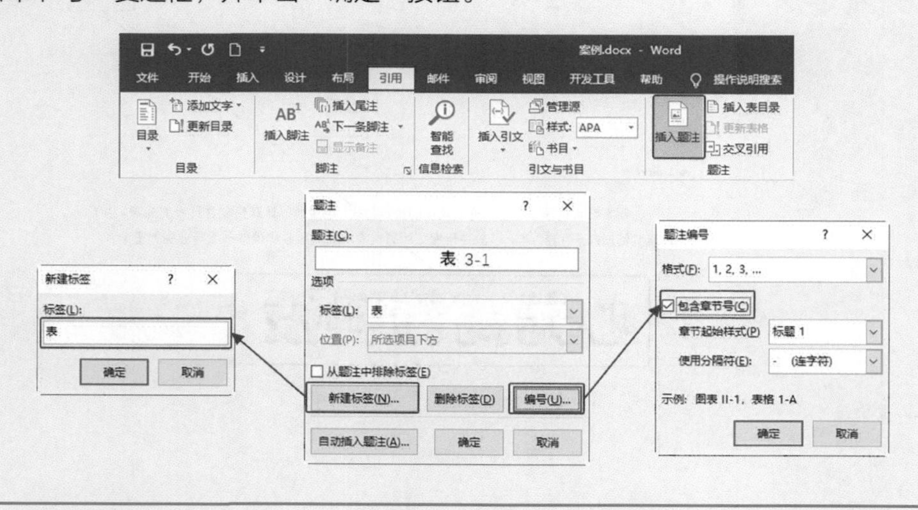

插入题注后，添加文字“心元员工评分”。通过观察发现，“表 3-1 心元员工评分”会自动套用“题注”样式，无须手动修改。

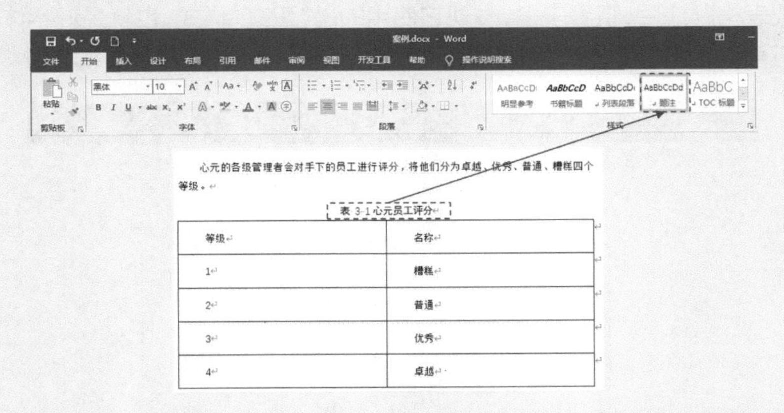

心元的各级管理者会对手下的员工进行评分，将他们分为卓越、优秀、普通、糟糕四个等级。

表 3-1 心元员工评分

等级	名称
1	糟糕
2	普通
3	优秀
4	卓越

此时可以发现，“题注”样式可以应用于“图片题注”、“表格题注”和“图片”。

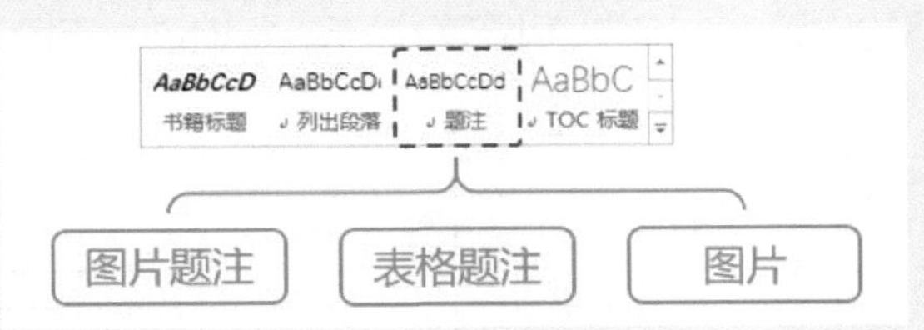

“题注”两字作为 Word 中的新名词，很难看到它就能联想到可以用于这 3 个内容，所以需要把它的名字改成“图表题注”，这样在区别其他样式的时候就可以一目了然。

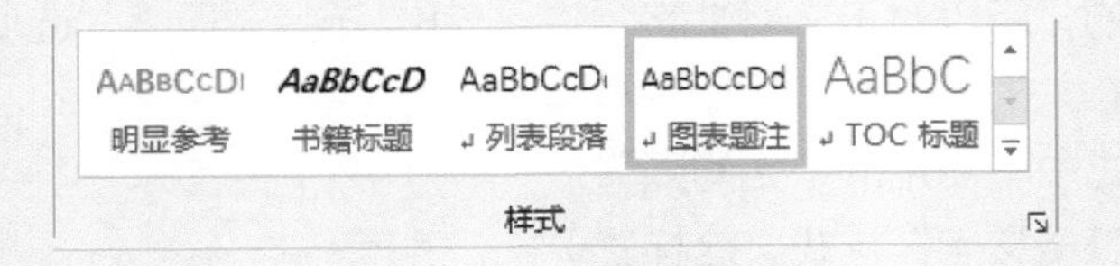

如何设置呢？在“题注”样式上单击鼠标右键，在弹出的快捷菜单中选择“重命名”选项，在弹出的对话框中输入“图表题注”，最终单击“确定”按钮即可。

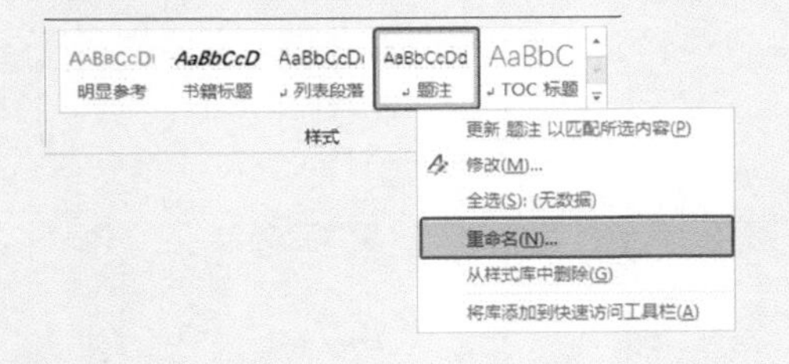

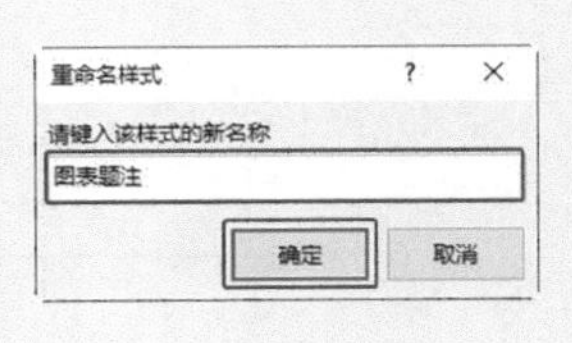

3.3.4 为表格文字设置单独的样式

完成表格题注后，查看表格，发现它使用的是“正文”样式，也就是说字体为宋体，字号为五号，有首行缩进和段前段后间距。

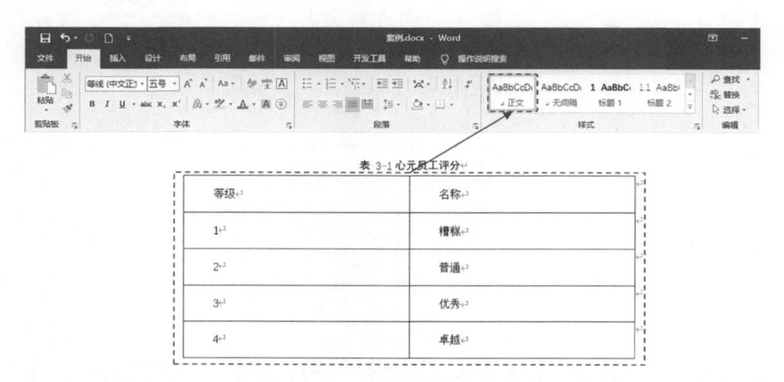

表 3-1 心元员工评分

等级	名称
1	糟糕
2	普通
3	优秀
4	卓越

而通常对表格的设置为：宋体、小五号、无首行缩进、无段前段后间距。

表 3-1 心元员工评分

等级	名称
1	糟糕
2	普通
3	优秀
4	卓越

如果修改“正文”样式，那么所有套用“正文”样式的文字都会发生改变，而已设置的其他样式中，也没有与表格文字要求相符的，所以对于表格文字，只能设置单独的样式。

可以把样式中不使用的“无间隔”样式修改为“表格文字”样式，这样就省去了新建样式的烦恼。在“无间隔”样式上单击鼠标右键，在弹出的快捷菜单中选择“修改”选项。

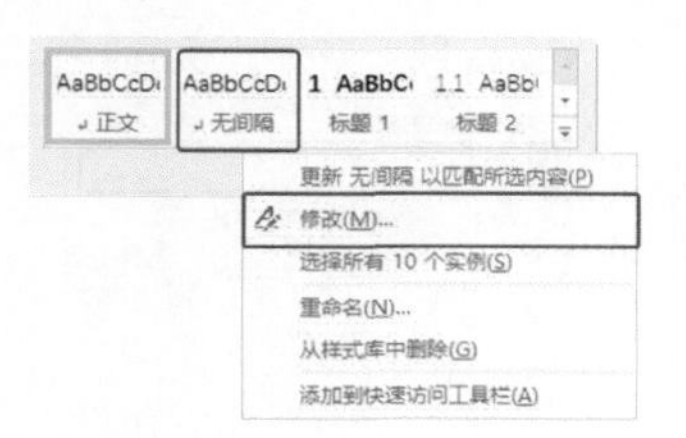

在弹出的对话框中，修改名称为“表格文字”，设置字体为宋体，设置字号为小五，设置“左对齐”，并单击“格式”按钮，选择“段落”选项。

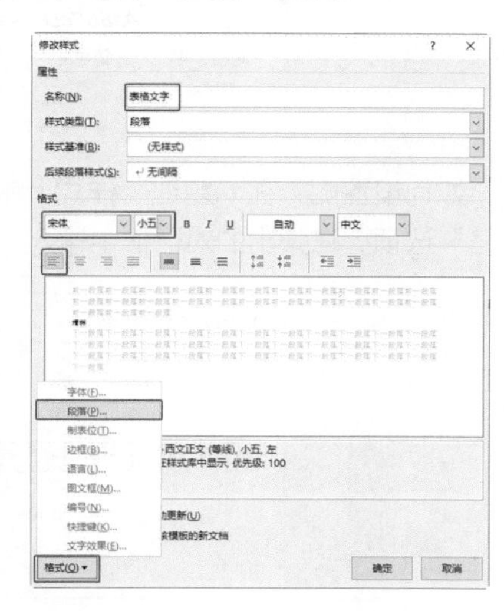

在打开的“段落”对话框中，将“特殊”改为“(无)”，“段前”“段后”设置为“0 行”，并单击“确定”按钮。

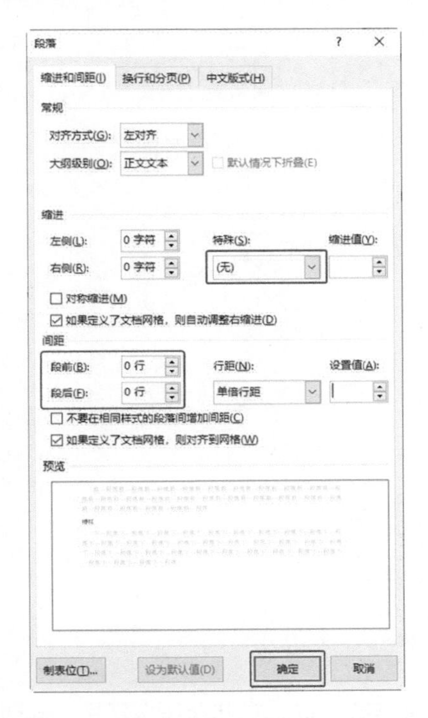

选中“基于该模板的新文档”单选按钮，并单击“确定”按钮。

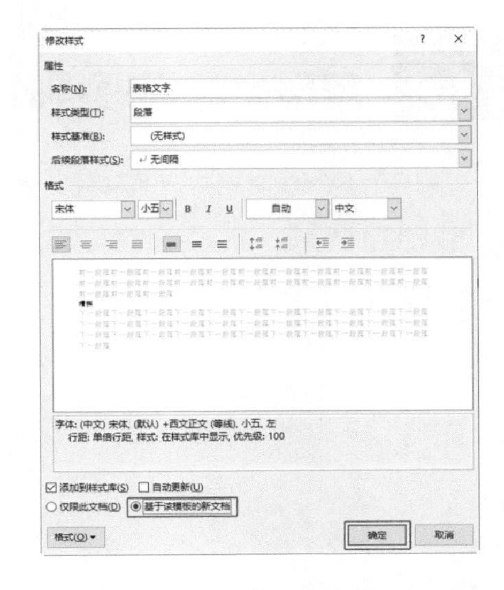

完成“表格文字”的样式设置后，通过“设计”选项卡中的“表格样式”来美化表格，并设置表格居中，表格单元格居中。

表 3-1 心元员工评分

等级	名称
1	糟糕
2	普通
3	优秀
4	卓越

通过设置“题注”样式和“图表题注”样式，就能解决“手动设置图片和表格的编号”这一问题了。

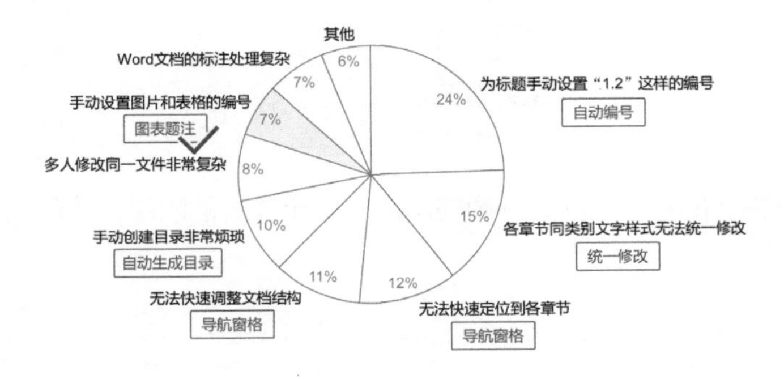

3.4 用最少的标题样式完成全部功能

在一个 Word 文档中，通常有文字、形状、SmartArt、图表、艺术字、图片、图表题注和表格等，而这些元素都可以通过以下 7 个样式来完成操作，分别是“正文”“标题”“标题 1”“标题 2”“标题 3”“图表题注”和“表格文字”。

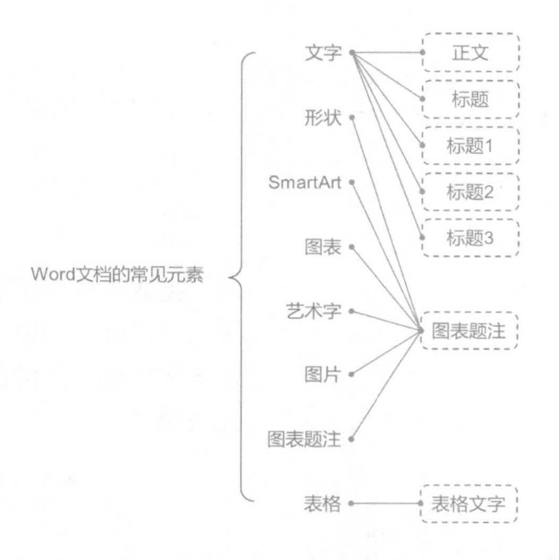

通常在 Word 的“样式”列表框中有 20 种样式。这就意味着每次使用样式时，都需要从 20 个样式中寻找 7 个常用样式，这样会导致浪费很多精力。

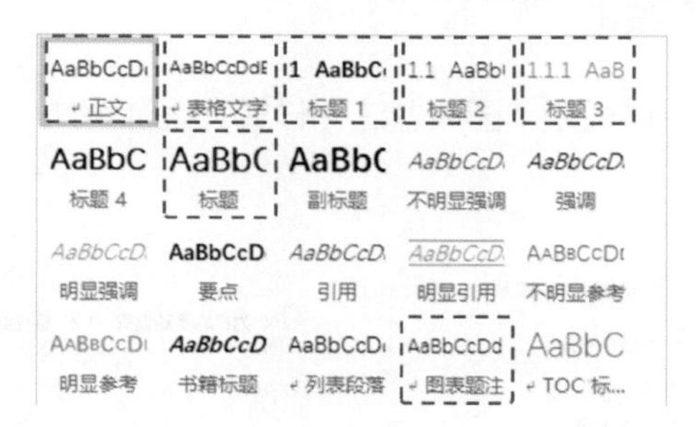

如果将不需要的样式删除，并调整常用的 7 个样式的顺序，就可以大大提升工作效率。

3.4.1 删除不常用的样式

首先需要将不常用的样式删除。在不需要的样式上单击鼠标右键，在弹出的快捷菜单中选择“从样式库中删除”选项。

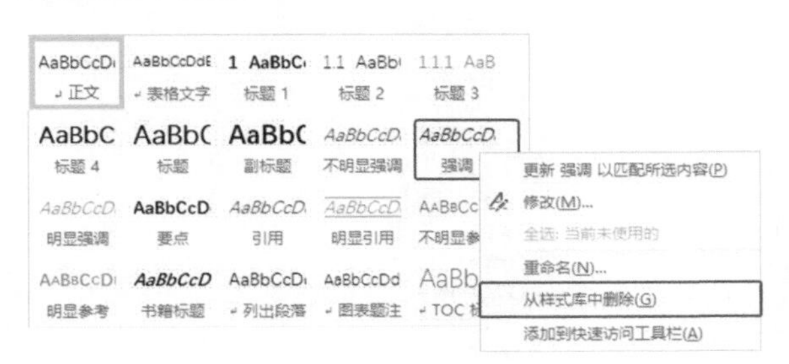

依次删除其他不需要的样式。

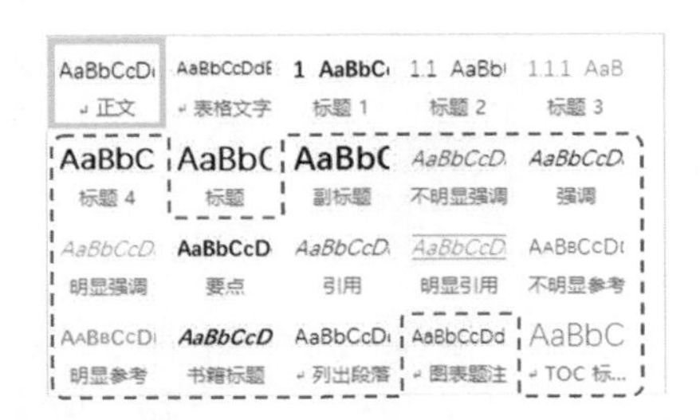

删除多余样式后的最终结果如下图所示。

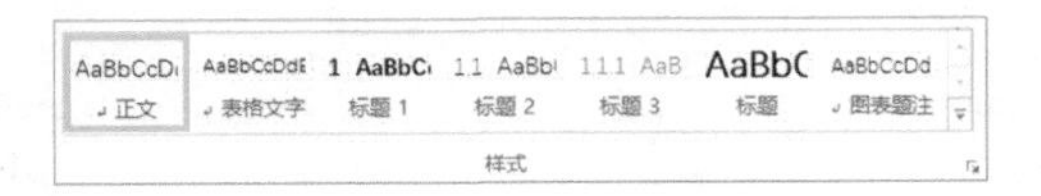

3.4.2 按照顺序调整样式，提高效率

在删除不常用的样式后，余下的样式顺序比较混乱，如果将样式按照“文字”、“图表题注”和“表格文字”的顺序设置，就有利于样式的选择，提高效率。

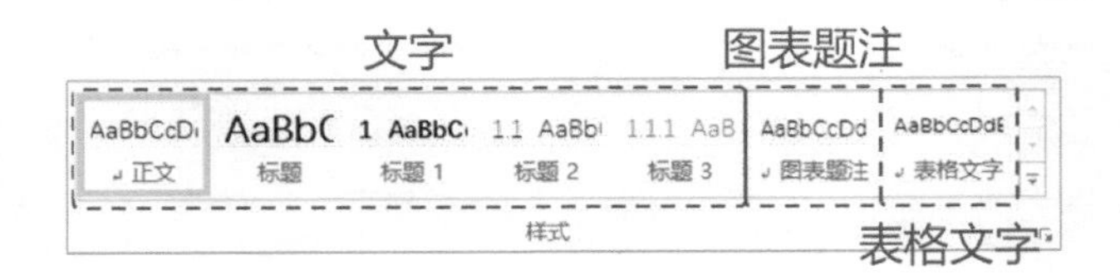

如何调整“样式”列表框中样式的顺序呢？单击“样式”组右下角的按钮，

在弹出的窗格中单击“管理样式”按钮。

在弹出的对话框中，切换至“推荐”选项卡，单击“2 无间隔”，“无间隔”就是前文设置的“表格文字”。通过多次单击“下移”按钮，将“2 无间隔”调整为“11 无间隔”。

单击“11 标题”，通过多次单击“上移”按钮，将“11 标题”调整为“10 标题”。

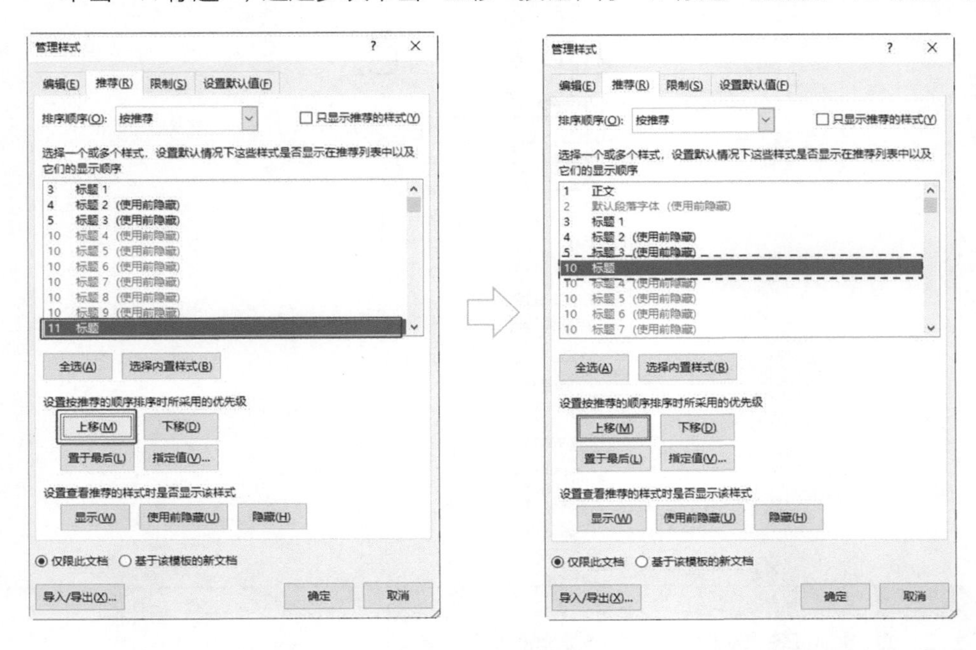

单击“36 题注(使用前隐藏)”，通过多次单击“上移”按钮，将“36 题注”调整为“10 题注(使用前隐藏)”，单击“确定”按钮。

最后关闭“样式”窗格，完成调整样式顺序的操作。

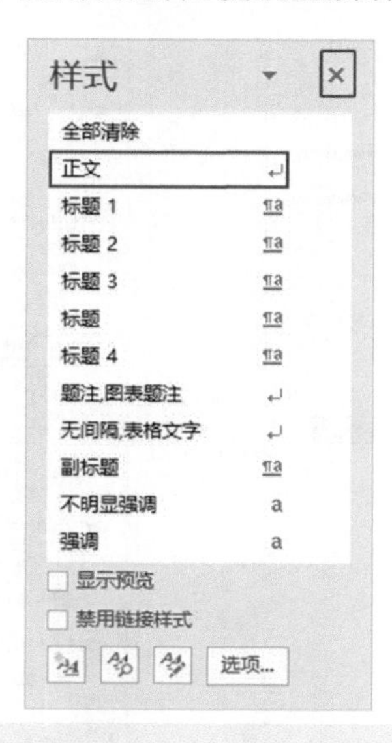

专栏 快速添加自定义样式

如果你要写一份教材，或者是一份手册，在其中可能会加入一些案例。为了让这些案例与正文区分开来，通常会将它们的字体设置为楷体。当案例较多且不断出现在文档的各个位置时，如果使用手动修改的方法，会非常麻烦，浪费大量的精力。

如果你平时不需要添加特殊的样式，可以跳过此小节。

示例	样式
在工作中可能会遇到以下情境。	正文
张三在工作中经常与文字打交道，以前他都是用Word来处理日常的工作的，可是当文字较多时，他却犯了愁……	案例
在上文的案例中……	正文

这时可以求助样式，为这些案例单独设置一个样式，这样就可以减少手动修改工作量。

如何新建特殊的样式呢？单击“样式”组右下角的“样式”按钮，在弹出的窗格中单击“新建样式”按钮。

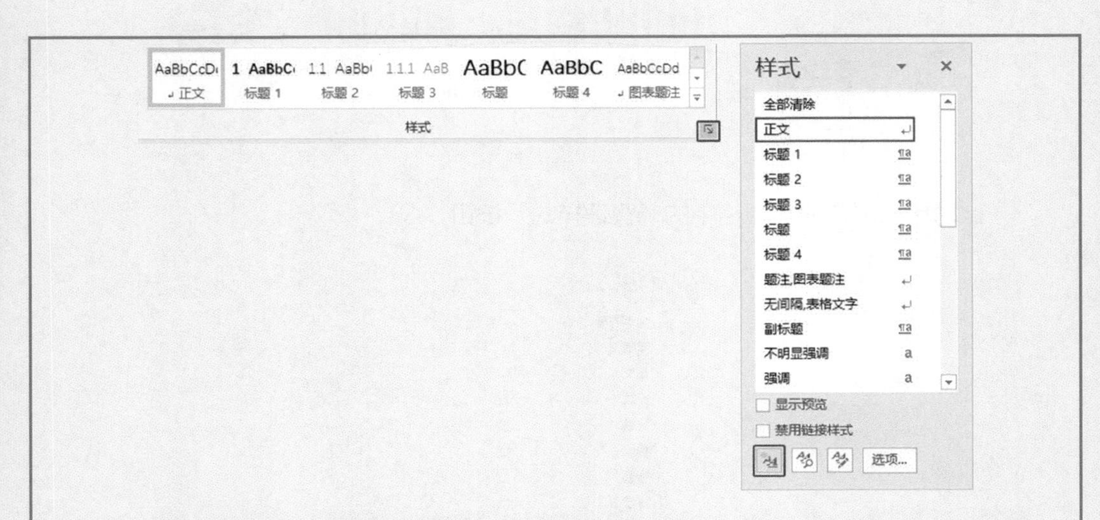

弹出“根据格式化创建新样式”对话框，在“名称”文本框中输入“案例”，“后续段落样式”选择“正文”，字体设置为楷体，并选中“基于该模板的新文档”单选按钮，然后单击“确定”按钮。

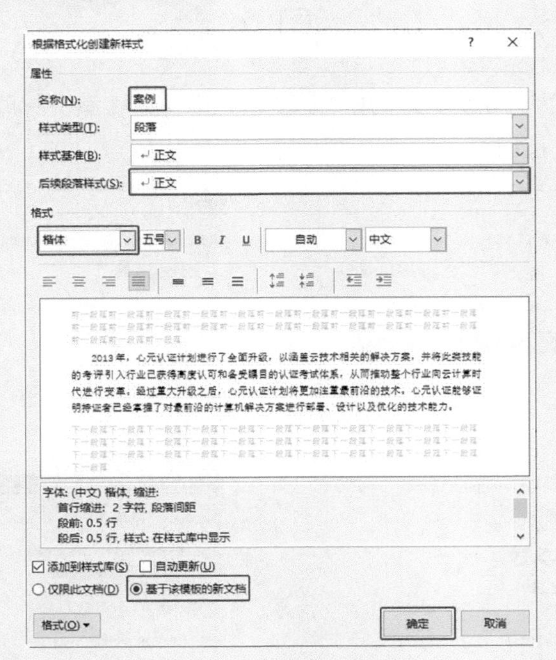

观察“样式”列表框中的“案例”样式，它第一个出现，这样的顺序并不利于样式的设置，需要将它放到最后。

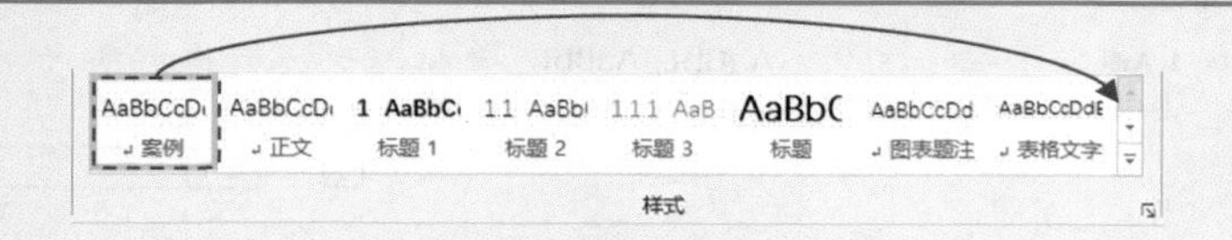

此时单击“样式”窗格中的“管理样式”按钮。

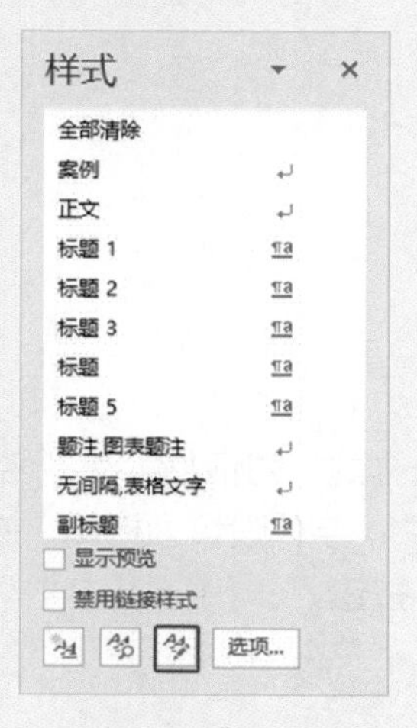

单击“1 案例”，通过多次单击“下移”按钮，将“1 案例”调整为“12 案例”，最终单击“确定”按钮。

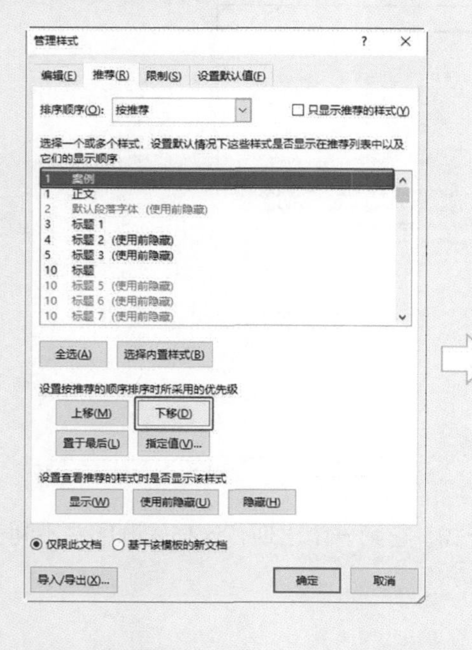

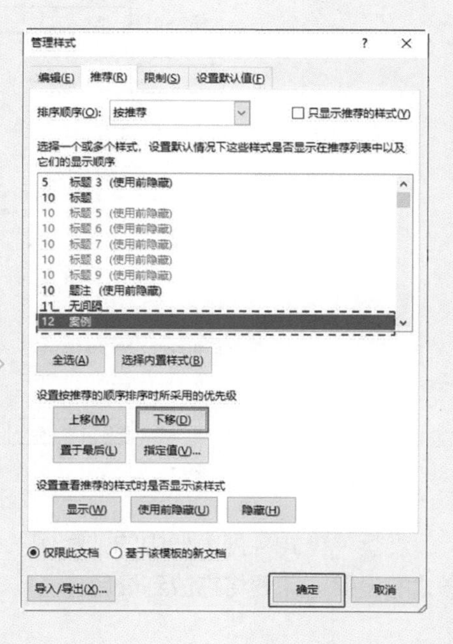

3.5 省力而高效——在多台电脑间同步样式

在制作所有的样式时，都选中了“基于该模板的新文档”单选按钮，也就意味着在自己当前的电脑中，就不用再对样式做同样的设置了。

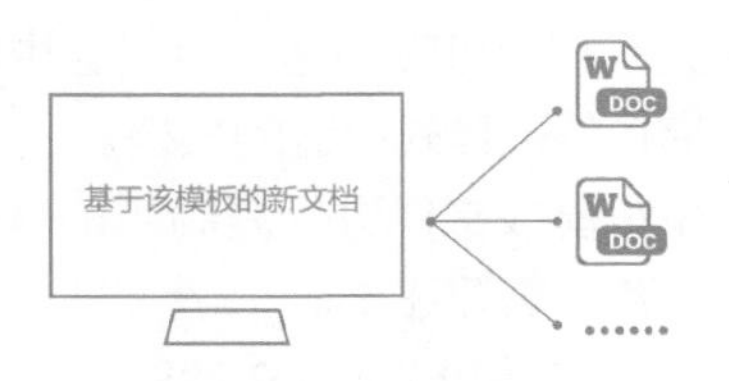

但如果有多台电脑呢？如果对家里的电脑进行了这样的设置，那么对公司的电脑是否需要重新设置呢？

“基于该模板的新文档”意味着新文档都是基于一个模板文件的。

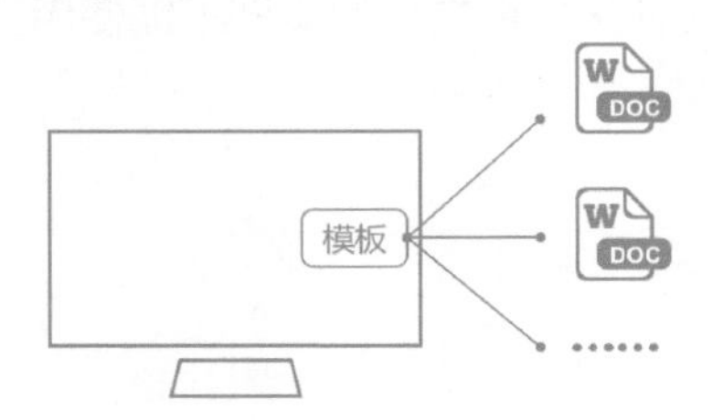

如果将这个模板文件复制到另外一台电脑中，那么另外一台电脑也可以创建相同设置的文档。

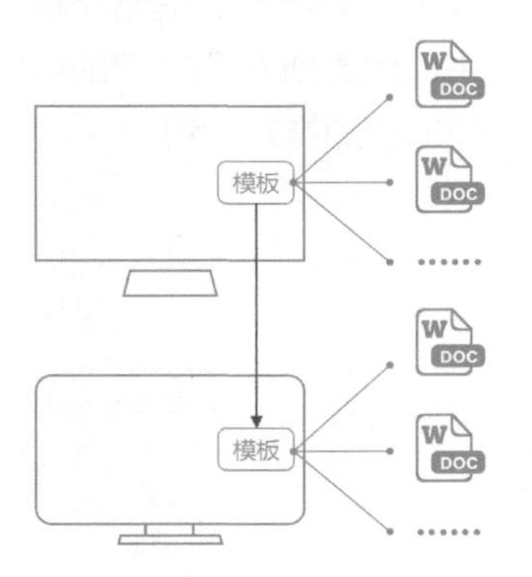

在操作模板文件之前，有一个问题是，我们对每个保留下的样式都设置了“基于该模板的新文档”，而没有对删除的样式进行设置，也就是说，模板文件里并没有存储“哪些样式被删除了”。

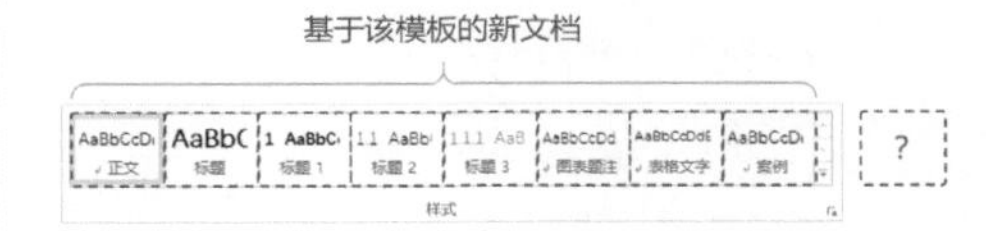

这时需要将“哪些样式显示、哪些样式删除”也存储到模板文件中。单击“样式”组右下角的“样式”按钮，再单击“管理样式”按钮。

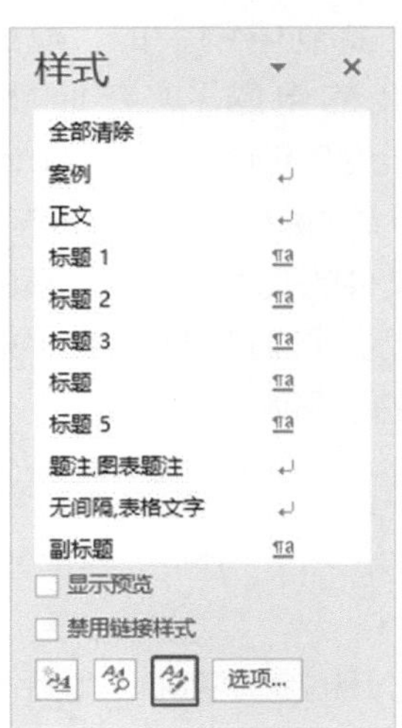

在弹出的“管理样式”对话框中，选中“限制”选项卡中的“基于该模板的新文档”单选按钮，然后单击“确定”按钮。

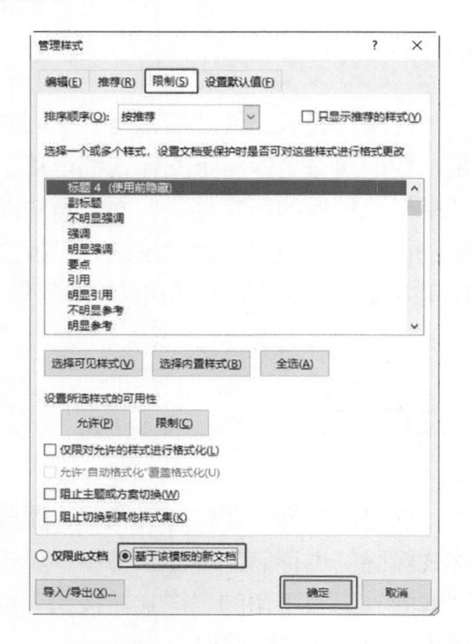

此时就将“哪些样式显示、哪些样式删除”的设置，存储到模板文件中了。接下来就可以对模板文件进行操作了。

如何找到电脑中的“模板”呢？打开“我的电脑”，在地址栏输入“%appdata%\Microsoft\Templates”。按“Enter”键后，即可访问 Office 存储模板文件的文件夹。在本章的结果文件中也提供了直接访问该路径的快捷方式：“文件路径”。

在打开的文件夹中，Normal.dotm 文件就是模板文件。

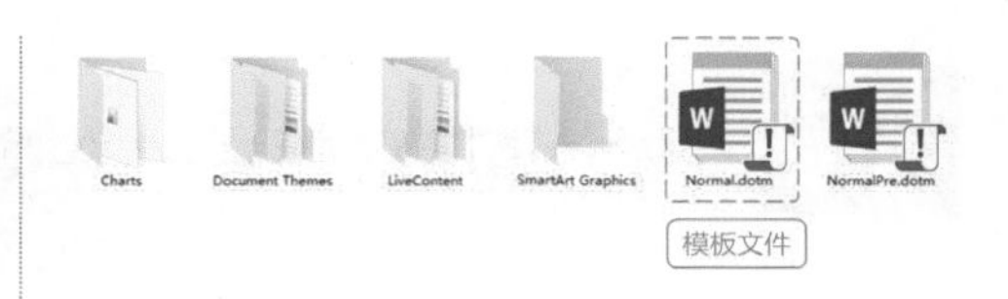

将它复制到另一台电脑的“%appdata%\Microsoft\Templates”文件夹下，即可实现另一台电脑也能够创建带有各种样式设置的文档。

在对模板文件进行复制和传播时，有以下两点需要注意。

（1）在复制模板文件时，需要关闭所有的 Word 软件。因为 Word 软件在使用时会占用模板文件。

（2）模板只应用于新建文档。Word 软件在新建文档时，会从模板创建，而创建完保存后，将会脱离该模板。也就意味着你之前的文档不能使用当前模板。

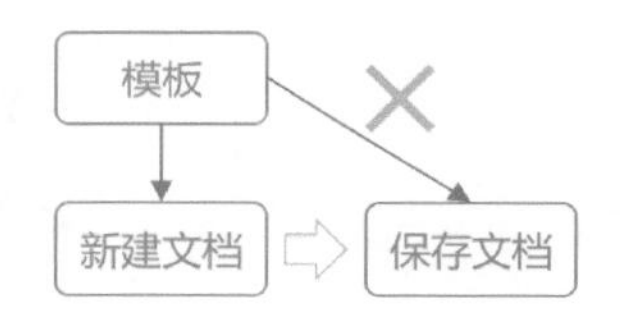

如果你想让之前的文档也能够套用当前样式，可以先新建一个文档，将之前的文档内容全部复制进新文档，此时新文档中既包含所有原文档的内容，而且还有模板中的样式设置。

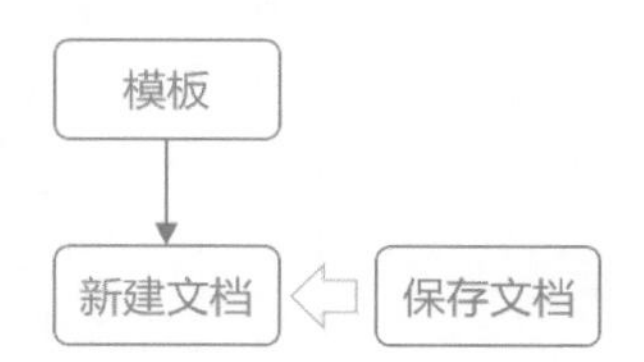

第4章 提高文档专业度——搞定长文档

“交叉引用”只会在长文档中使用，什么是长文档呢？当一篇文档图文较多，超过 10 页以上时，我们就把它叫作长文档，它可能是一本产品手册，或者是公司某岗位的能力胜任模型，甚至是一本书。

本章就围绕工作中的“长文档”展开介绍，除了介绍使用样式的“交叉引用”外，还会介绍解决“Word 文档的标注处理复杂”这一问题的方法，并且介绍提高文档的专业度的方法。

4.1 在文档中插入引用的信息

文档的专业度高，能够让读者感受到文档的可信度高，而文档的可信度需要从多个方面树立，上文中提到的标题编号、目录和图表说明等都是提升文档可信度的要素。本章将通过插入准确的引用信息，来提高文档的专业度，提升文档的可信度。

在文档中插入引用的信息，常见的有以下两类：图表题注和章节标题。

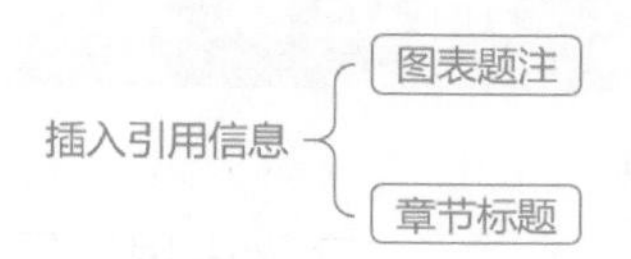

4.1.1 自动插入引用的图表题注

图表题注就是将图表的题注插入文档中，让读者知道每张图的作用。

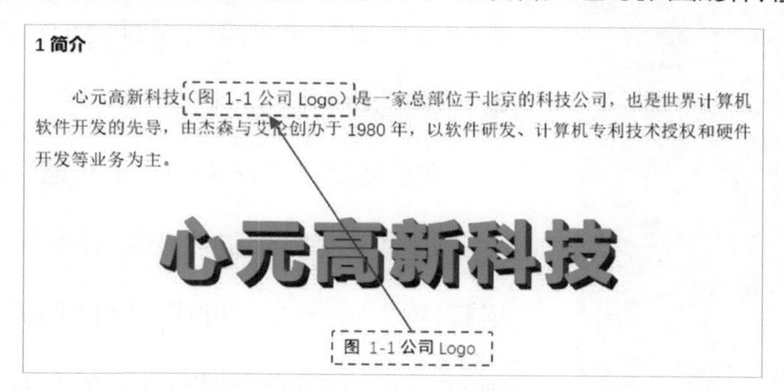

如果手动输入会怎么样呢？如果全文中图片较多时，手动输入需要花费大量的精力和时间，并且当修改了题注文字时，引用文字就需要手动修改。如果题注发生删除或新增，那么大量的题注编号的引用都需要手动修改。

如何让 Word 准确地插入图表题注呢？在需要插入图表题注的位置，如在“心元高新科技”后，输入“（ ）”，然后单击“引用”选项卡中的“交叉引用”按钮。

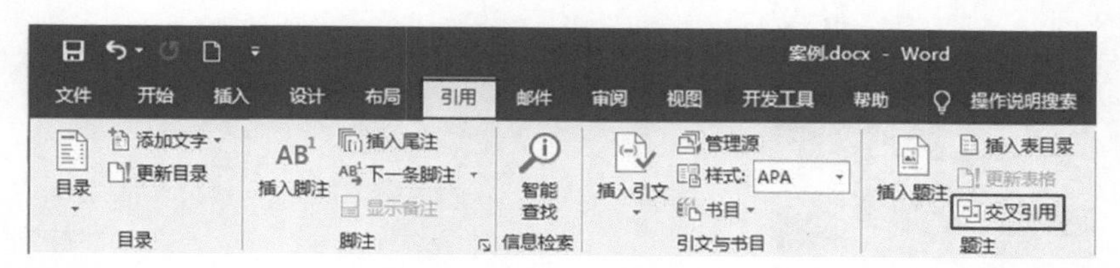

在弹出的"交叉引用"对话框中，设置"引用类型"为"图"，"引用内容"为"整项题注"，代表包含题注标签，题注编号和题注文字不需要修改，单击需要插入的题注"图 1-1 公司 Logo"，单击"插入"按钮。

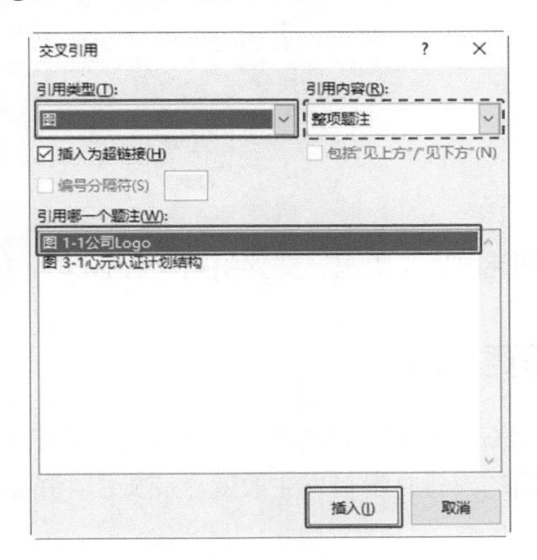

可以在不关闭"交叉引用"对话框的状态下，用同样的方法插入"图 3-1"的交叉引用。

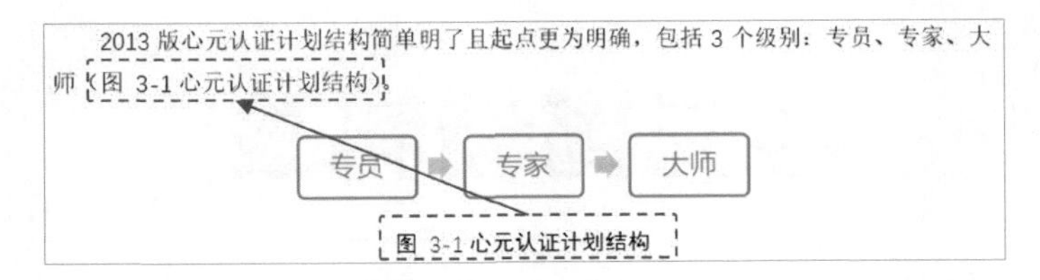

将"表 3-1"的题注插入相应位置。

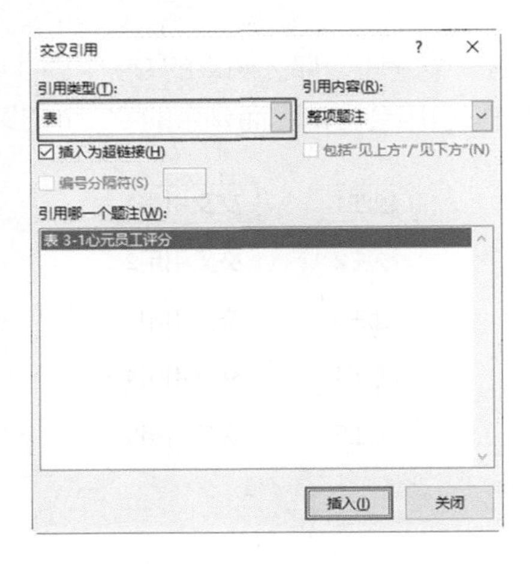

最终结果如下图所示。

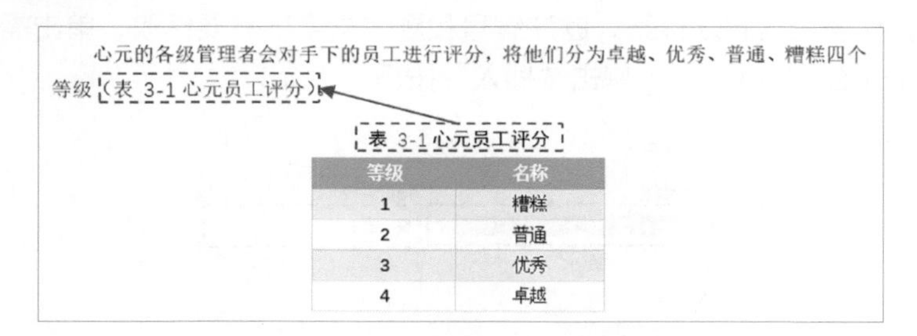

当题注的插入全部完成后，单击“交叉引用”对话框的“关闭”按钮。

4.1.2 在关闭前更新域

假设将“图 1-1 公司 Logo”的题注文字修改为“心元高新科技公司 Logo”时，发现文中交叉引用的部分并没有发生改变，交叉引用的题注文字仍然为修改前的“公司 Logo”。

为什么交叉引用没有自动刷新呢？想象一下，文档中插入了 100 个图片题注的交叉引用，如果删除了第一个题注，那么剩余的 99 个题注编号都会发生改变，也就意味着第一个题注的交叉引用会出错，而剩余的 99 个交叉引用需要刷新。

如果增加一个题注，那么在这个新增题注后的所有题注编号都会发生改变，而交叉引用也需要刷新。这样的情况会增加硬件资源的开销，导致 Word 卡顿，所以微软公司希望使用者在对文档全部修改完之后，再手动刷新交叉引用。

难道要一个个手动刷新吗？高手通常这样做：在关闭文档前更新域。

通过按“Ctrl+A”组合键选中全文文字，然后在任意一个交叉引用上单击鼠标右键，在弹出的快捷菜单中选择“更新域”选项。

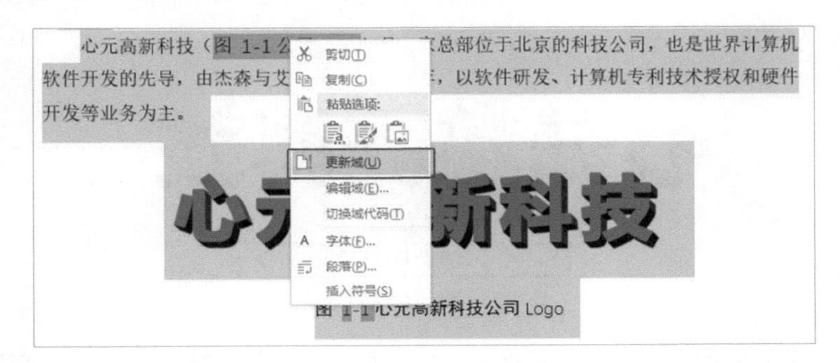

由此便打开了“更新目录”对话框，由于自动目录也属于域的一种，所以目录也会被更新。前面的操作没有修改标题，所以直接单击“确定”按钮。

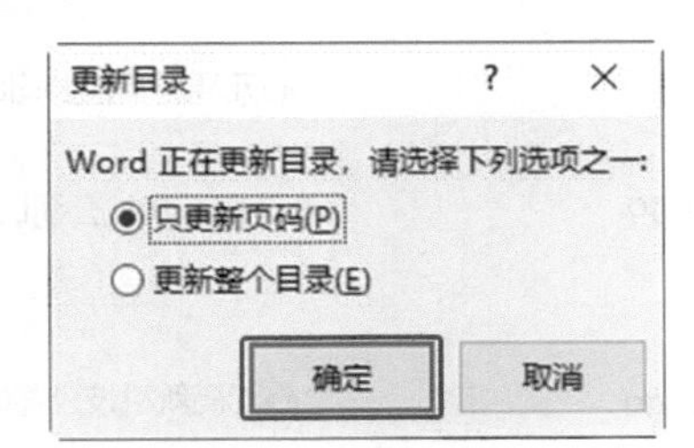

第 3 章中提到完成文档后需要更新目录，而更新域已经包含了更新目录的操作，所以以后在关闭文档前操作一次更新域就可以了。

如果在更新域后，交叉引用中出现“错误！未找到引用源”。这说明交叉引用的图表题注已经被删除，此时需要手动删除该交叉引用的文字。

错误!未找到引用源

4.1.3 不能完全相信的交叉引用

将图 1-1 的题注文字“心元高新科技公司 Logo”修改为“心元高新科技公司 Logo 图”，然后更新域后发现，文中的交叉引用没有被修改。

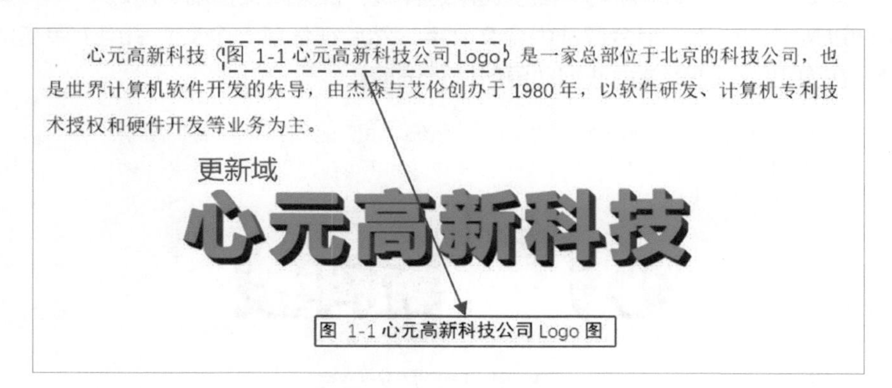

将“公司 Logo”改为“心元高新科技公司 Logo”，并更新域后，交叉引用会发生相应修改；而将“心元高新科技公司 Logo”改为“心元高新科技公司 Logo 图”，更新域后，交叉引用没有发生相应修改，这是为什么呢?

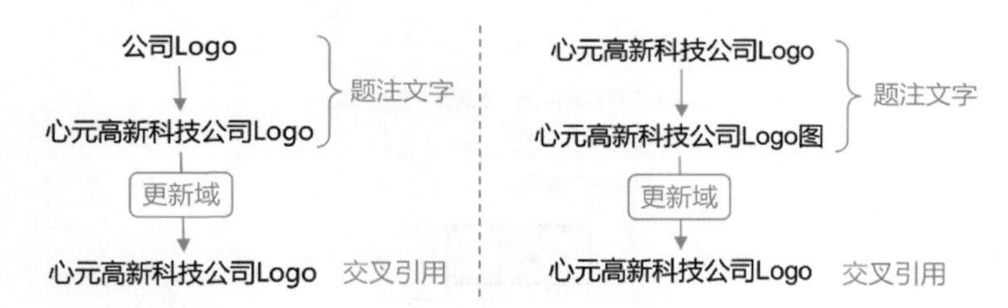

难道是因为中英文的关系？并不准确，仔细观察两者，一个是在文字前面增加，一个是在文字末尾增加。Word 软件在修改题注文字时，将插入在题注中和题注前的文字作为题注文字的一部分，而把插入在题注后方的文字，不作为题注文字的一部分。

所以在更新域时，题注文字“心元高新科技公司 Logo 图”在文档中的交叉引用并未发生改变，因为 Word 仍然认为题注文字是“心元高新科技公司 Logo”，没有后面的“图”。

也就是说，在题注文字最后插入文字时，交叉应用将不能辨别。看似这是个小问题，但如果在文档中发生图片题注和交叉引用文字不匹配的情况，就会影响文档的专业度，从而影响读者对文档的信赖。

如何规避这个问题呢？有两种方法，第一种是重新插入交叉引用，这样可以彻底解决问题，但费时费力。我更倾向于第二种：从中间插入末尾文字。

以需要在“心元高新科技公司 Logo”后插入“图”为例，可以在“司”和“L”之间插入“Logo 图”，然后将最后的“Logo”删除，这样就把插入的文字放到了中间，Word 会把所有文字都认为是题注文字。

心元高新科技公司 Logo图 Logo

而这种从中间插入末尾文字的方法就是将需要在末尾添加的文字插入原题注文字当中，然后删除末尾多余的文字。

4.1.4 自动插入引用的章节标题

除了图表题注可作为常用的引用信息外，章节标题也是常见的引用信息。在文档中插入章节标题的引用信息，可以让读者知道当前文档的某个内容与前后文内容有联系。如下图所示，可以一目了然地让读者知道“艾伦”在第 1 章“简介”中出现，并且在第 3 页。

> 心元两位联合创始人兼领袖杰森、艾伦（第 1 章简介 P3），都是世界上智力过人、才华出众的天才。杰森的智力商数超越 200，在众多核心期刊中发表过许多论文。而艾伦则拿过 3 次奥数冠军，并用一周时间独自开发过单机游戏，受到业内好评。两位在计算机领域都有着非常高的威望。

与图表题注一样，如果采用手动方式添加章节标题的引用，那么当标题文字发生改变时，引用的文字就需要手动修改，如果章节标题发生删除或新增，那么大量章节标题的引用都需要手动修改。

可以让 Word 来准确完成对章节标题的引用。如在 4.1 节“艾伦”后添加“（ ）”，并将光标定位在括号内。单击“引用”选项卡中的“交叉引用”按钮。

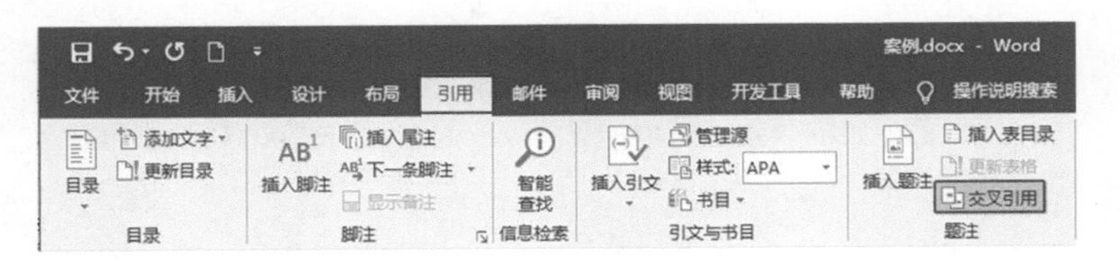

将“引用类型”设置为“标题”，将“引用内容”设置为“标题编号”，选择需要引用的标题，然后单击“插入”按钮。

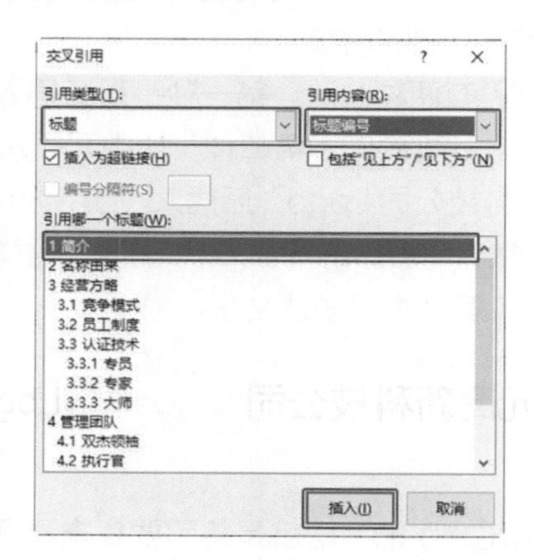

将“引用内容”设置为“标题文字”，单击“插入”按钮；再次将“引用内容”设置为“页码”，单击“插入”按钮。

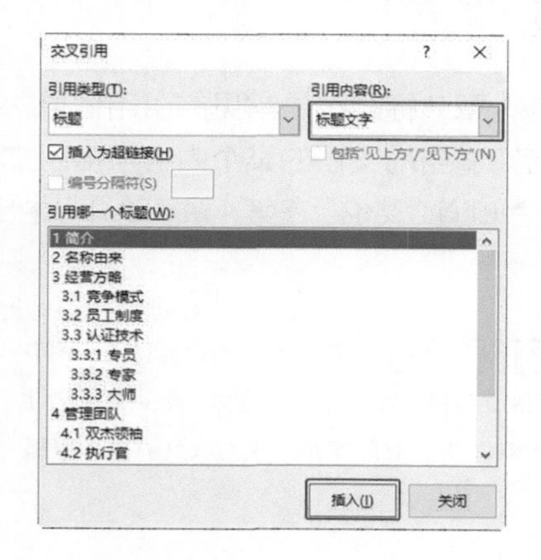

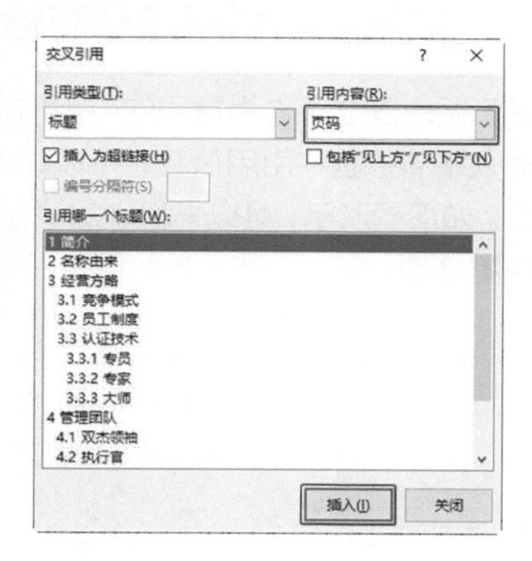

最后在文档中输入“第”、“章”和“P”等文字。

心元两位联合创始人兼领袖杰森、艾伦（1 简介 3），都是世界上智力过人、才华出众的天才。杰森的智力商数超越 200，在众多核心期刊中发表过许多论文。而艾伦则拿过 10 次奥数冠军，并用一周时间独自开发过单机游戏，受到业内好评。两位在计算机领域都有着非常高的威望。

心元两位联合创始人兼领袖杰森、艾伦（第 1 章简介 P3），都是世界上智力过人、才华出众的天才。杰森的智力商数超越 200，在众多核心期刊中发表过许多论文。而艾伦则拿过 10 次奥数冠军，并用一周时间独自开发过单机游戏，受到业内好评。两位在计算机领域都有着非常高的威望。

插入章节标题的交叉引用和插入图表题注的交叉引用一样，都需要在关闭文档前进行“更新域”。

4.2 体现专业：在页面末尾为文字做解释

在某些文档中，经常会出现一些领域内的专业名词，读者不一定知道这些专业名词的意思，但是在文档中进行解释又会显得冗长，所以通常需要将文字解释放到当前页面的底部，方便文档的解读。

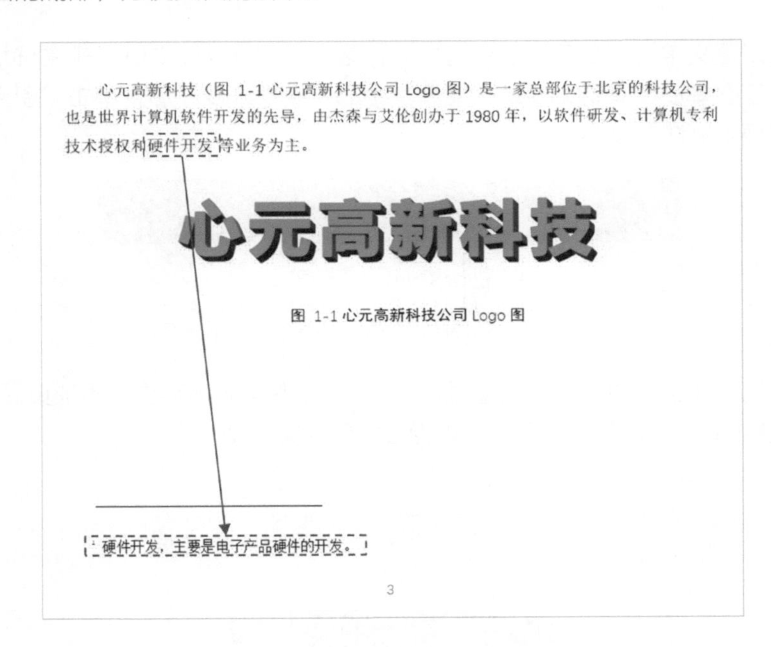

4.2.1 把名词解释做成页面的脚注

当采用手动的方式在当前页面底部添加文字解释时，如果当前页面的文字发生删除或增加，那么页面底部的文字解释的位置就会发生改变，需要每次手动将文字解释向上调整或向下调整，以保证文字解释与文字在同一页面，且保持在当前页面的底部。

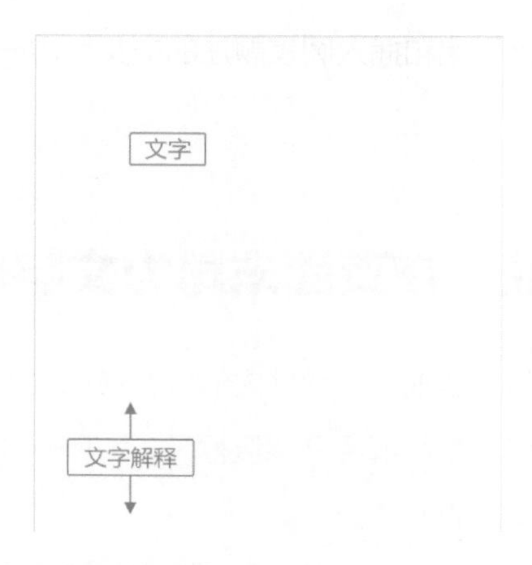

手动设置文字解释是非常浪费精力的，这个工作可以让 Word 来精确地完成。将光标停留在本小节案例第 1 章“简介”中的“硬件开发”后，单击“引用”选项卡中的“插入脚注”按钮。

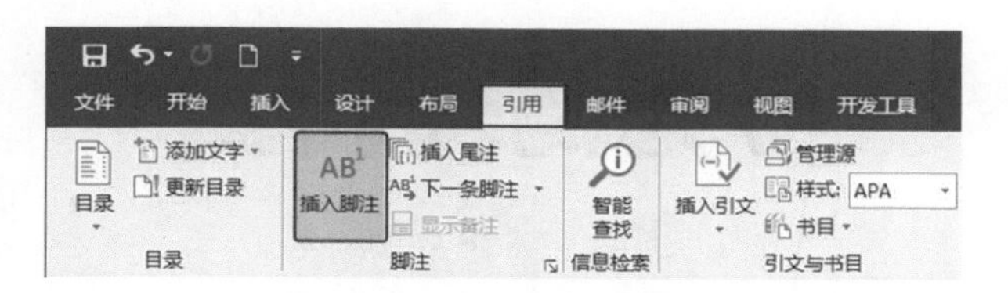

此时 Word 会自动在光标位置插入上标“1”，并将光标定位到当前页面的底部，也插入上标的“1”，此时就可以输入相应的解释文字了。

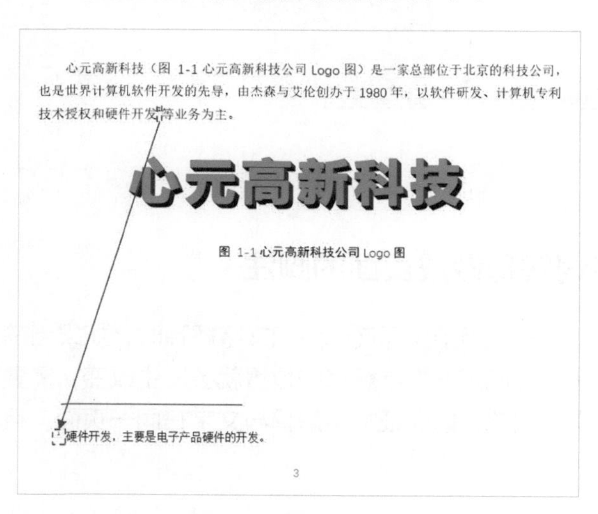

当文档的文字发生改变时，脚注会自动进行调整，以保证以下两点。

（1）脚注与插入位置在同一页面。

（2）脚注保持在当前页面底部。

以同样的方法，在第 2 章“名称由来”中为“王阳明”添加脚注：“王阳明：本名王守仁（1472 年 10 月 31 日—1529 年 1 月 9 日），别名王云，字伯安，号阳明，浙江余姚人，汉族。明朝杰出的思想家、文学家、军事家、教育家，南京吏部尚书王华的儿子。”为伯特兰 · 罗素添加脚注：“伯特兰 · 罗素：伯特兰 · 阿瑟 · 威廉 · 罗素（1872 年—1970 年），英国哲学家、数学家、逻辑学家、历史学家、文学家，分析哲学的主要创始人，世界和平运动的倡导者和组织者。”

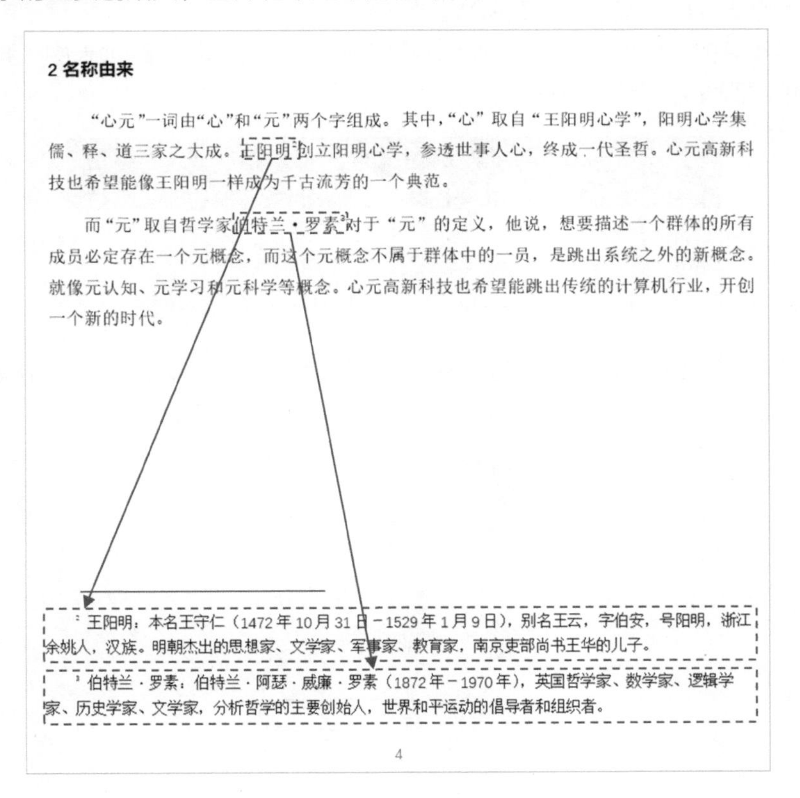

2 名称由来

“心元”一词由“心”和“元”两个字组成。其中，“心”取自“王阳明心学”，阳明心学集儒、释、道三家之大成。王阳明[2]创立阳明心学，参透世事人心，终成一代圣哲。心元高新科技也希望能像王阳明一样成为千古流芳的一个典范。

而“元”取自哲学家伯特兰 · 罗素[3]对于“元”的定义，他说，想要描述一个群体的所有成员必定存在一个元概念，而这个元概念不属于群体中的一员，是跳出系统之外的新概念。就像元认知、元学习和元科学等概念。心元高新科技也希望能跳出传统的计算机行业，开创一个新的时代。

[2] 王阳明：本名王守仁（1472 年 10 月 31 日－1529 年 1 月 9 日），别名王云，字伯安，号阳明，浙江余姚人，汉族。明朝杰出的思想家、文学家、军事家、教育家，南京吏部尚书王华的儿子。

[3] 伯特兰 · 罗素：伯特兰 · 阿瑟 · 威廉 · 罗素（1872 年－1970 年），英国哲学家、数学家、逻辑学家、历史学家、文学家，分析哲学的主要创始人，世界和平运动的倡导者和组织者。

4

4.2.2 把脚注的编号改成“①”

Word 默认的脚注是采用上标为“1,2,3...”的格式，而采用“①,②,③...”的格式可让脚注在文档中更为突出。

心元高新科技（图 1-1 心元高新科技公司 Logo 图）是一家总部位于北京的科技公司，也是世界计算机软件开发的先导，由杰森与艾伦创办于 1980 年，以软件研发、计算机专利技术授权和硬件开发①等业务为主。

① 硬件开发，主要是电子产品硬件的开发。

假设文档中有 100 个脚注，如果采用手动修改的方式对其进行修改，那么就需要手动修改 200 次：插入位置的脚注编号和页面底部的脚注编号都需要修改，而且当新增 1 个脚注时，又需要修改两次。

这种重复的操作完全可以让 Word 来完成。单击“引用”选项卡中“脚注”组右下角的“脚注和尾注”按钮。

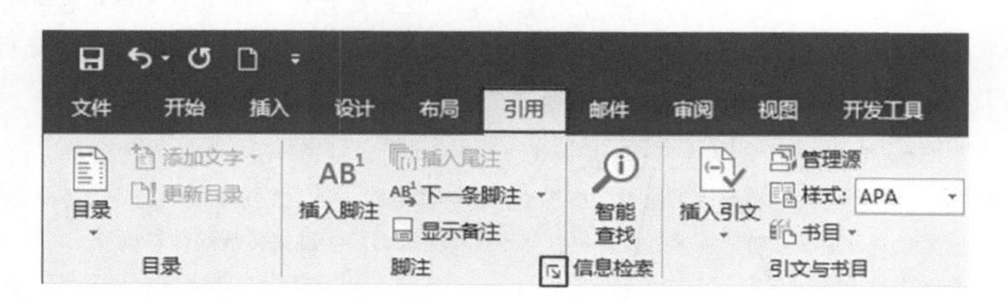

在“脚注和尾注”对话框中将“编号格式”设置为“①,②,③...”，并单击“应用”按钮。

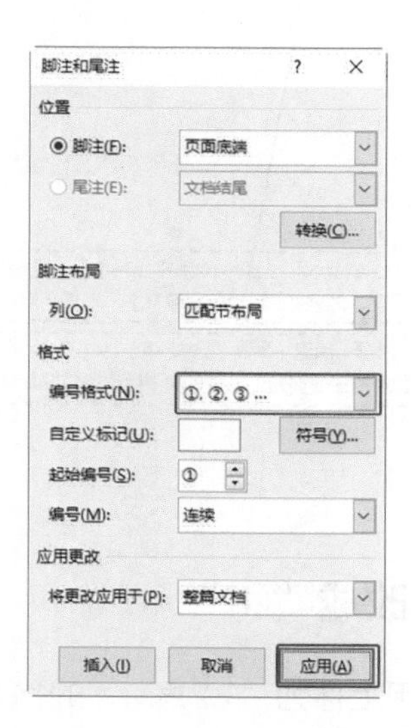

此时文档中所有的脚注都会发生相应改变，并且新增脚注时，都会采用“①，②，③...”的格式。

4.2.3 让每页脚注从“①”开始

观察第 4 页的脚注，它们是从“②”开始的。

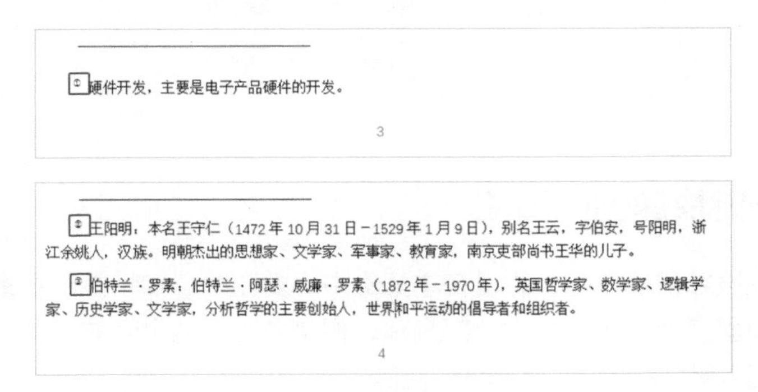
①硬件开发，主要是电子产品硬件的开发。

3

②王阳明，本名王守仁（1472 年 10 月 31 日－1529 年 1 月 9 日），别名王云，字伯安，号阳明，浙江余姚人，汉族。明朝杰出的思想家、文学家、军事家、教育家，南京吏部尚书王华的儿子。

③伯特兰 · 罗素：伯特兰 · 阿瑟 · 威廉 · 罗素（1872 年－1970 年），英国哲学家、数学家、逻辑学家、历史学家、文学家，分析哲学的主要创始人，世界和平运动的倡导者和组织者。

4

这篇文档的读者会出现疑问：“‘①’在哪里？漏写了么？”其实 Word 是将所有的脚注都按照顺序排列了。可脚注是在每个页面的底部，而且每个页面底部的脚注都不相关，所以需要将脚注每页都从“①”开始编号。

如何修改呢？单击“引用”选项卡中“脚注”组右下角的“脚注和尾注”按钮。

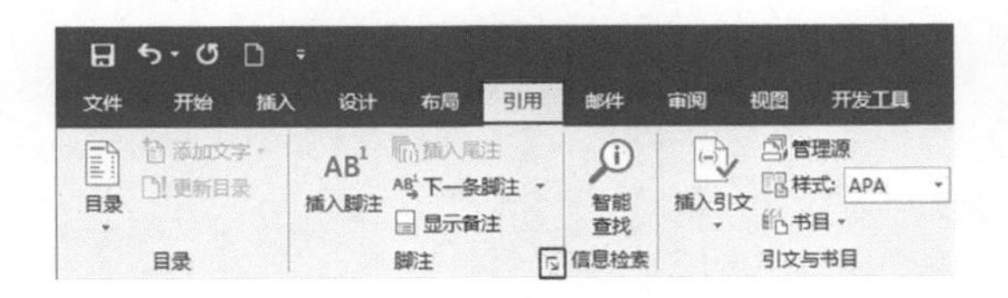

在弹出的“脚注和尾注”对话框中，将“编号”设置为“每页重新编号”，并单击“应用”按钮。

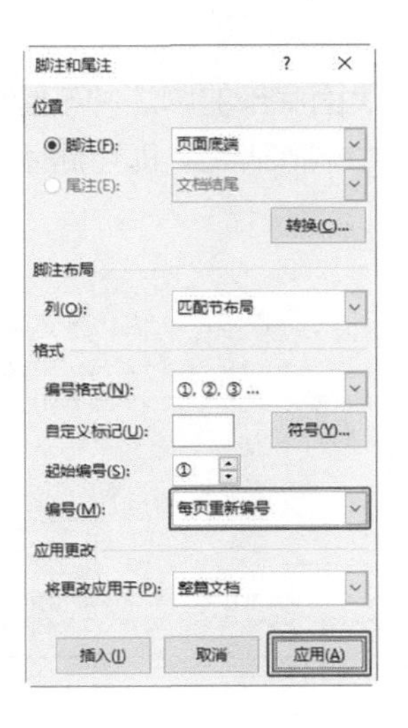

观察文档发现，第4页的脚注从“①”开始编号了。

①王阳明：本名王守仁（1472年10月31日－1529年1月9日），别名王云，字伯安，号阳明，浙江余姚人，汉族。明朝杰出的思想家、文学家、军事家、教育家，南京吏部尚书王华的儿子。

②伯特兰·罗素：伯特兰·阿瑟·威廉·罗素（1872年－1970年），英国哲学家、数学家、逻辑学家、历史学家、文学家，分析哲学的主要创始人，世界和平运动的倡导者和组织者。

4

4.2.4 一键快速删除脚注

删除脚注该如何操作呢？假设在本案例中需要删除“伯特兰·罗素”的脚注，通常都会在页面底部将脚注文字全部删除，但是会出现两个问题：原有脚注的行删不掉、文中插入脚注的位置仍有编号存在。

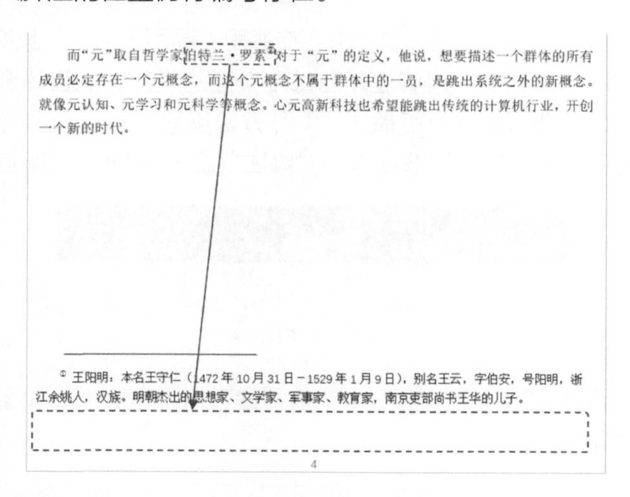

而“元”取自哲学家伯特兰·罗素②对于“元”的定义，他说，想要描述一个群体的所有成员必定存在一个元概念，而这个元概念不属于群体中的一员，是跳出系统之外的新概念。就像元认知、元学习和元科学等概念。心元高新科技也希望能跳出传统的计算机行业，开创一个新的时代。

① 王阳明：本名王守仁（1472年10月31日－1529年1月9日），别名王云，字伯安，号阳明，浙江余姚人，汉族。明朝杰出的思想家、文学家、军事家、教育家，南京吏部尚书王华的儿子。

4

也就是说，通过直接删除页面底部的脚注并不能真正删除脚注，如何操作才能真正删除脚注呢？直接在正文中删除脚注，即可删除文中的编号和页面底部的脚注内容。

而“元”取自哲学家伯特兰·罗素对于“元”的定义，他说，想要描述一个群体的所有成员必定存在一个元概念，而这个元概念不属于群体中的一员，是跳出系统之外的新概念。就像元认知、元学习和元科学等概念。心元高新科技也希望能跳出传统的计算机行业，开创一个新的时代。

① 王阳明：本名王守仁（1472年10月31日－1529年1月9日），别名王云，字伯安，号阳明，浙江余姚人，汉族。明朝杰出的思想家、文学家、军事家、教育家，南京吏部尚书王华的儿子。

4

专栏 删除脚注上的横线

再次观察本书案例中第 3 页和第 4 页的两个脚注。

① 硬件开发，主要是电子产品硬件的开发。

3

① 王阳明：本名王守仁（1472 年 10 月 31 日－1529 年 1 月 9 日），别名王云，字伯安，号阳明，浙江余姚人，汉族。明朝杰出的思想家、文学家、军事家、教育家，南京吏部尚书王华的儿子。

4

在脚注的上方都有一根横线，这根横线并不影响文档中文字的显示，但当文档中有表格时，会影响对表格的解读，因为表格也有很多横线。

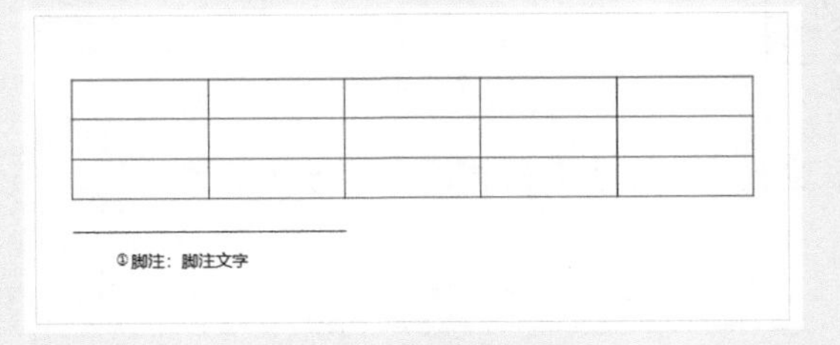

通常的做法是将脚注上方的横线删除，当尝试用鼠标选中这根横线时，发现怎么也选不中。因为这根横线不能在当前的“页面视图”中被选中。要删除脚注上方的横线，需要进行以下操作。

单击“视图”选项卡中的“草稿”按钮，进入草稿视图。

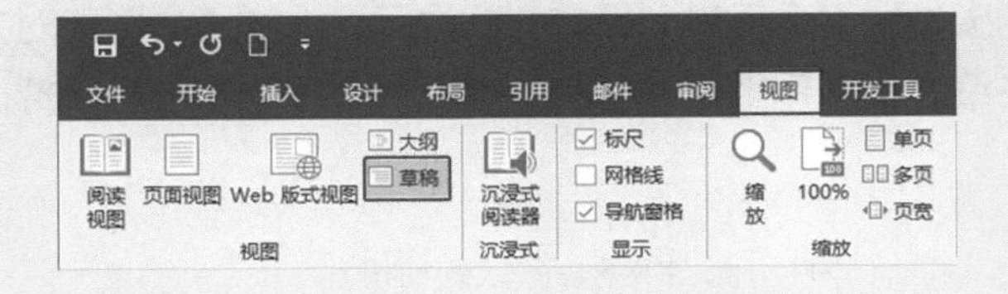

然后单击“引用”选项卡中的“显示备注”按钮。

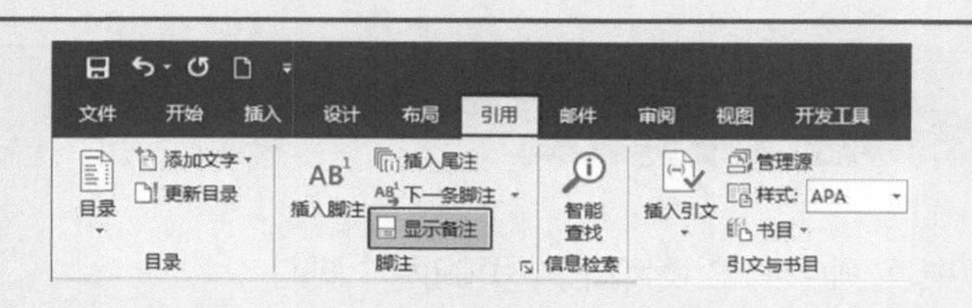

此时在页面底部会出现“备注”窗格，在下拉列表中选择“脚注分隔符”，然后将横线全部删除。

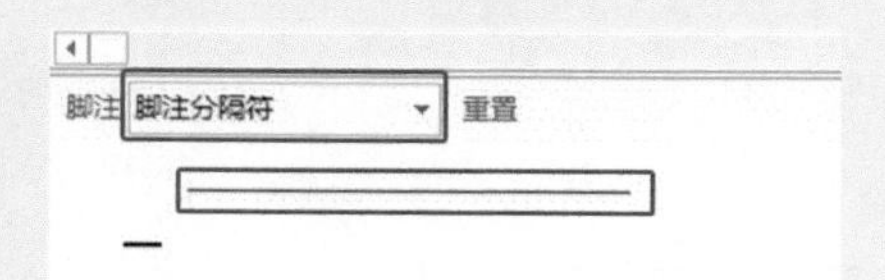

以上操作完成后需要回到页面视图。单击“视图”选项卡中的“页面视图”按钮即可。

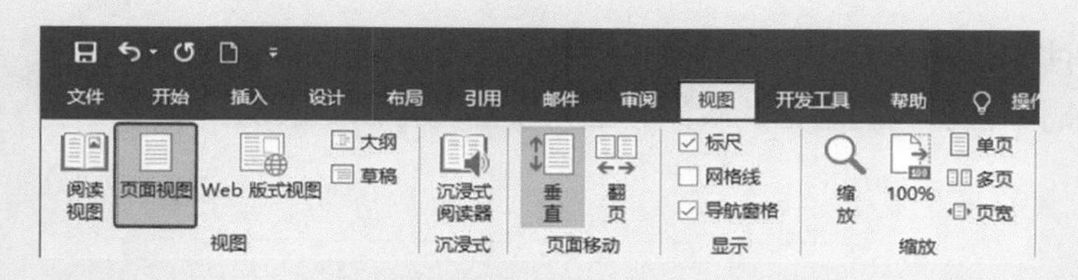

此时再次观察文档，脚注上方的横线已经被删除了。

① 王阳明：本名王守仁（1472 年 10 月 31 日－1529 年 1 月 9 日），别名王云，字伯安，号阳明，浙江余姚人，汉族。明朝杰出的思想家、文学家、军事家、教育家，南京吏部尚书王华的儿子。

4

4.2.5 将上标的“①”变为正常文字大小

在文档中的脚注编号会通过上标的方式显示，这样不会影响对文档的阅读，而页面底部的脚注编号仍然用上标的“①”会显得太小，此时可以把上标的“①”变为正常文字大小。

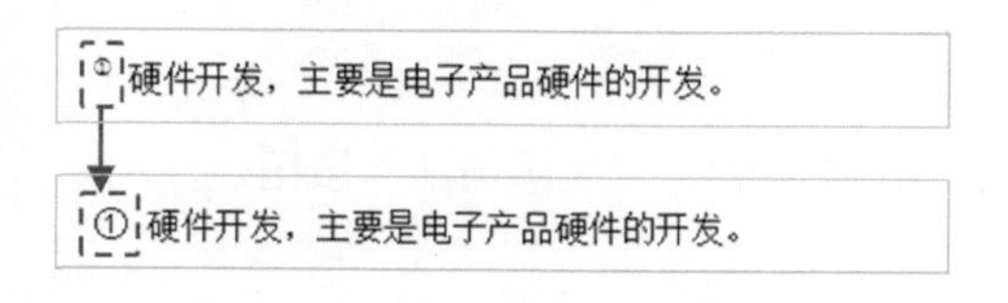

采用的方法就是将页面底部的脚注手动修改为非上标，但是当文档中的脚注较

多时，需要一个个寻找并修改。

在 Word 中可以同时对所有的脚注进行修改。单击“视图”选项卡中的“草稿”按钮。

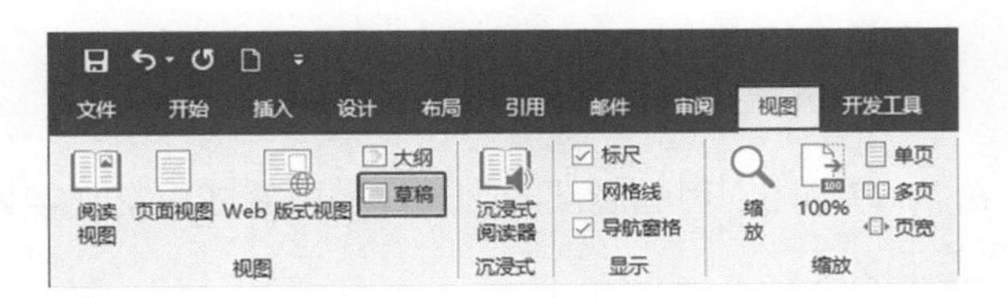

然后单击“引用”选项卡中的“显示备注”按钮。

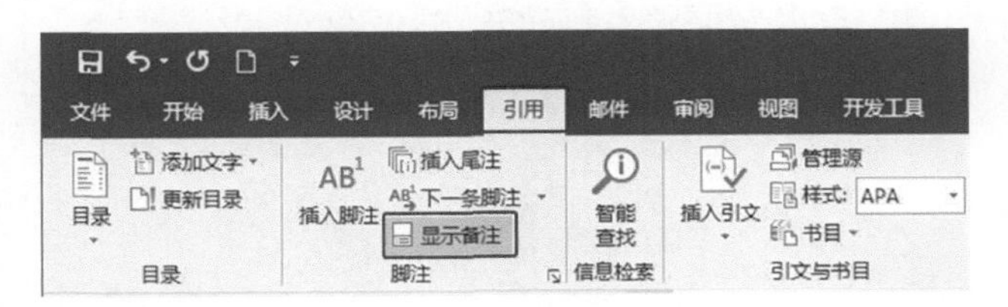

在“备注”窗格中，选中所有的文字，然后单击“开始”选项卡中的“字体”按钮。

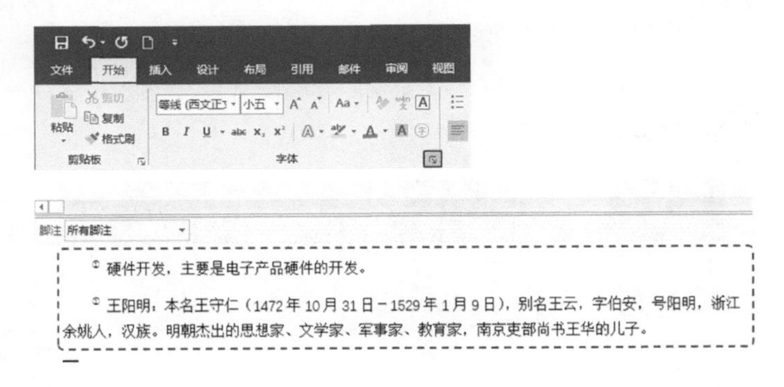

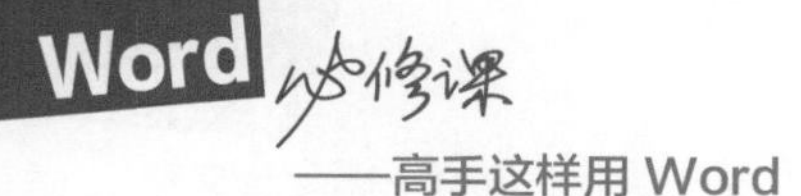

在弹出的“字体”对话框中取消选中“上标”复选框，并单击“确定”按钮。

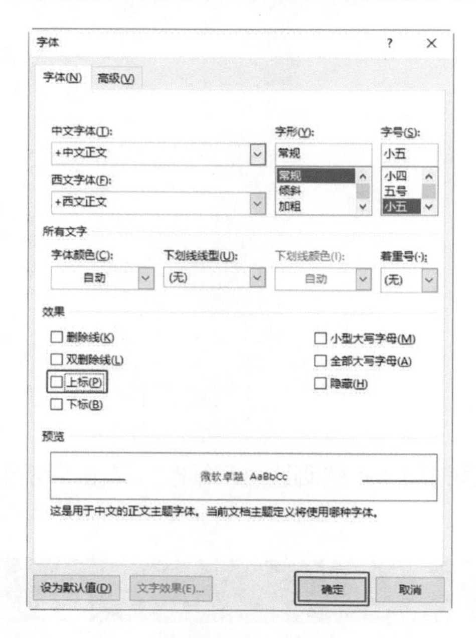

观察文档中的所有脚注，页面底部的脚注编号已变成正常文字大小，而文档中的脚注编号没有发生改变。

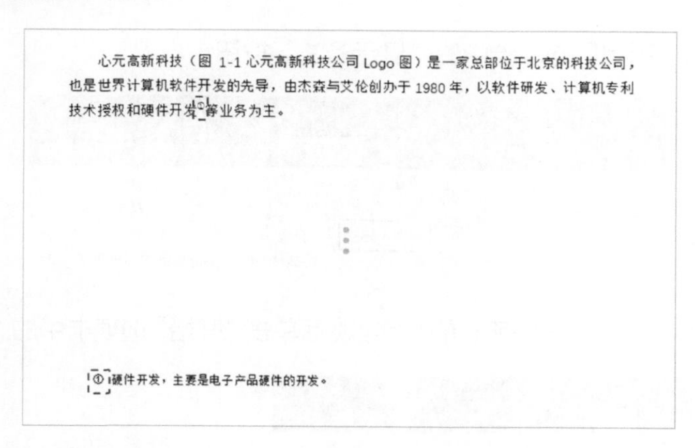
心元高新科技（图 1-1 心元高新科技公司 Logo 图）是一家总部位于北京的科技公司，也是世界计算机软件开发的先导，由杰森与艾伦创办于 1980 年，以软件研发、计算机专利技术授权和硬件开发①等业务为主。

①硬件开发，主要是电子产品硬件的开发。

最后将视图切换回页面视图。

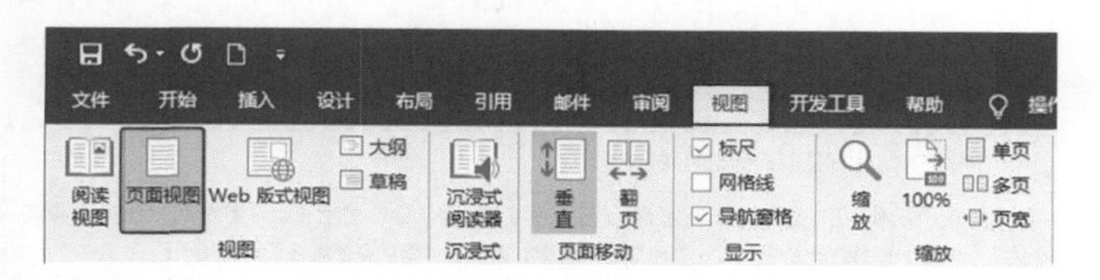

需要注意的是，这种方式只能修改已有的脚注，对新插入的脚注，则需要重新更改。所以建议在文档全部完成后去除所有脚注编号的上标格式。

4.3 体现严谨：在文档末尾添加参考资料

除了给文字添加脚注以增加文档的专业度外，将文档中的参考资料进行罗列，也可以增加文档的专业度、可信度。

i 心元高新科技官网介绍。
ii “心元技术部”提供。
iii 公司官网报道。

4.3.1 把参考资料放到文档的末尾

如果手动添加参考资料的编号，很容易出现编号混乱的问题，而且参考资料的编号分布在文档的各个页面中，查找和修改非常麻烦。

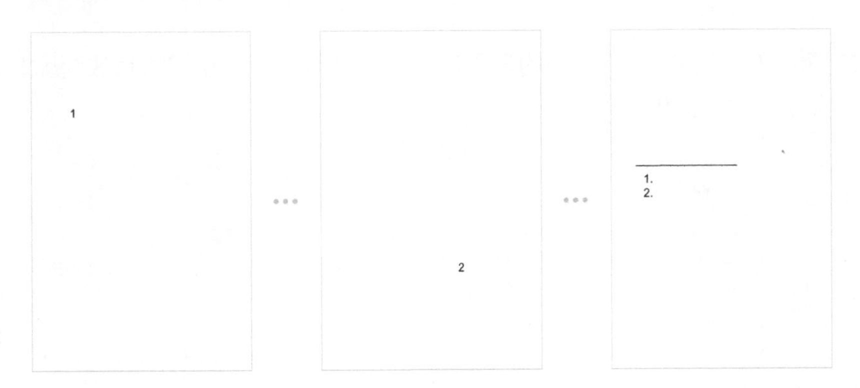

通过 Word 来插入参考资料，可以保证编号连续，并且 Word 提供了快速在多个尾注间进行切换的工具。

如何使用 Word 软件在文档中插入参考资料呢？在本小节案例中，将光标停留到第 1 章末尾“业务为主。”后，单击“引用”选项卡中的“插入尾注”按钮。

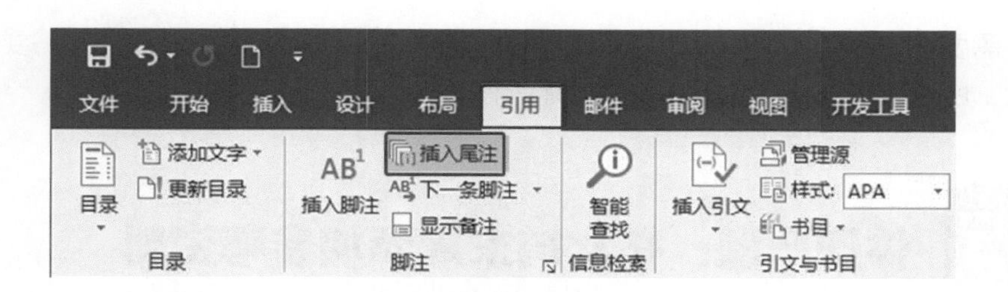

Word 软件会在光标位置插入尾注符号“i”，然后定位到文档的末尾，也添加相同的尾注符号“i”，这时输入“心元高新科技官网介绍。”。

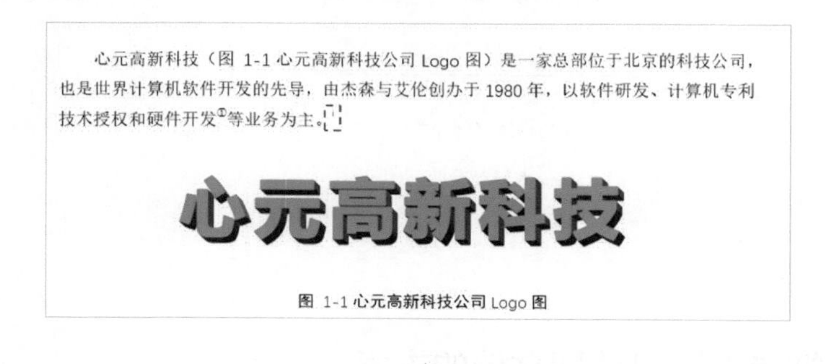
心元高新科技（图 1-1 心元高新科技公司 Logo 图）是一家总部位于北京的科技公司，也是世界计算机软件开发的先导，由杰森与艾伦创办于 1980 年，以软件研发、计算机专利技术授权和硬件开发①等业务为主。i

图 1-1 心元高新科技公司 Logo 图

i心元高新科技官网介绍。

按照同样的方法，给案例中的 3.3 节的“在全世界 80 多个国家有效”添加尾注：“‘心元技术部’提供。”。

3.3 认证技术

心元认证是心元公司设立的以推广心元技术，培养系统、网络管理和应用开发人才为目的的完整技术金字塔证书体系，在全世界 80 多个国家有效ii，并且可以作为工作能力的有效证明，公司资质实力证明等多项益处！

i心元高新科技官网介绍。

ii“心元技术部”提供。

给案例中的 4.2 节的“董事长杰森正式退休”插入尾注：“公司官网报道。”。

4.2 执行官

2006 年 8 月，心元 CEO 杰森的大学好友鲍默接替了杰森成了心元公司的首席执行官。

2014 年 2 月，心元前云计算和企业部门执行副总裁萨拉为心元首席执行官。(在萨拉的要求下，杰森将以创始人和技术顾问的新角色在董事会中任职)

2021 年 6 月，心元创始人、董事长杰森正式退休[iii]，淡出心元日常管理工作。

---

[i] 心元高新科技官网介绍。

[ii] “心元技术部”提供。

[iii] 公司官网报道。

4.3.2 脚注和尾注的区别

脚注和尾注的区别是什么呢？顾名思义，脚注，它存在于页脚部分；尾注，存在于页面尾部。也就是说，一篇文档中，可能多个页面有脚注，但尾注只会出现在页面尾部。

什么时候用脚注，什么时候用尾注呢？脚注用于文字解释，而尾注用于罗列参考资料（引用来源、参考书目和文献等）。

脚注 → 文字解释

尾注 → 参考资料

在一篇较专业的文档中，脚注通常是必不可少的，它可以帮助读者快速了解各种文字的意思。而尾注通常会出现在更严谨的文档中，比如期刊、论文以及书中等。

4.3.3 把参考资料编号修改为常见的“[1]”

观察案例中的参考资料，每个参考资料的编号都是“i”“ii”“iii”等罗马数字，不易于解读。

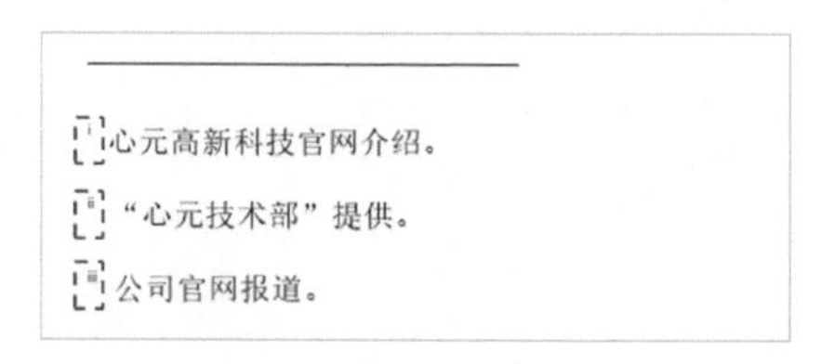

而通常尾注都是采用“ [1]” “[2]” “[3] ”等来进行编号的。

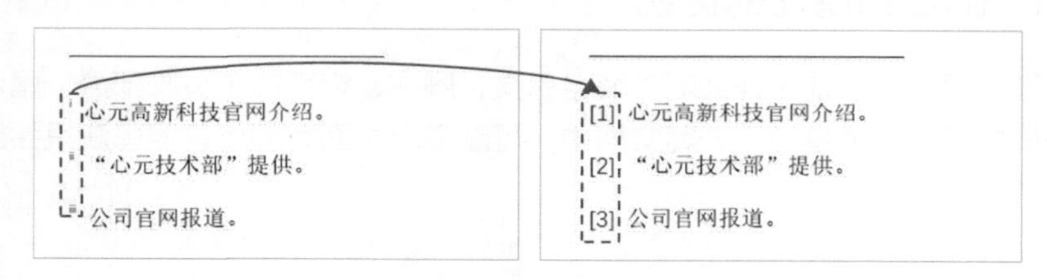

单击“引用”选项卡中“脚注”组右下角的“脚注和尾注”按钮。打开“脚注和尾注”对话框，发现“编号格式”中并没有“ [1],[2],[3],…”，暂且先设置为“1,2,3，…”。

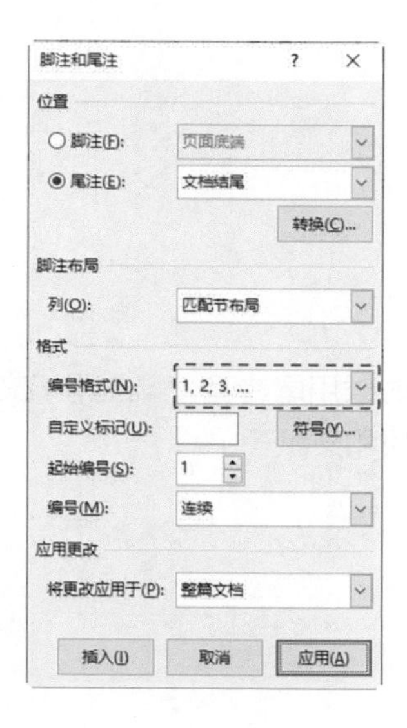

此时文档中的脚注编号已经变成 1,2,3,…。

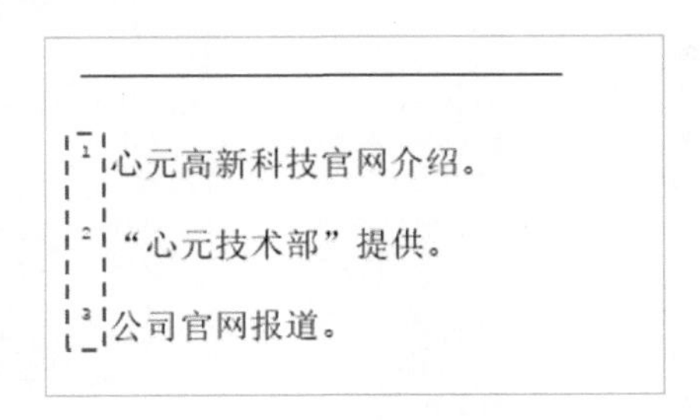

接下来只要将所有的“1”“2”“3”等替换为“[1]”“[2]”“[3]”等即可。在替换前需要明确光标停留的位置会影响尾注编号替换的效果。如果光标停留在尾注中，替换只会应用于尾注编号，不会应用到正文。而将光标停留在正文中，则正文和尾注的编号都会被替换。

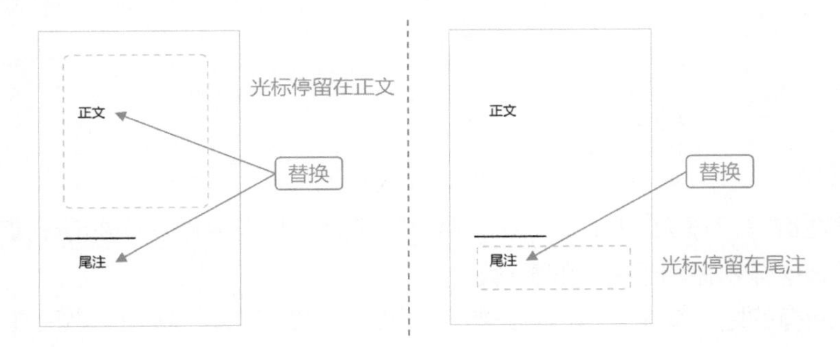

当前需要将正文和尾注中的编号都改变，所以将光标停留在正文中，然后单击“开始”选项卡中的“替换”按钮。在“查找和替换”对话框的“查找内容”文本框中输入“^e”，在“替换为”文本框中输入“[^&]”，然后单击“全部替换”按钮。“^”符号通常是通过按“Shift+6”组合键输入的。“^e”在 Word 软件中就是尾注标记的意思。

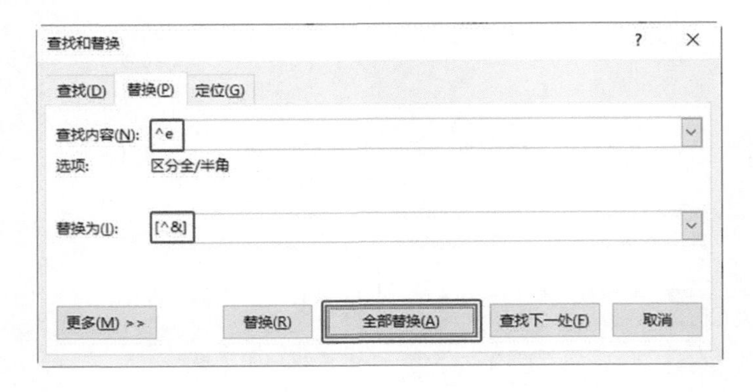

此时正文和尾注中的所有尾注编号都改为了“[1]”“[2]”“[3]”等。

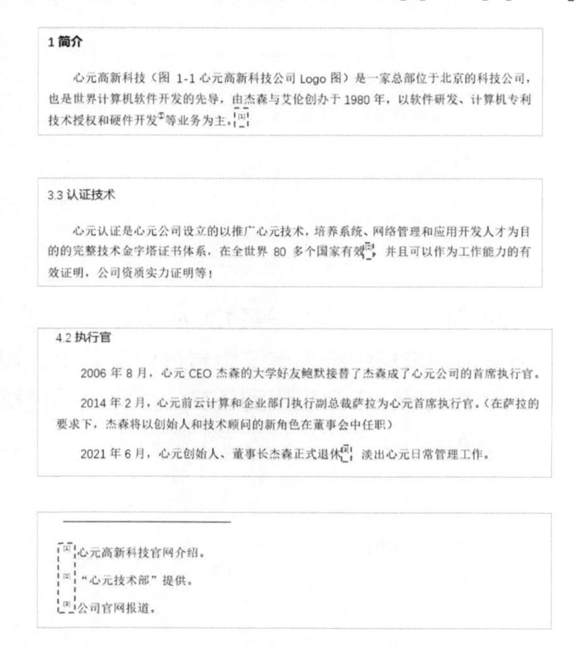

1 简介

心元高新科技（图 1-1 心元高新科技公司 Logo 图）是一家总部位于北京的科技公司，也是世界计算机软件开发的先导，由杰森与艾伦创办于 1980 年，以软件研发、计算机专利技术授权和硬件开发等业务为主。[1]

3.3 认证技术

心元认证是心元公司设立的以推广心元技术，培养系统、网络管理和应用开发人才为目的的完整技术金字塔证书体系，在全世界 80 多个国家有效[2]，并且可以作为工作能力的有效证明，公司资质实力证明等！

4.2 执行官

2006 年 8 月，心元 CEO 杰森的大学好友鲍默接替了杰森成了心元公司的首席执行官。

2014 年 2 月，心元前云计算和企业部门执行副总裁萨拉为心元首席执行官。（在萨拉的要求下，杰森将以创始人和技术顾问的新角色在董事会中任职）

2021 年 6 月，心元创始人、董事长杰森正式退休[3]，淡出心元日常管理工作。

[1] 心元高新科技官网介绍。

[2] “心元技术部”提供。

[3] 公司官网报道。

将尾注编号设置为“[1]”“[2]”“[3]”等后，需要将尾注中的所有编号去除上标格式，这样才有利于尾注的解读。

全选所有的尾注文字，单击“开始”选项卡中的“字体”按钮。然后在“字体”对话框中取消选中“上标”复选框，并单击“确定”按钮。

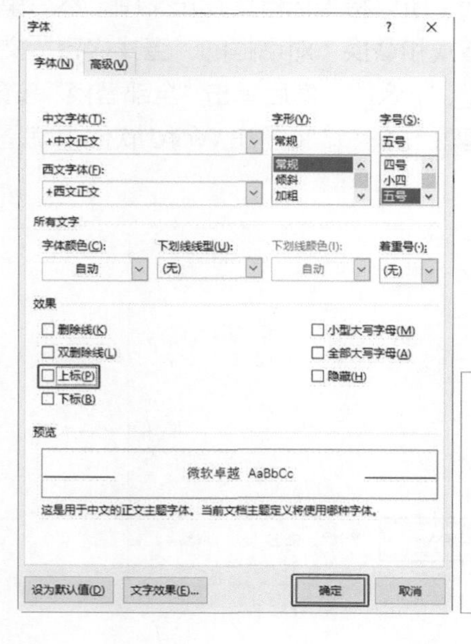

[1] 心元高新科技官网介绍。

[2] “心元技术部”提供。

[3] 公司官网报道。

由于这种方式是手动修改，当插入新的尾注时，需要重新设置，所以建议在文档全部完成后调整尾注的编号。

4.3.4 如何找到不起眼的脚注和尾注

对于脚注编号和尾注编号来说，它们在正文中通常采用的是上标的方式，很难一目了然地看到。如果要修改某一个脚注或尾注，需要通篇查找，很浪费精力。

Word 软件提供一种可以快速在脚注之间或者尾注之间切换的方式。

单击“引用”选项卡中“下一条脚注”右侧的下拉按钮，在弹出的下拉列表中可以看到 Word 软件提供“下一条脚注”、“上一条脚注”、“下一条尾注”和“上一条尾注”4 种方式来帮助我们寻找不起眼的脚注和尾注。

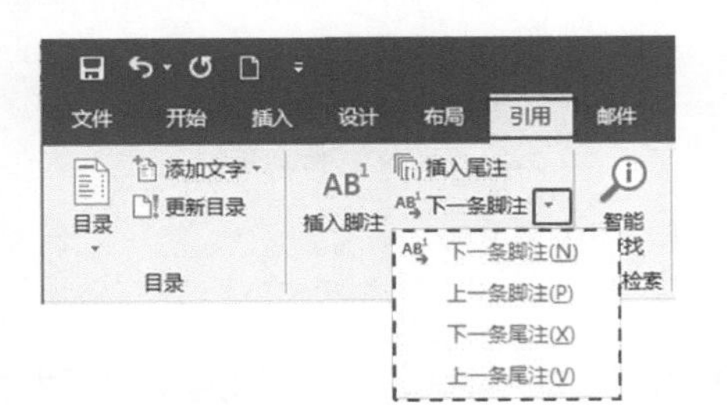

4.3.5 不用引文做参考资料

在 Word 软件中有一个功能与尾注类似，那就是引文，它能管理“书籍”“杂志文档”“会议记录”“报告”“网站”“电子资料”等许多引文的来源。

比如“书籍”，它就需要输入以下内容。

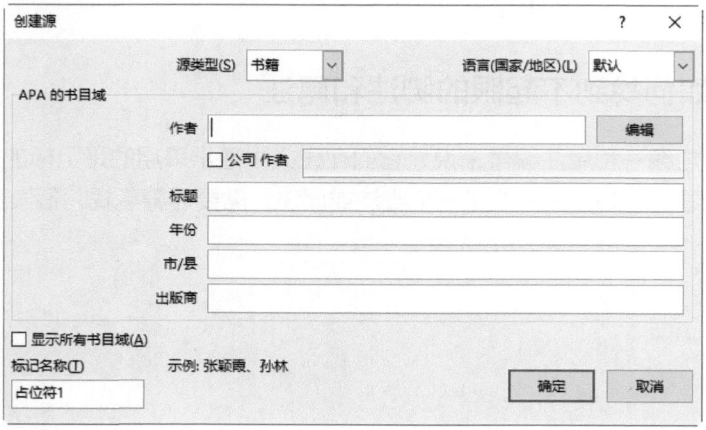

创建源

源类型(S) 书籍　　语言(国家/地区)(L) 默认

APA 的书目域

作者　　编辑

☐ 公司 作者

标题

年份

市/县

出版商

☐ 显示所有书目域(A)

标记名称(T)　　示例: 张颖霞、孙林

占位符1　　确定　　取消

输入完成后，就可以自动生成各种引文格式。

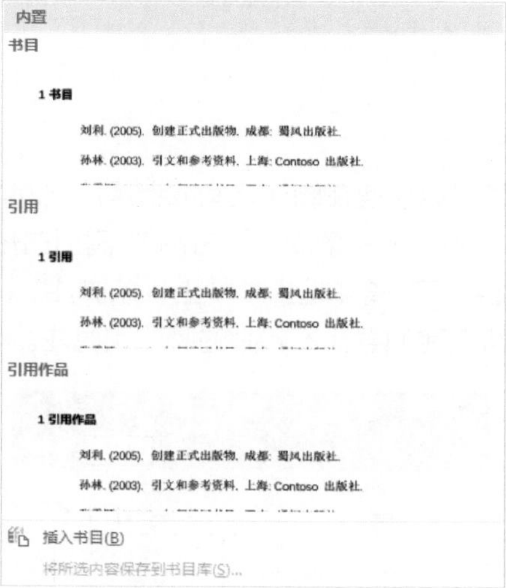

内置

书目

1 书目

刘利. (2005). 创建正式出版物. 成都: 蜀风出版社.

孙林. (2003). 引文和参考资料. 上海: Contoso 出版社.

引用

1 引用

刘利. (2005). 创建正式出版物. 成都: 蜀风出版社.

孙林. (2003). 引文和参考资料. 上海: Contoso 出版社.

引用作品

1 引用作品

刘利. (2005). 创建正式出版物. 成都: 蜀风出版社.

孙林. (2003). 引文和参考资料. 上海: Contoso 出版社.

插入书目(B)

将所选内容保存到书目库(S)...

这个看似很强大的功能，却不怎么实用，因为要花费大量精力输入各种参考资料的信息，而在实际工作和生活中，需要设置参考资料的情况一般有两种：专业文档和书籍。

对于专业文档，通常使用尾注，并在文档完成后，将所有尾注统一修改成规定格式即可。

而对于书籍来说，通常会新起一章，将所有的参考资料全部按照出版社的要求进行编写，不需要尾注编号来告诉读者哪部分源自哪本书或哪篇文献，只需要将所有参考资料直接写在书的最后即可。

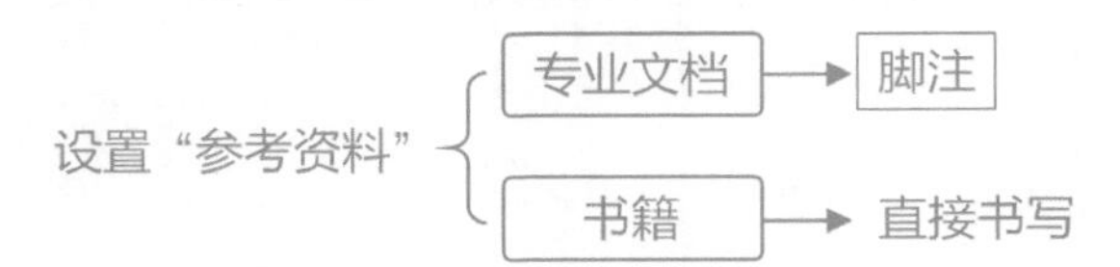

所以在使用 Word 软件时，一般不需要使用引用选项卡中的“引文与书目”组。

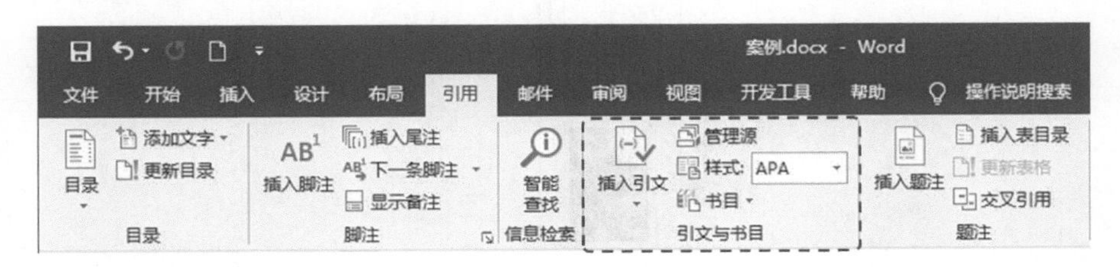

它虽然功能强大，使用起来却花费了大量精力，解决了小问题，这会导致你去“迁就”Word，而不是让 Word 来帮助你。

4.4 高手对长文档都做了什么

除了各种交叉引用、脚注和尾注以外，完成一个高专业度的文档还需做哪些操作呢？ Word 高手都是如何让文档被人信任和认可呢？

4.4.1 快速给文档制作一目了然的封面

一份专业的文档通常需要一个封面，这样可以让读者在打开文档时，就能看到这篇文档的主题。查看本案例的第一页，只有一个大标题“心元高新科技”，作为读者，他不知道这篇文档的作者是谁，是给谁看的，时效是多久。而在一个专业的封面上可以一目了然地看到这些信息。

Word 提供很多内置的封面，可以让你在没有学过封面设计的情况下也能做出较专业的封面。

单击“插入”选项卡中的“封面”按钮，在打开的下拉列表中选择“离子（浅色）”选项。

在“标题”“副标题”“作者”“年份”处依次填入“心元高新科技简介”“公司新员工培训”“沈君”（此处填入你的名字）“2021”。

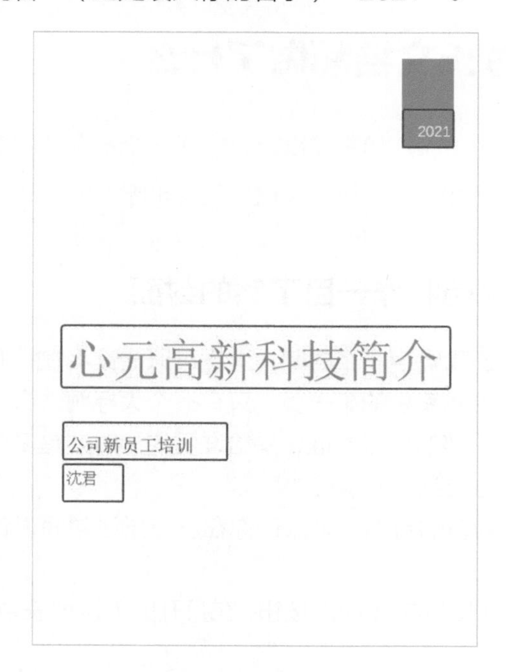

删除文档中的大标题“心元高新科技”。这样读者看到封面就能大致了解文档的内容，且翻开之后就可以直接看到目录了。

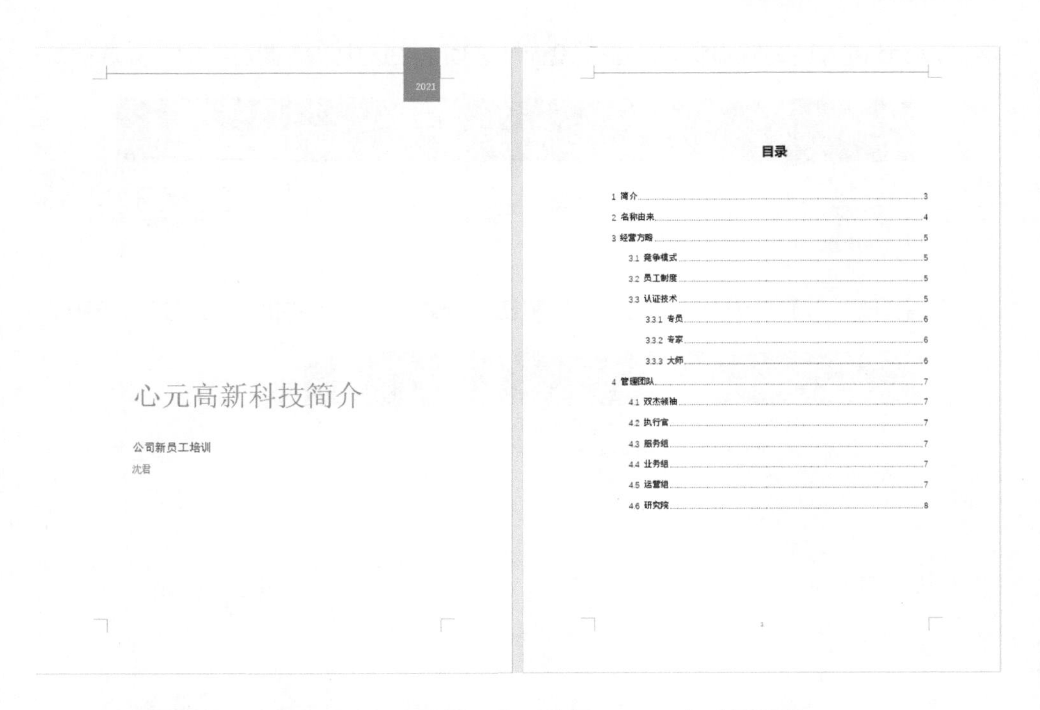

通过观察发现，插入的封面没有页码，这是 Word 自动设置的。

4.4.2 双面打印后易于解读的左右页码

在文档被双面打印时，专业度高的文档会在各个方面都易于读者解读，最常见的操作就是根据页面所处的左右位置设置页码。当读者打开文档时，左侧页面的页码在左下角显示，而右侧页面的页码在右下角显示。

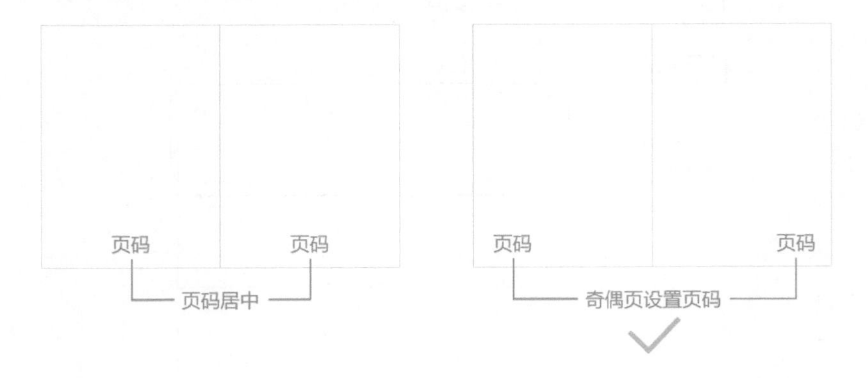

如何让页码自动根据页面打印时的左右位置来显示页码呢？双击文中的页码数

字，Word 进入页脚编辑状态，在“设计”选项卡中选中“奇偶页不同”复选框。

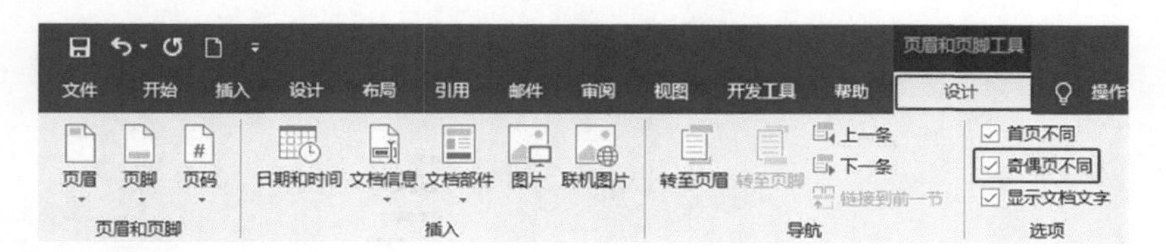

选中任意“奇数页页脚”的页码，单击“开始”选项卡中的“右对齐”按钮。

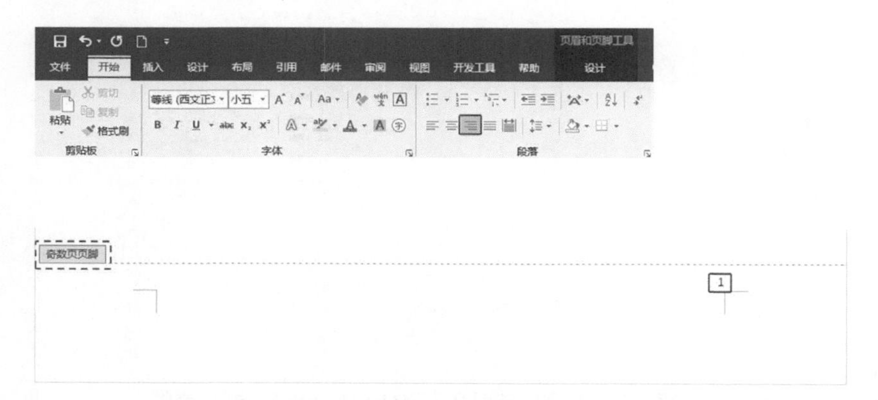

将光标停留在偶数页页脚处，当设置页码的“奇偶页不同”后，偶数页页码和奇数页页码互相独立，偶数页页码需要手动添加。单击“设计”选项卡中的“页码”按钮，选择“页面底端”中的“普通数字 1”。

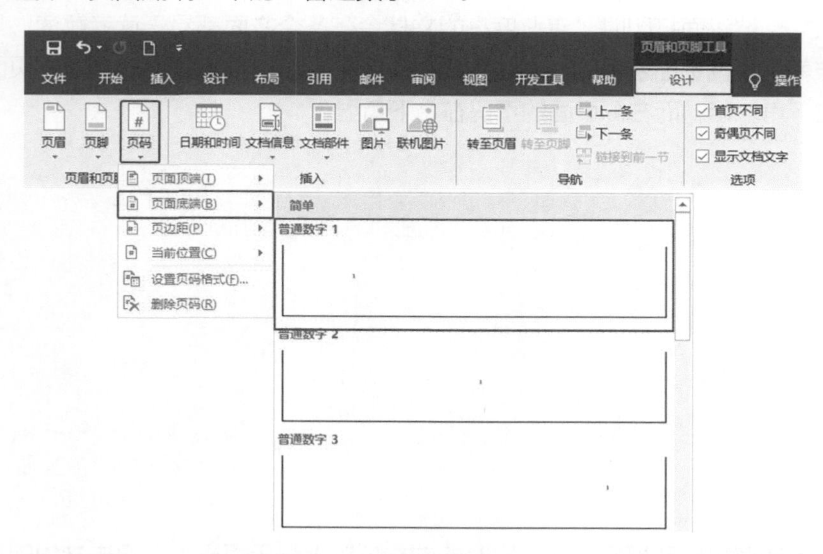

新插入的页码会沿用“正文”的首行缩进格式，此时使用标尺快速调整偶数页

页码的首行缩进。

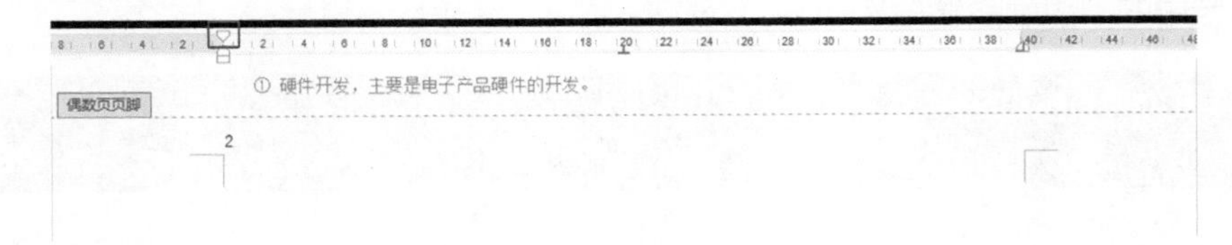

双击正文中任意位置，即可退出页脚编辑状态，查看文档，发现奇数页页码显示在右下角，偶数页页码显示在左下角，两者完全独立。

需要强调的是，奇偶页页码仅用于双面打印，如果单面打印的文档使用奇偶页页码，会让读者感到混乱：页码一会儿在左，一会儿在右。这样会影响文档的专业度和可信赖度。

4.4.3 为文档的装订预留位置

当文档被打印出来后，如果需要装订，一般都是靠左侧装订。

而默认的页面设置中，页边距是左右对称的，装订后读者实际看到的左侧页边距会减少，导致两侧页边距不对称，这会大大影响文档的专业度。

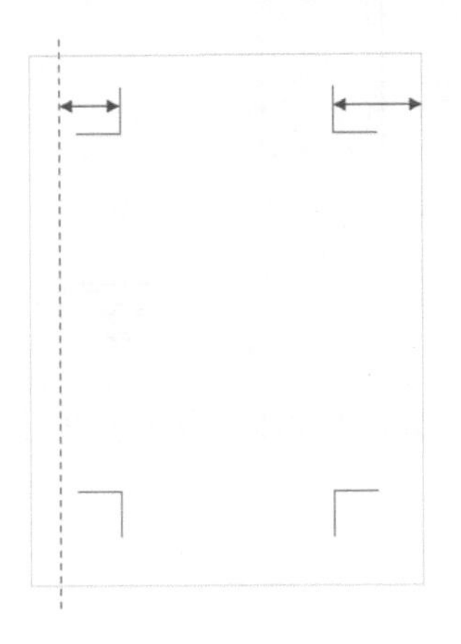

为了避免这种情况的发生，需要在打印前预留出装订线的位置。单击“布局”选项卡中的“页面设置”按钮。

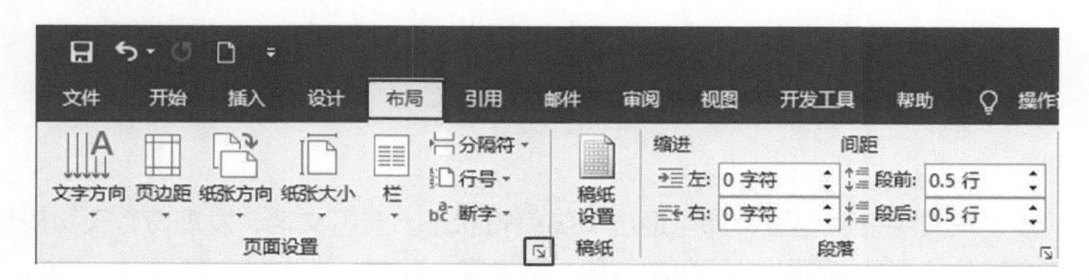

在打开的“页面设置”对话框中，将“装订线”设置为“0.8 厘米”，如果页码较多，也就意味着打印出来的文件较厚，在阅读文档的过程中进行翻折时，会占据更多的页边距，所以可以将“装订线”设置得更大。在“多页”下拉列表中选择“对称页边距”，这样双面打印出来的文档才会正确预留装订线位置。单击“确定”按钮。

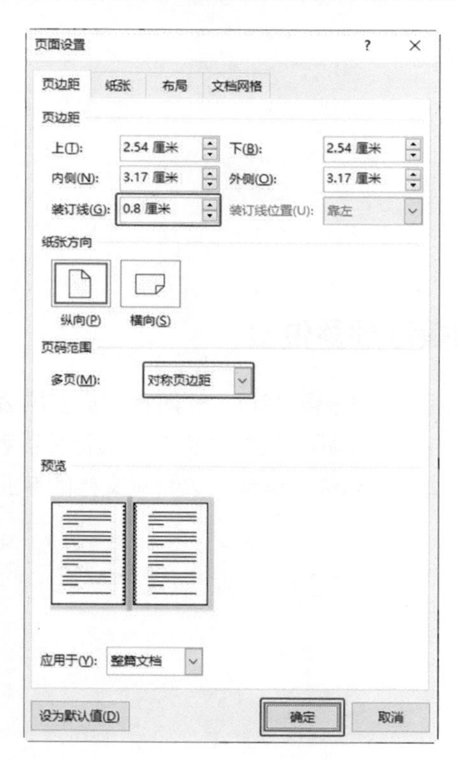

查看文档，已经完成了对双面打印文档装订线的设置。

需要注意的是，如果文档不需要打印，则不需要设置装订线位置，如果打印出来的文档不需要装订，则也不需要设置装订线位置。不然读者会对不同的页边距产生困惑，最终影响文档的专业度。

4.4.4 让目录的页码与正文的区分开

观察文档，页码从目录开始编号，而文档正文第一页的页码是“2”，这样会给读者带来困惑：第 1 页去哪里了？所以文档的页码需要从正文开始编号，这样才能体现出文档的专业度。难道要删除目录的页码吗？在实际工作中，目录通常会有很多页，所以目录也需要页码，而且为了与正文的页码区分开，防止出现两个“1”的情况，通常将目录的页码设置为“I”“II”“III”等罗马数字。

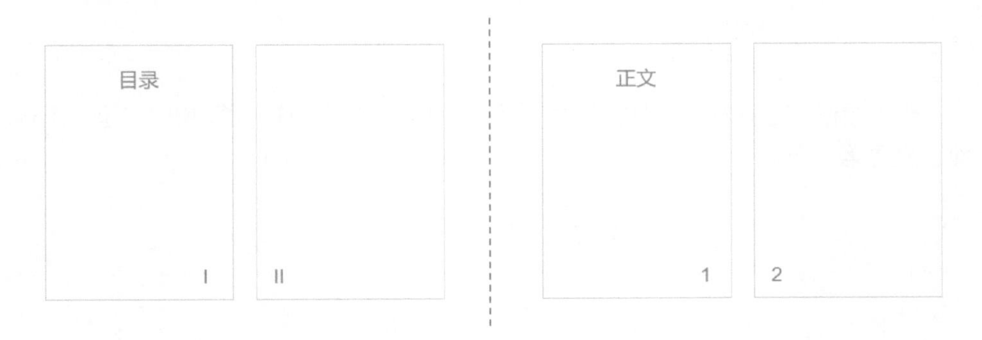

如何将目录的页码与正文的页码区分开呢？将光标停留在目录页的下一行，单击“布局”选项卡中的“分隔符”按钮，在弹出的下拉列表中选择“分节符”中的“连续”选项。

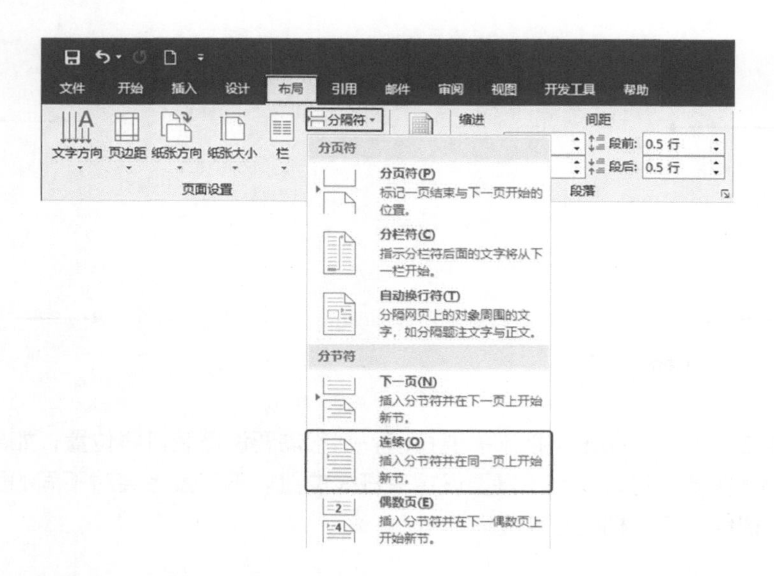

此时的 Word 文档很难看出有什么变化，可以双击目录页的页脚查看区别。目录页的页脚部分显示“第 1 节”，而正文页的页脚部分显示“第 2 节”。

也就是说，在插入“连续的分节符”后，文档变成了两节，封面和目录是第 1 节，而正文是第 2 节。

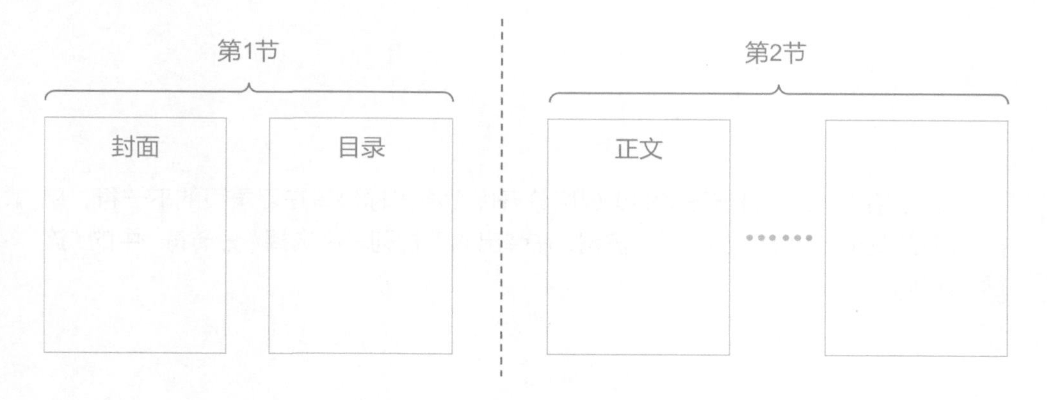

正是因为文档分成了独立的两节，所以页码可以独立分开，此时目录的页码是“1”，而第 1 章“简介”的页码也是“1”，此时只需要将目录的页码改成“I”“II”“III”等即可。

双击目录的页码，然后单击“设计”选项卡中的“页码”按钮，在弹出的下拉列表中选择“设置页码格式”选项，在弹出的“页码格式”对话框中，设置“编号格式”为“I,II,III,...”，并最终单击“确定”按钮。

设置完毕后查看文档，发现目录与正文的页码已经按照要求设置成功了。

4.4.5 让封面和目录单独打印

设置完页码并尝试进行打印时，会出现一个问题：双面打印时，封面和目录打印在一张纸的正反面，这会使读者阅读时的体验非常不好。

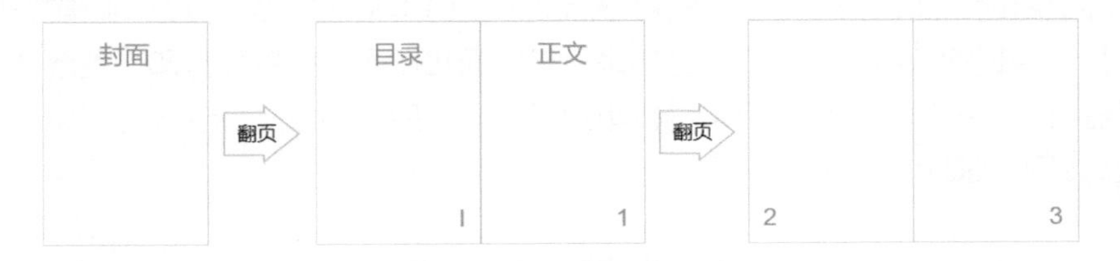

通常封面为独立的一张纸，目录为独立的若干张纸，这样可以使目录在文档翻开时出现在右侧，使正文也出现在右侧。

大部分的职场人士都会选择在封面后插入一页空白页，在目录后插入一页空白页，然后进行打印，但使用这种方法会出现两个问题。

问题一：空白页有页码。

如果分别在封面和目录后插入空白页，则空白页有页码，并且会导致目录的页码不是从 I 开始编号，这样会影响文档的专业度。

问题二：目录页码不确定。

如果目录有一页，或者 3、5、7 等奇数个页面，那么在目录后插入一页空白页，可以让目录正确显示，可当目录有偶数个页面时，在目录后插入一页空白页，则会出现问题。比如当目录有 2 页时，打印结果如下。

综上所述，通过分别在封面和目录后插入空白页来让封面和目录同时实现单独打印是不合理的，所以我推荐的方法是：对封面和目录分别单独打印，也就是先对封面进行单页打印，然后对目录进行单独打印，最后打印正文，这样可以免去许多问题，还可以提高文档的专业度。

4.4.6 每一页的页眉显示当前章节标题

在阅读图书时，常常会看到图书正文每页的页眉部分会有当前的章标题或节标题，这样可以让读者在解读文档时随时随地地知道自己读的是什么章或节。

如果采用手动输入或插入交叉引用的方式，在页眉插入各章（或节）名称，这就要求每章的页眉都需要分开，也就是要分多节，如果文档有 10 章（或节），就要分 10 节，然后插入 10 次标题，非常浪费精力。

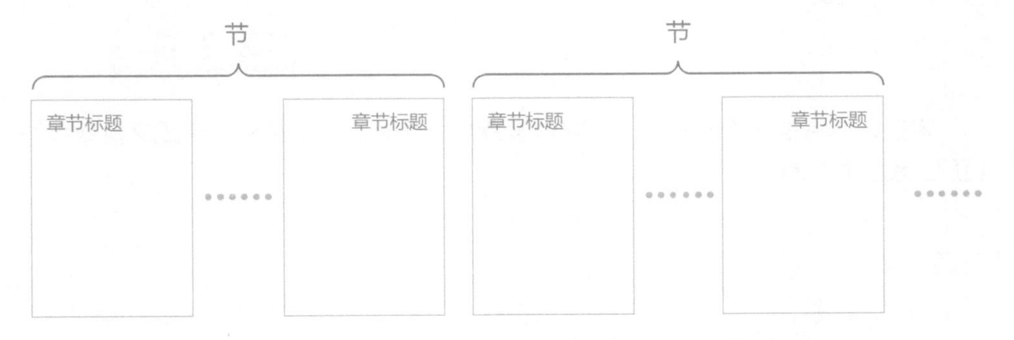

可以让 Word 软件根据当前位置所在的章，自动插入章标题。

双击正文第 1 页的页眉，进入页眉编辑状态，单击“插入”选项卡中的“文档部件”按钮，在弹出的下拉列表中选择“域”选项。

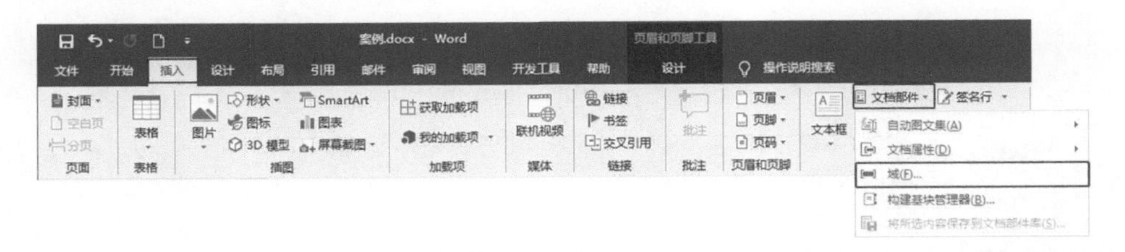

在弹出的“域”对话框中，“域名”选择“StyleRef”，“域属性”中“样式名”选择“标题 1”，单击“确定”按钮。

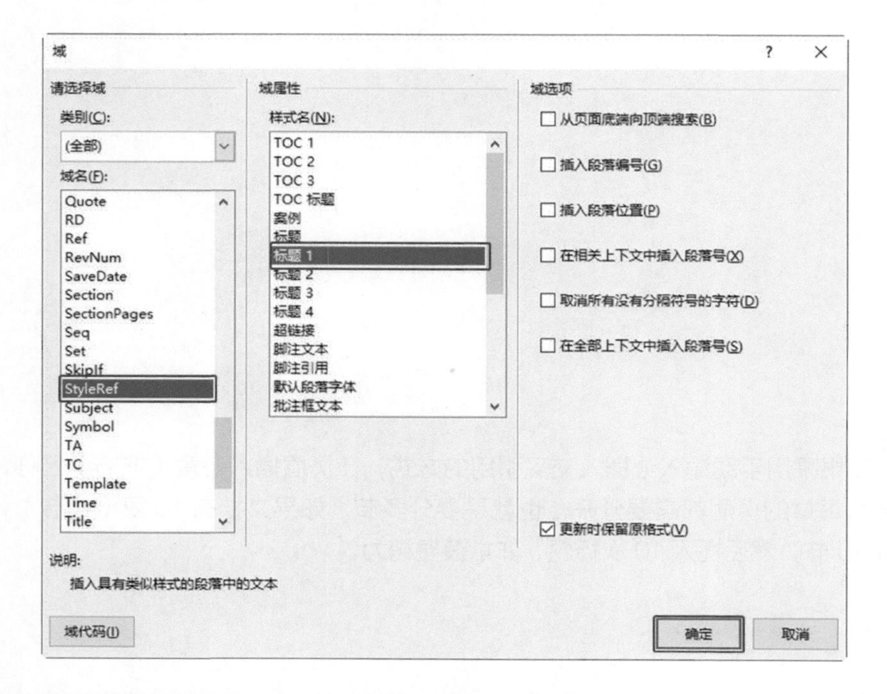

将插入的域设置为右对齐，将字体设置为微软雅黑，即完成了在正文奇数页的页眉上设置章标题。

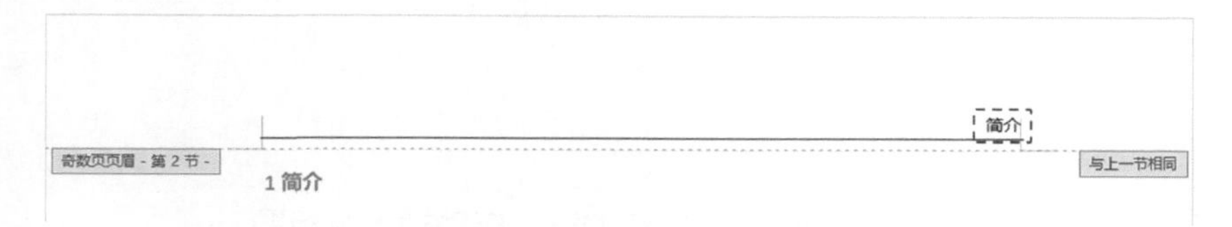

接下来需要为偶数页设置相同的域，此时不需要重新插入域，直接复制刚才插入的“简介”两字，然后把它粘贴到偶数页的页眉，并设置为左对齐，取消首行缩进。

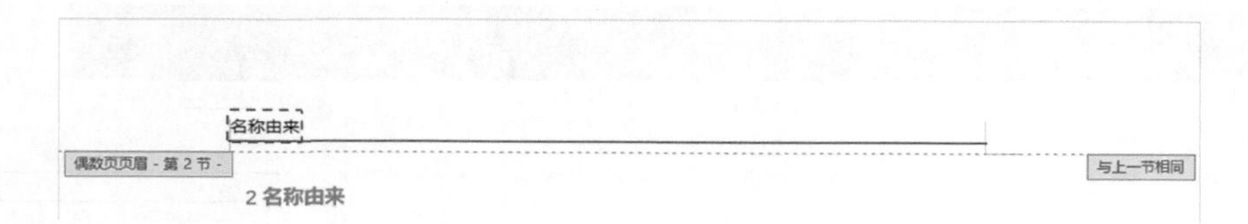

按“Esc”键退出页眉编辑状态，查看整篇文档的页眉，发现每页的页眉都会根据当前所在章显示章标题。这样可以让读者快速了解当前页面所在章，大大提高文档的专业度。

而目录页页眉中也有“简介”两字，需要将它去除。此时，不能直接删除，因为它代表着所有奇数页上的页眉，一旦删除，所有奇数页的页眉都会被删除。

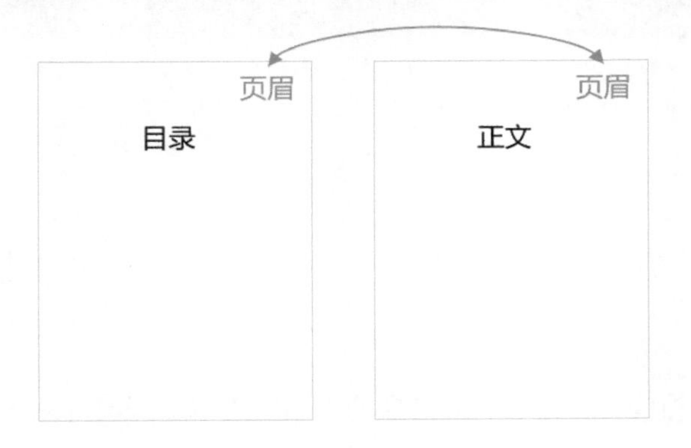

此时需要将目录和正文的页眉分开，双击第 1 章“简介”的页眉，切换至“设计”选项卡，取消“链接到前一节”。

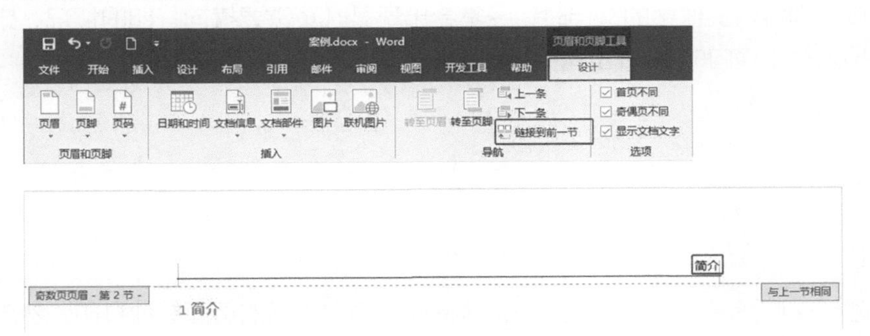

此时再到目录页的页眉中，将“简介”二字删除。这样就不会影响正文中每个页眉的章标题显示。

而目录和封面中既然没有了页眉，那么就需要删除页眉的横线。双击目录页中的页眉，并使用“Ctrl+A”组合键实现全选。

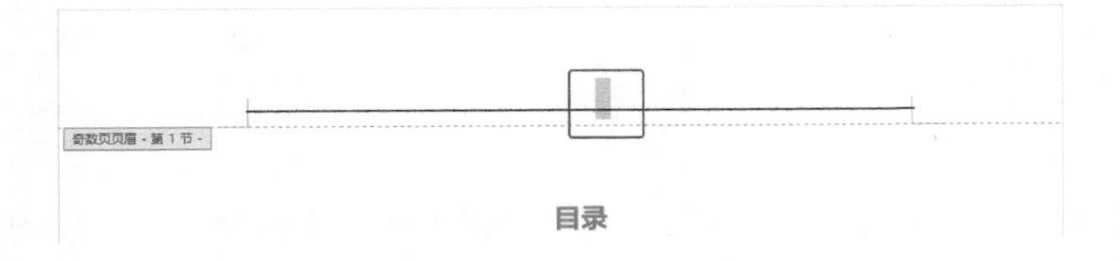

单击“开始”选项卡中的“边框”按钮的下拉按钮，在弹出的下拉列表中选择“无框线”选项。

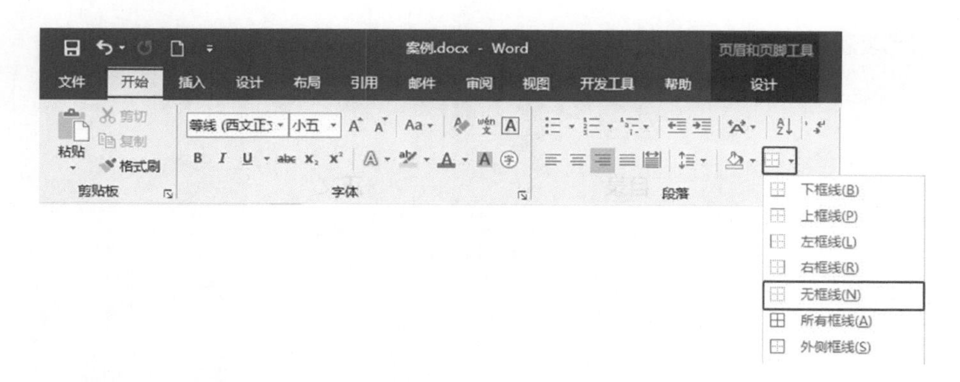

在对封面进行同样设置后，对文档的页眉页脚就全部设置完毕了。

4.4.7 单独有一页横向打印

在处理各种工作中的文档时，经常会出现某几页需要横向打印的情况，比如在文中插入一张横向的复杂图形，或者是一张需横向打印的表格等。

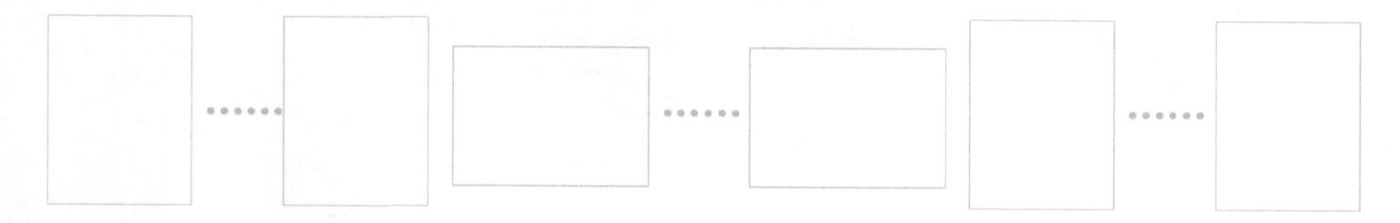

碰到这种情况时，常用的方法就是将那个横向布局的页面单独打印，然后在装订时将所有页面放到一起。这样做不但会浪费很多精力，而且单独打印的页码很难插入整个文档当中。

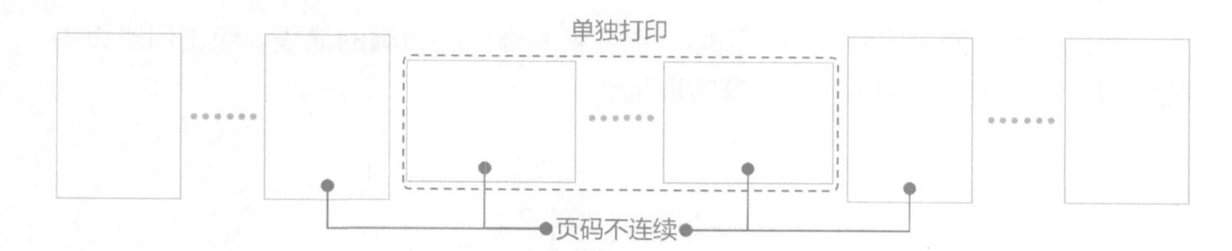

而通过 Word 分节的方法就可以完美实现在一个文档中插入一个横向页面的操作。即将横向页面前后分节，横向页面前为一节，横向页面自己为一节，横向页面后为一节。

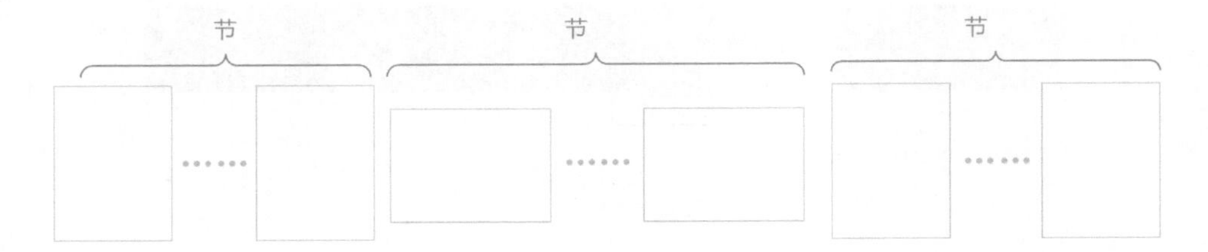

比如在本书案例中，需要在第 3 节和第 4 节中间插入一页横向页面，用于“中期测试”，因为本案例是给新进员工培训所用，所以在培训中期，需要进行测试。

将光标定位到第 3 节的末尾，然后单击“布局”选项卡中的“分隔符”按钮，在弹出的下拉列表中选择“下一页”选项。

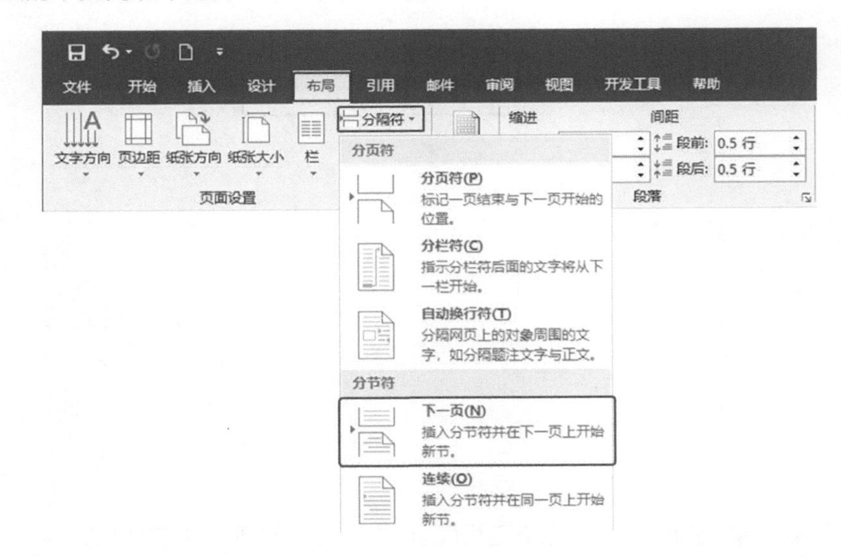

Word 软件将文档进行了分节，并将光标定位到了新的一节中，不要急着设置横向页面，不然后文将全部为横向页面。

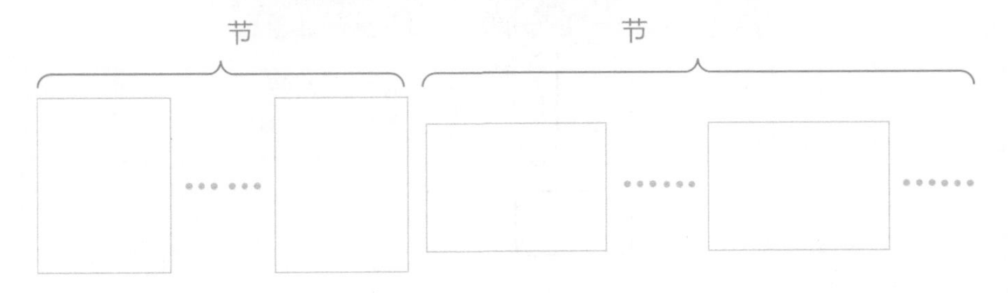

此时需要在新的一页后插入分节符，而不需要再新建一页了，所以单击“布局”选项卡中的“分隔符”按钮，在弹出的下拉列表中选择“连续”选项。

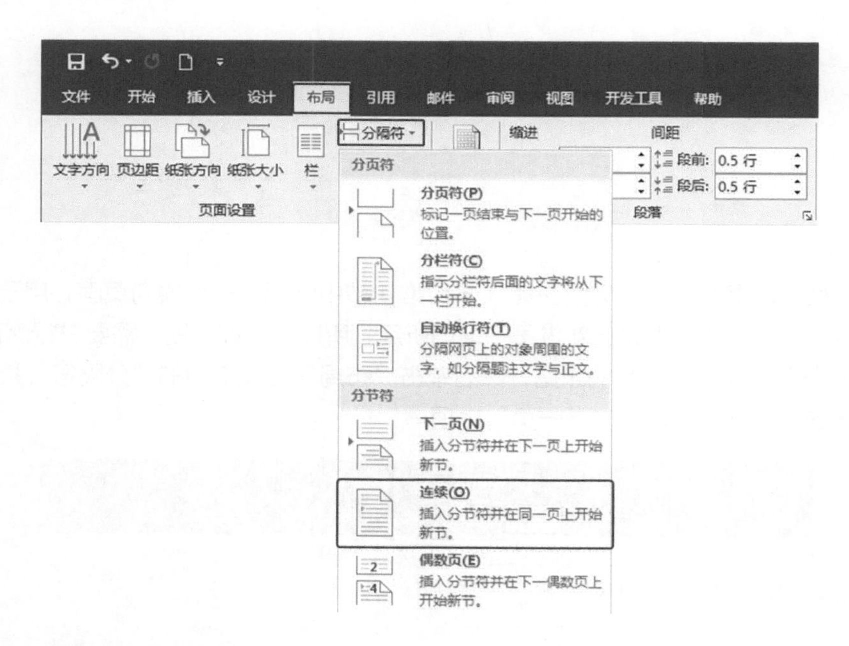

此时的页面结构如下所示。

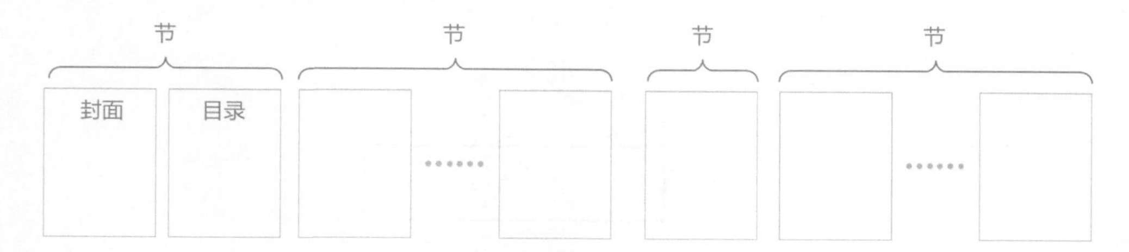

只需要将单独的空页设置为横向页面。单击“布局”选项卡中的“纸张方向”按钮，并在弹出的下拉列表中选择“横向”选项。

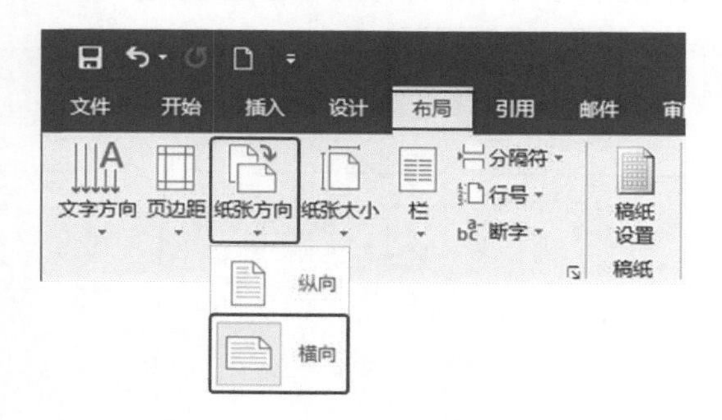

此时页面的结构如下所示。

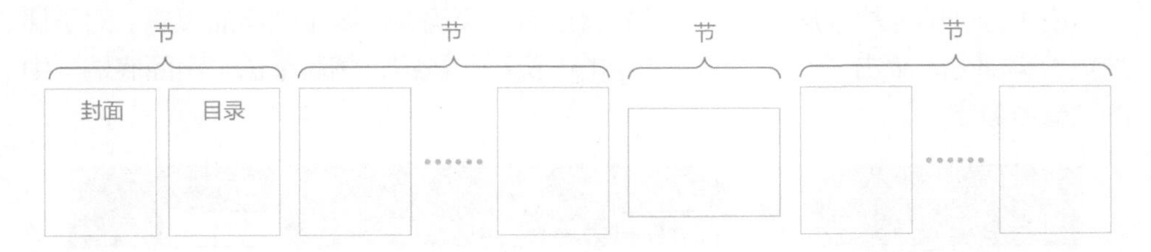

在横向页面中输入文字“测试”，字体设置为微软雅黑，字号设置为四号，字体加粗并居中。在文字下方插入一个 6 行 6 列的表格。如下图所示。

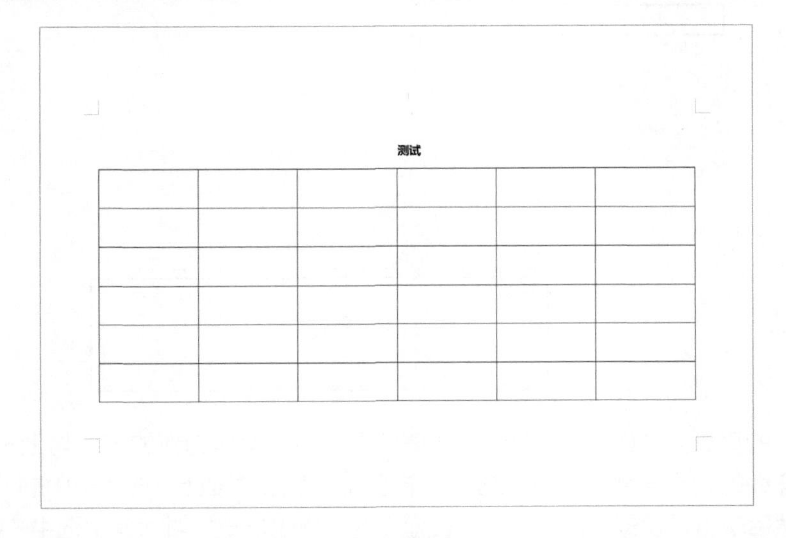

观察文档，发现 Word 自动将装订线位置放到横向页面的上方，这样可以方便装订。

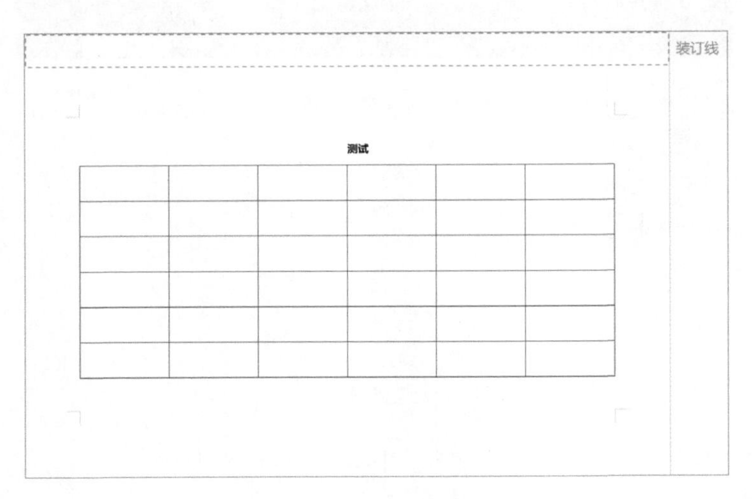

由于分节的缘故，从横向页面开始就没有了页码，需要手动添加页码。对于偶数页页脚部分，单击“设计”选项卡中的“页码”按钮，然后单击“页面底端”中的“普通数字 3”。

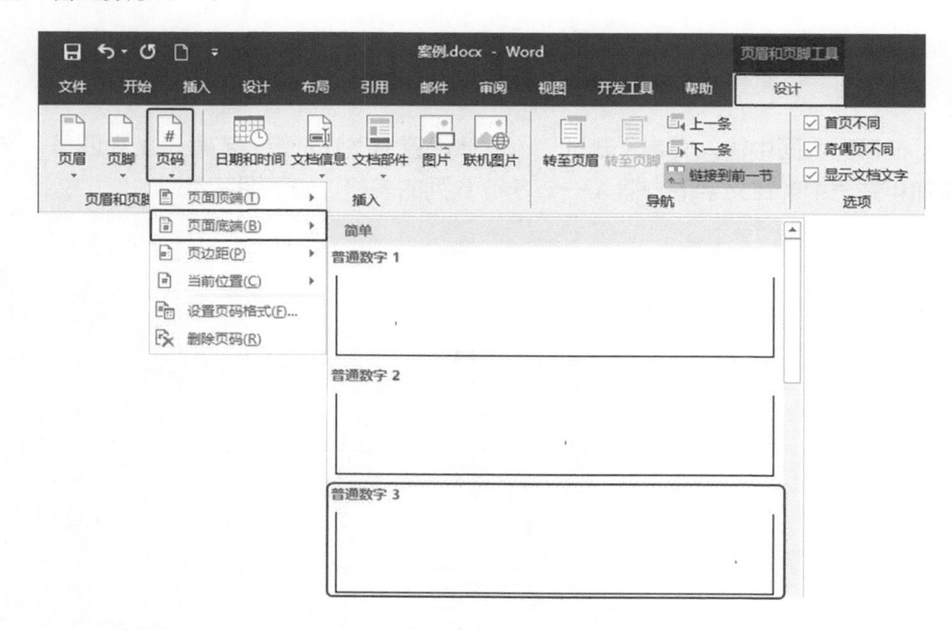

此时的页码为“0”，因为在默认情况下，当前页作为新的节，与上一节的页码是不连续的，需要将它设置为与上一节连续。单击“设计”选项卡中的“页码”按钮，然后单击“设置页码格式”，在弹出的“页码格式”对话框中选中“续前节”单选按钮，并单击“确定”按钮。

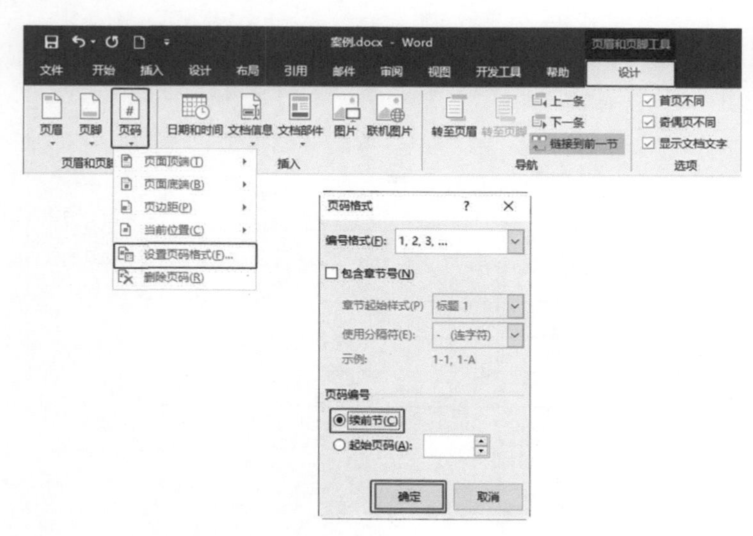

此时的页码已自动变为数字“5”。第 4 节的页码也是从“0”开始，也做相同的操作，在“页码格式”对话框中选中“续前节”单选按钮。并且取消选中第 4 节的“首页不同”复选框。因为第 4 节没有首页。

横向页面不需要页眉，所以需要对横向页面下一节设置页眉。

专栏 文档分节后的打印页码怎么设置

假如文档分成了 3 节，也就意味着会有 3 个第 1 页、3 个第 2 页等，而在打印时是通过页码来确定打印范围的，如何正确打印指定范围的页码呢?

比如直接在打印页码中输入“1-3”，那么 Word 只会将第一节中页码为“1”“2”“3”的页面进行打印。

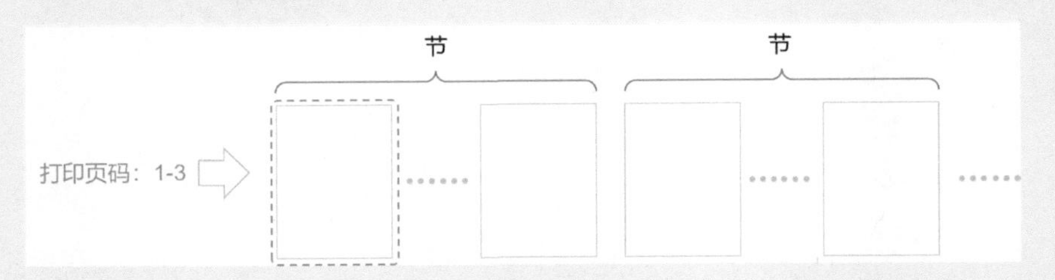

如果要打印第 2 节的第 1~3 页，需要输入“P1S2-P3S2”。

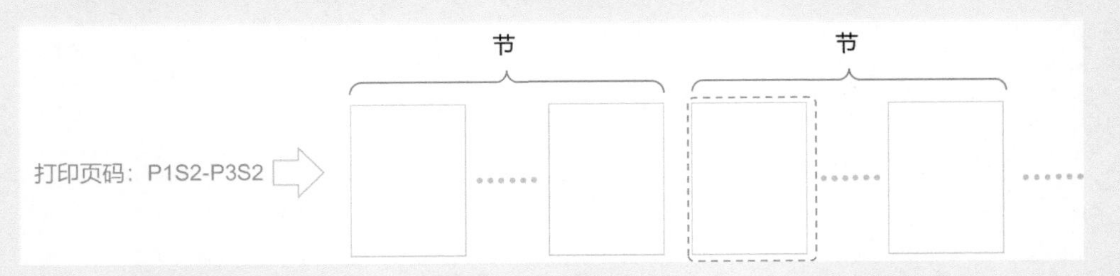

其中 P 是 Page 的缩写，代表页码，而 S 是 Section 的缩写，代表节，P 和 S 的大小通用，但是顺序不能颠倒，P1S2 的意思就是第 2 节的第 1 页。

P1S2

页码 节

页码在前、节在后的页码书写方式让很多职场人士不习惯，而我在书写这样的页码时，心中默念的是“Page 1 of Section 2”，这样就会很好理解。比如要打印第 1 节的第 1 页到第 2 节的第 10 页，那么书写方式就是“P1S1-P10S2”。

如果要打印完整的第 2 节，Word 还提供了较为简便的书写方式：“S2”。

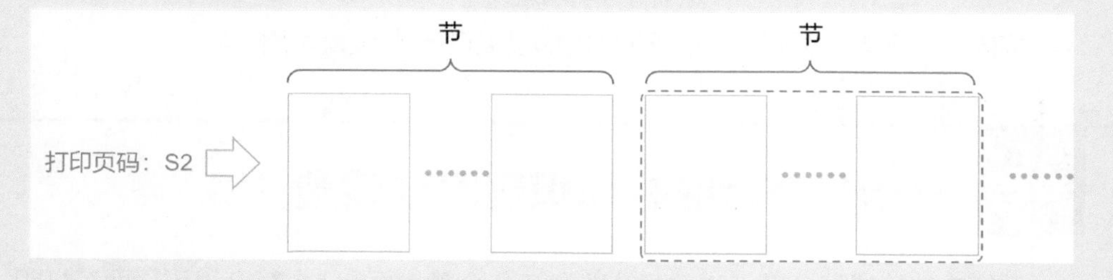

如果需要打印同一节内的某几页，书写方式也可以简化，比如打印第 2 节的第 3~6 页，可以输入“P3S2-P6S2”，也可以简化为“P3S2-P6”。

第5章 团队合作——文档多人协作完成

在困扰职场人士的八大困惑中，仅剩下“多人修改同一文件非常复杂”这一问题了，本章就围绕这一问题的解决方案展开介绍。

之前的章节都围绕着通过 Word 将自己的思想快速、专业地呈现出来，供自己和他人解读。

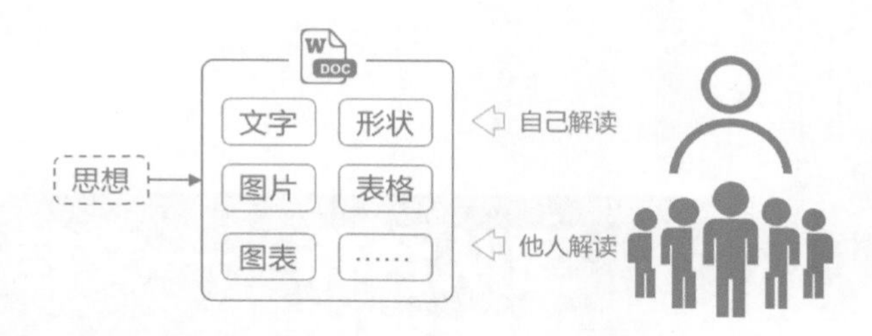

当他人解读之后，往往需要进行修改，并将意见和想法写在文档中。如果其他人直接对文档进行修改，那么 Word 软件会直接保存。当你拿到这份修改过的文档后，你很难找出对方修改了哪里，删除了哪里。这样会导致你需要花费很大精力去了解对方的意图。本章就围绕如何在不修改正文的情况下，把你或者其他人的思想通过备注的方式写到文档中，并且当他人修改文档时，记录所有的修改操作，以及如何实现多人同时编辑一份文档。

5.1 体现多人的思想——给 Word 写上备注

2018 年初，有一个学生要我帮他修改一份合同，当我拿到文件时，我发现需要修改的地方太多了，不能用一两句话就说清楚。我不但需要告诉他每个地方要怎么修改，而且还必须要告诉他为什么这么修改，这样才能让他真正掌握一份专业的合同该如何制作。

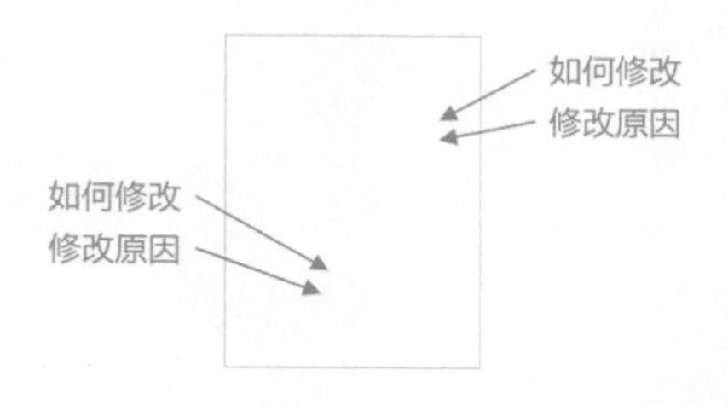

如果直接将每个地方的修改意见写到正文中，那么会影响正文的排版，而且他在解读我的修改意见时，需要一个个查找，非常不方便。

如何在不修改文档正文的情况下，将修改意见或写作意图放到文档中呢？

5.1.1 选中文字，书写批注

由于本书案例是心元高新科技公司新进员工的培训资料，需要将培训的每个环节的设计思路和想法都写到文档中。这样可以供其他人快速了解相关思想。

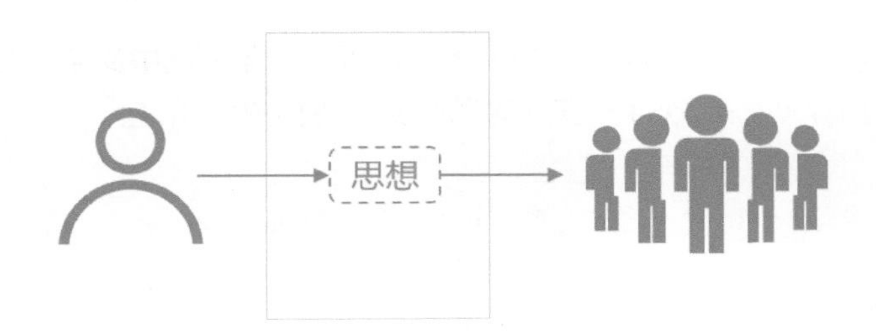

用 Word 在文档正文外书写自己想法的方法叫作批注，选中第 1 节的标题“简介”，然后单击“审阅”选项卡中的“新建批注”按钮。

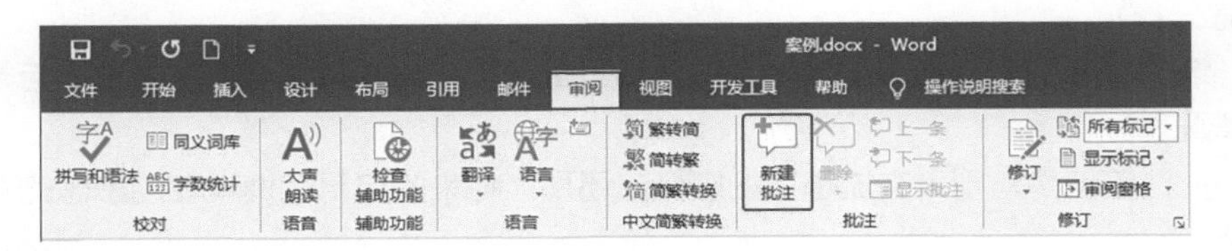

Word 给选中的文字“简介”添加了红色的底纹，并在页面的右侧，添加了一个可以输入文字的文本框，文本框中会自动出现当前 Word 的用户名与批注添加时间，而且被选中文字与文本框两者之间有一根横线连接。

在右侧文本框中，输入想法：“给新员工公司的简介，让大家快速对公司有初步的认识。”

输入完毕后发现，批注中的时间部分会自动改变，当超过 1 天时，还会显示成“年 / 月 / 日”的形式。这样可以一目了然地知道这个批注是什么时间添加的。

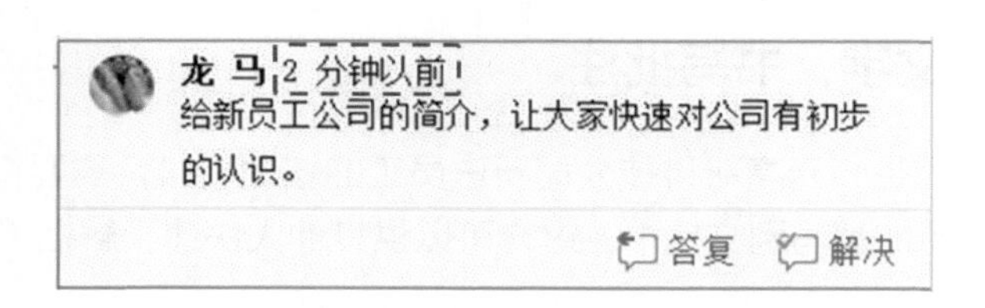

通过这个操作，就能知道给文档做批注的两个步骤：选中文字、书写备注。选中文字的目的是让 Word 软件知道你对哪些文字需要书写备注。

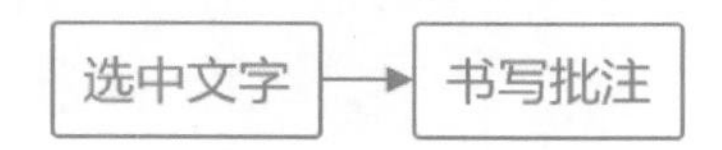

然后用同样的方法，在第 2 节，选中标题“名称由来”，书写批注：“让员工了解公司名称的由来。”

选中第 3 节的标题“经营方略”，书写批注：“从多个方面介绍公司整体的经营情况。”

选中第 4 节的标题“管理团队”，书写批注：“让大家了解公司管理层与各部门情况。”

批注不但是与别人交流想法的媒介，还是让将来的自己知道现在的思想的有效途径。

5.1.2 快捷键：快速缩小视图

当在页面右侧添加了批注后，整个 Word 在横向由三部分组成：导航窗格、页面和批注。

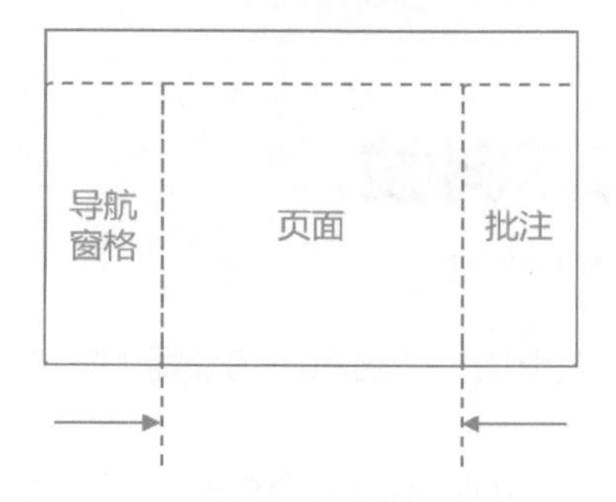

这样会导致编辑区变小，从而可能不能将文字全部显示，此时可通过缩小页面视图来查看所有的文字。如果还希望文字尽可能大，以便查看文字。通常的做法是单击 Word 软件窗口右下角的“-”和“+”来调整视图的大小。

使用这种方法时，每次单击都会以“10%”的大小对编辑区进行缩放，需要单击多次才能让所有文字全部显示，并且呈现尽可能大的“完美状态”。具体到百分之多少，会根据你的屏幕大小而改变，而且我们并不关心当前是“70%”还是“80%”，我们只关心如何让编辑区达到“完美状态”。老式的按键手机通过“-”键和“+”键来缩放照片是非常不人性化的，而新式的触摸屏手机可以直接用手缩放图片。

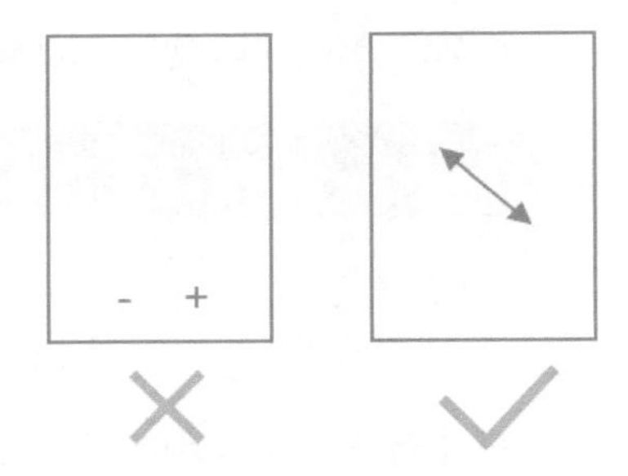

如何让 Word 也能像触摸屏手机一样方便地进行缩放呢。按住“Ctrl”键的同时，滚动鼠标的滚轮。向上滚动为放大视图，向下滚动为缩小视图。

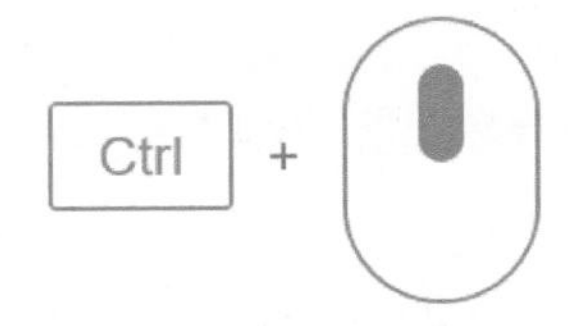

如此便可以快速调整视图，让所有文字全部显示，并且呈现出尽可能大的“完美状态”。

5.1.3 更改批注中显示的用户名

在插入批注时，右侧的文本框会自动添加当前 Word 软件的用户名。

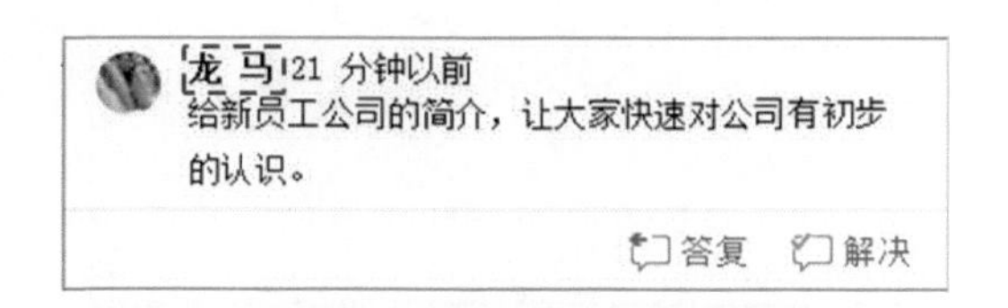

而很多职场人士在安装 Word 软件时都不会修改用户名，所以在批注中都会显示默认的用户名：“Administrator”。这样会导致他人在解读该文档的批注时，不知道是谁填写的批注。

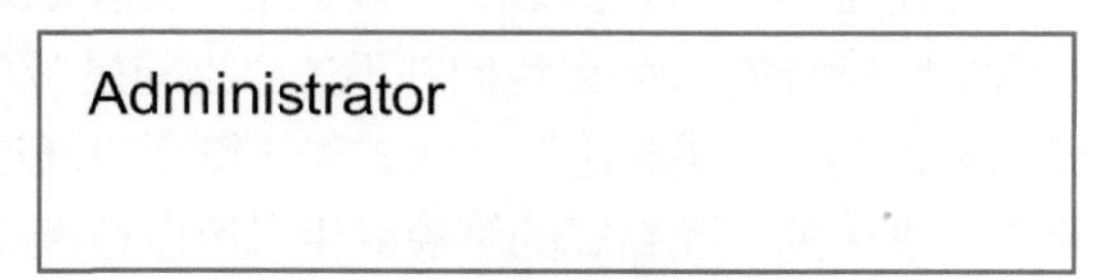

如何将自己的名字写入批注中呢？单击“审阅”选项卡中的“修订选项”按钮。

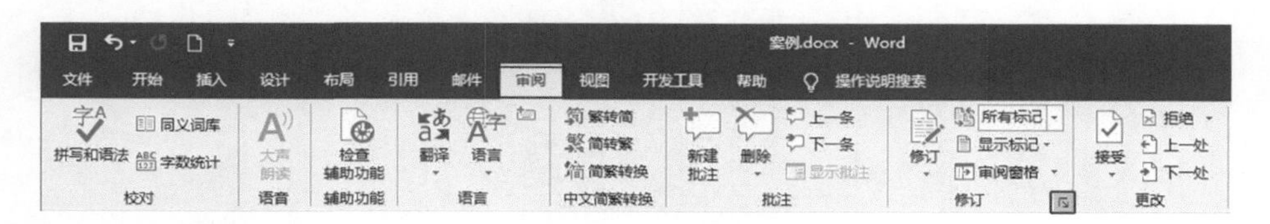

在弹出的“修订选项”对话框中单击“更改用户名”按钮。

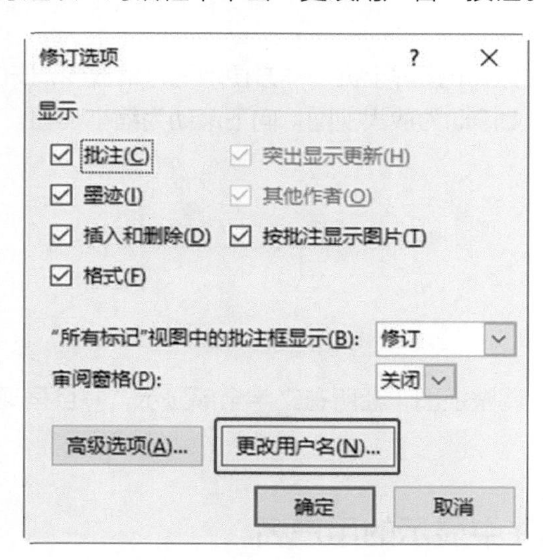

在“用户名”处，填写自己的名字，并最终单击“确定”按钮。

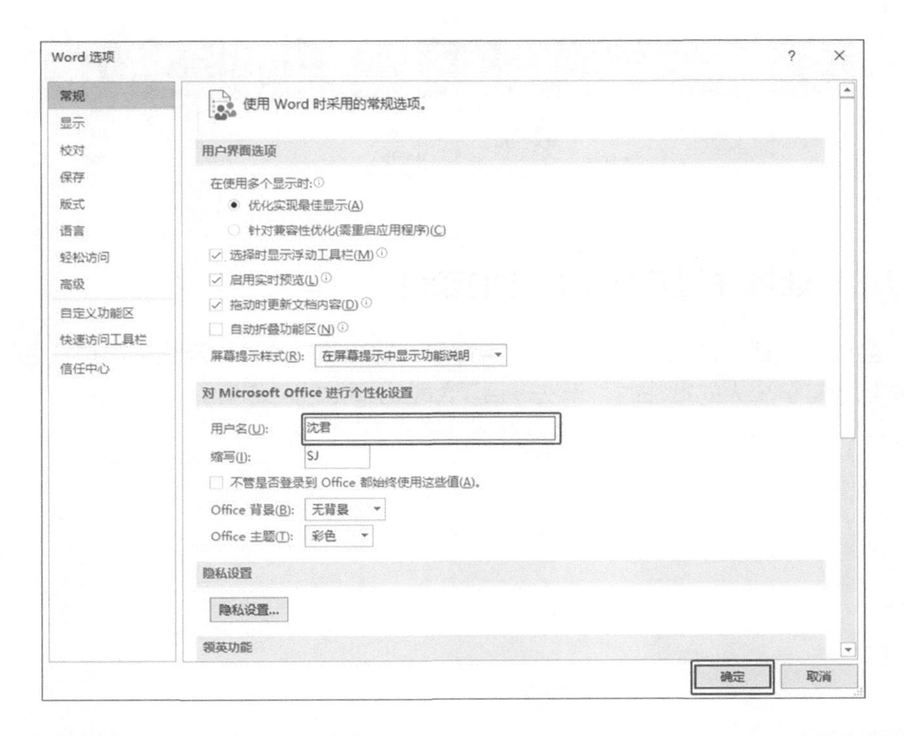

当修改完后，发现文档原有的批注中，用户名没有发生改变，所以需要将原有的批注删除，然后重新插入批注，此时批注中的用户名就已经是修改后的了。

5.1.4 快速在多个批注之间跳转

当需要查看当前文档中的某个批注时，通常需要频繁地进行鼠标滚轮的操作以找到目标。这样非常浪费精力。此时可以通过搜索功能快速定位自己的目标。

而当需要查看文档中所有的批注，用于审阅自己或别人的意见和思想时，使用鼠标滚轮操作和搜索功能都不能快速在多个批注之间进行跳转。

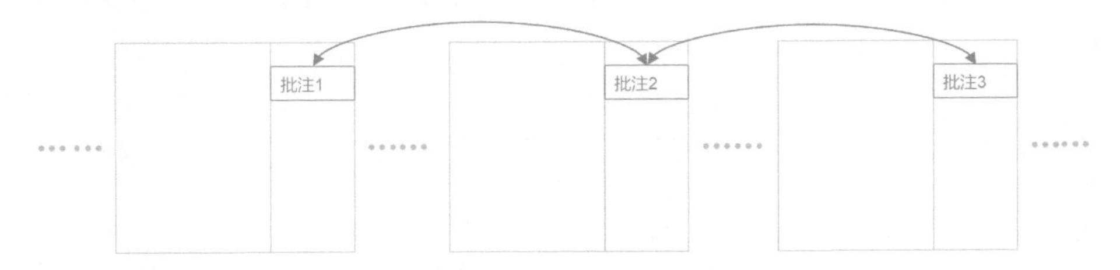

此时可以使用 Word 软件提供的批注跳转功能。单击“审阅”选项卡“批注”组中的“上一条”和“下一条”按钮即可在多个批注之间进行跳转。

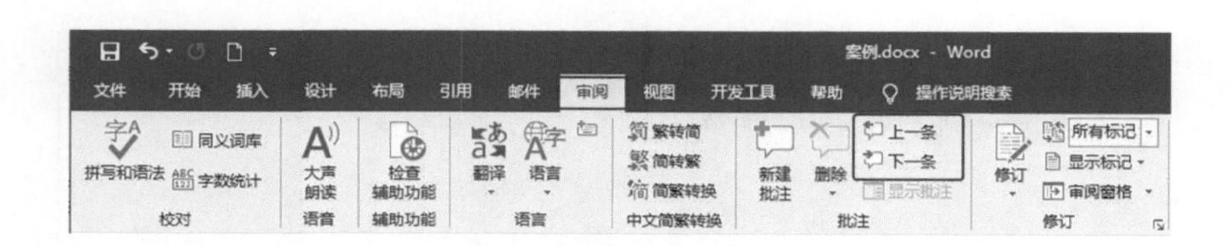

5.1.5 让批注显示你个性化的颜色

当对文档插入批注时，默认的文字背景、批注的文本框以及线条都是红色的，当文档中有多个人的批注时，无法一目了然地分清批注的作者。

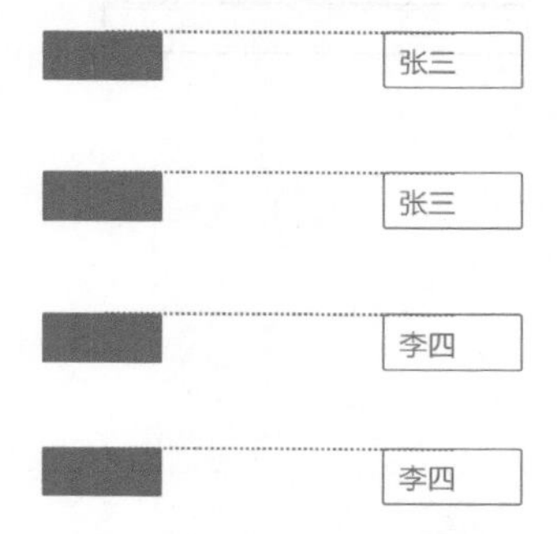

此时每个人将自己的批注修改为不同的自定义颜色即可。单击“审阅”选项卡中的“修订选项”按钮。

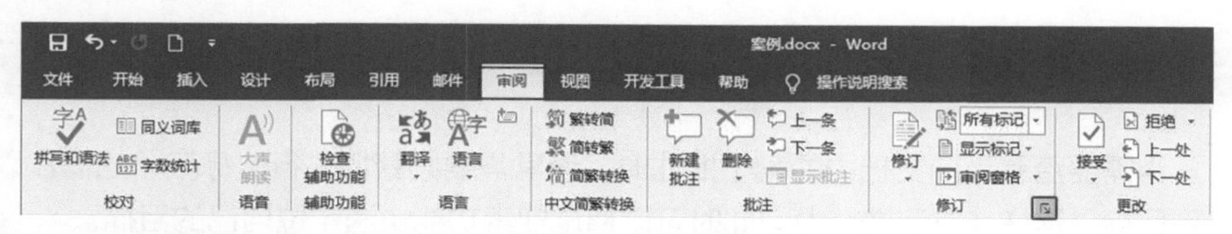

在弹出的“修订选项”对话框中单击“高级选项”按钮。

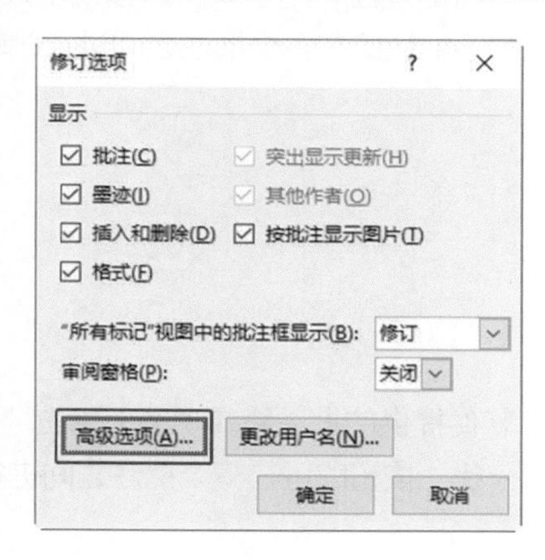

在“高级修订选项”对话框中，将“批注”设置为“蓝色”，最终单击“确定”按钮。

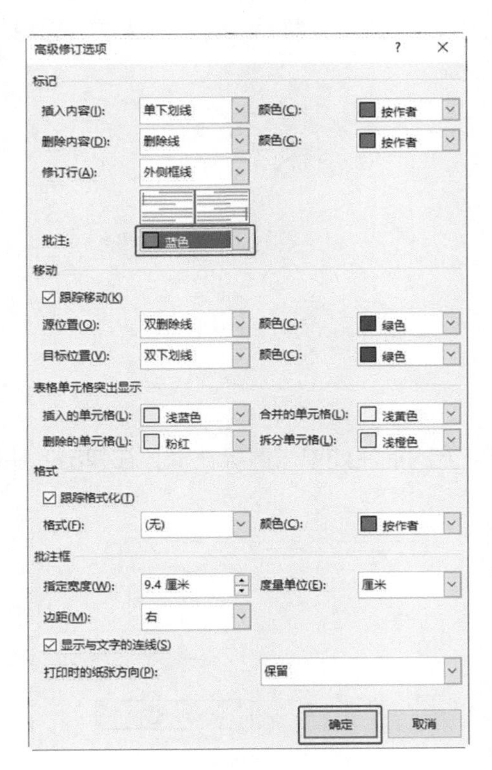

5.1.6 用答复批注进行多人交流

当你将自己的思想通过批注的方式放到文档中，之后你就可以将这篇文档发给其他人，其他人在不用与你面对面交流的情况下，就能看到文档中代表你思想的批注。

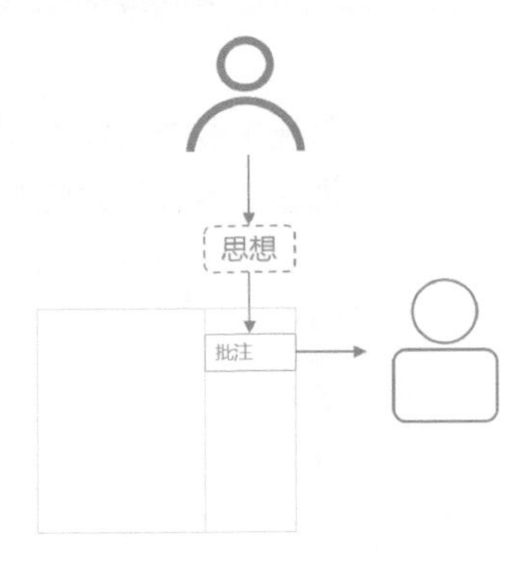

而其他人看到这些“思想”后，也会产生一些想法，比如“你说的是正确的，我很赞同”“你说的我不赞同，我有其他的想法”等。这时可以不用新建批注，而是在原有的批注上使用答复批注，这样就能将其他人的“思想”放到同一个批注中，实现两个人思想上的交流。

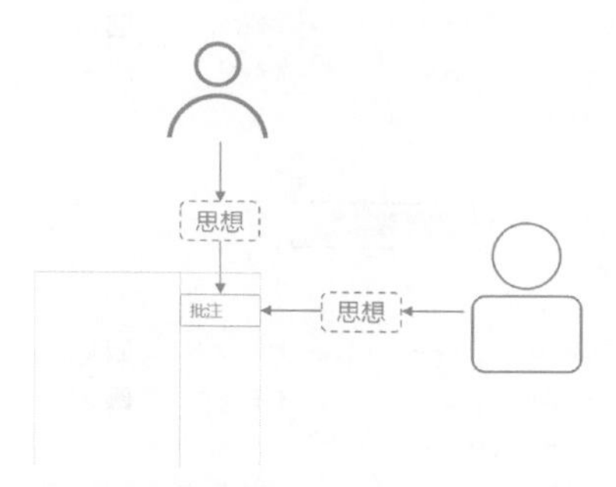

在需要进行思想交流的批注处单击鼠标右键，在弹出的快捷菜单中选择“答复批注”选项。

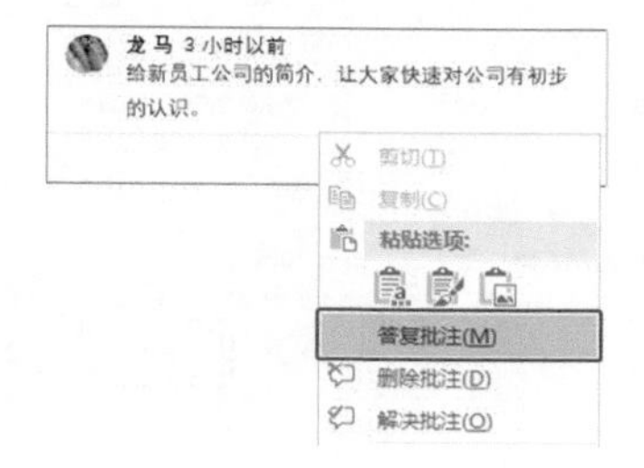

此时就可以在批注的文本框内输入思想交流的文字了。

5.1.7 删除批注和解决批注的区别

在对批注的操作中，很容易混淆的就是删除批注和解决批注。首先来看下两者的区别。

在任意批注上单击鼠标右键，在弹出的快捷菜单中选择“解决批注”选项，此时批注仍然存在，Word 只是将相关批注文字修改为浅灰色。

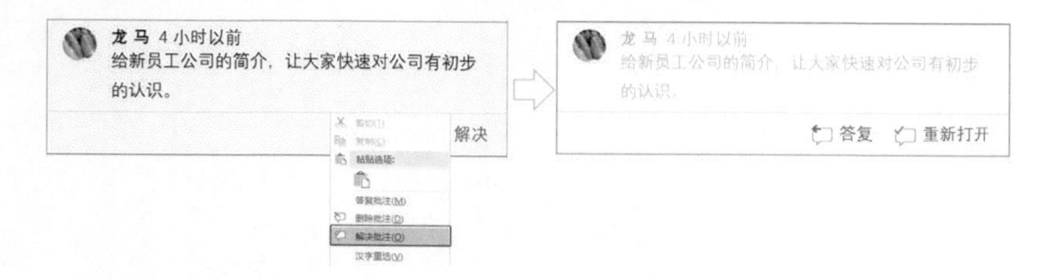

在任意批注上单击鼠标右键，在弹出的快捷菜单中选择“删除批注”选项，则相关批注文字的背景色以及批注的文本框将被全部删除。

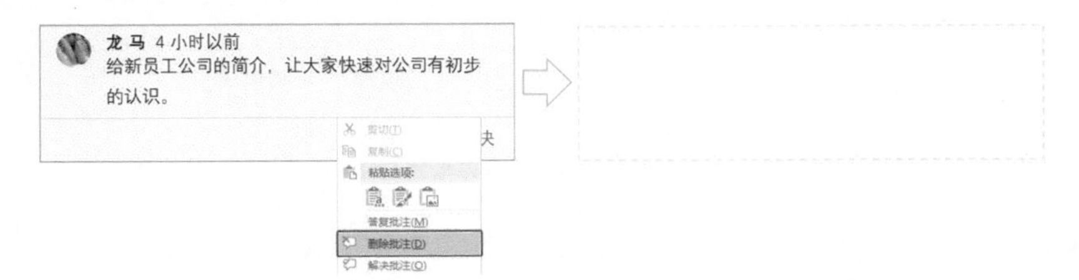

解决批注仍然保留思想交流的过程，通过浅灰色来表示当前批注的思想交流已经完成。而删除批注则会将思想交流的过程也删除。将它们应用到工作中时，在一份文档最终确立以前，都是使用解决批注来完成对每个批注的思想交流，当整份文档的所有批注都完成时，代表这份文档已经是最终版本，可以删除全部的批注了。

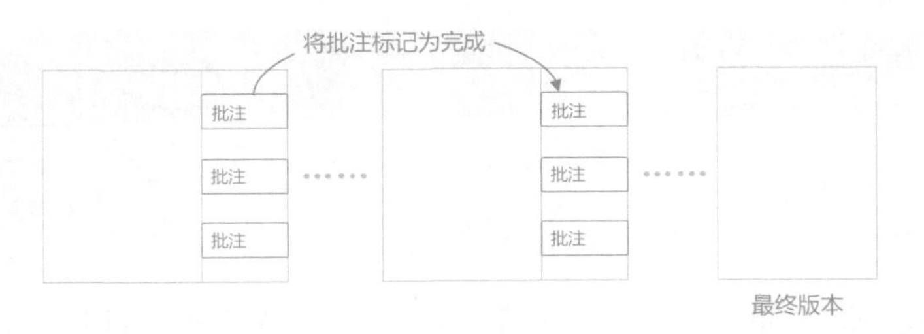

而在最终删除文档中所有的批注时，可以使用 Word 提供的全部删除功能。单击“审阅”选项卡下“删除”按钮的下拉按钮，在弹出的下拉列表中选择“删除文档中的所有批注”选项即可。

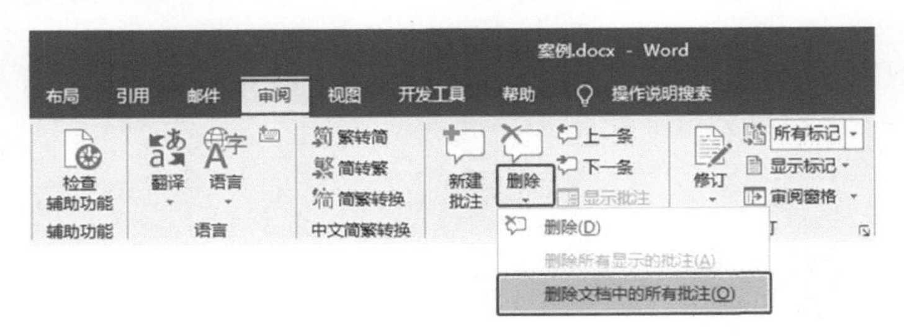

5.1.8 如何在不需要批注的时候隐藏它

当有人希望查看文档的原文，而不查看任何人对文档的批注时，我们就需要把批注隐藏起来。

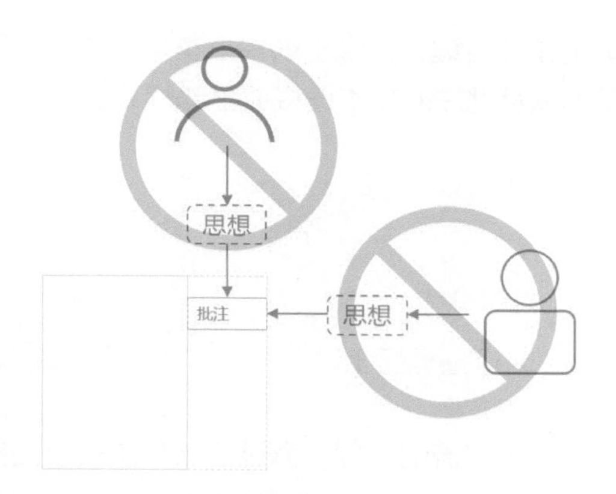

此时只需单击“审阅”选项卡，将“修订”组中的标记状态设置为“无标记”，此时文档中的批注被全部隐藏。

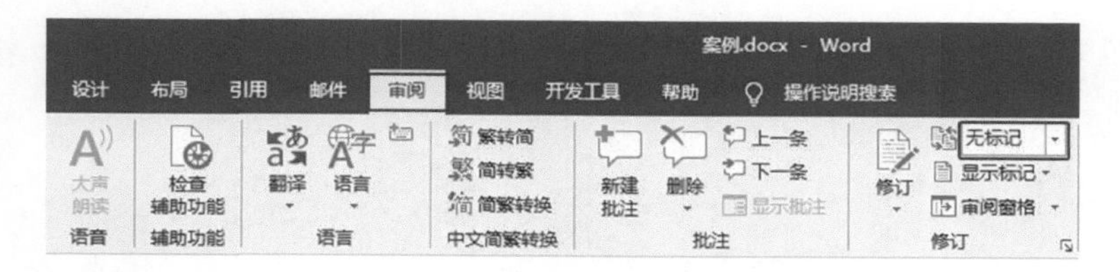

如果想查看所有批注，将“无标记”修改回“所有标记”即可。

5.1.9 怎么把批注和文档一起打印出来

如果对文档需要线下讨论时，就需要将其打印出来，而批注作为思想的载体，如果一起打印出来则可以帮助讨论，减少重复的思想交流。

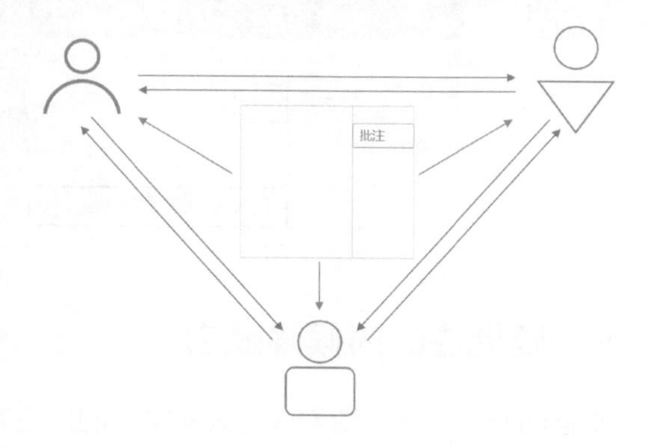

如何将文档的批注连同正文一起打印出来呢？虽然可以在打印设置中进行设

置，但我更建议打印前就在页面视图中设置完毕，这样可以实现“看到什么样，就打印出来什么样”。

将“审阅”选项卡中的标记显示状态设置为“所有标记”。

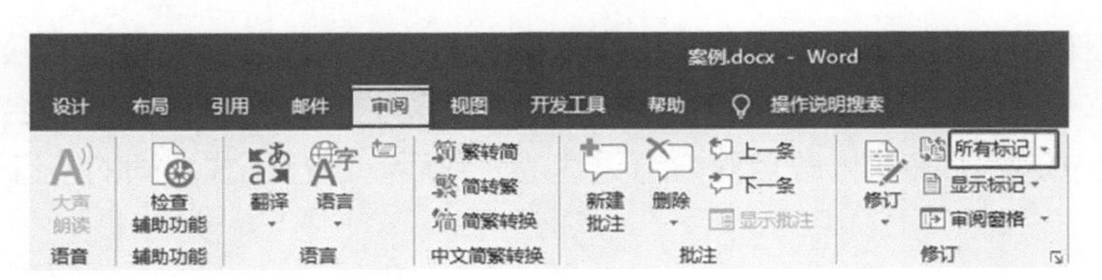

当前文档的页面是有批注标记的，此时打印则默认将批注打印出来。打印出的文档示意图如下。文档的页面被等比例缩小，右侧显示的批注为灰色，因为整个文档和批注被缩小，所以纸张的上下部分都为空白。

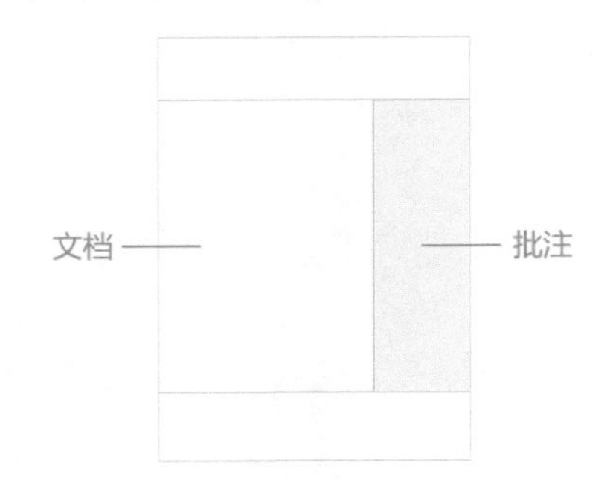

如果不需要打印批注呢？只需要将“审阅”选项卡中的标记显示设置为“无标记”，那么当前文档中将不显示任何批注，打印时也不会有批注。

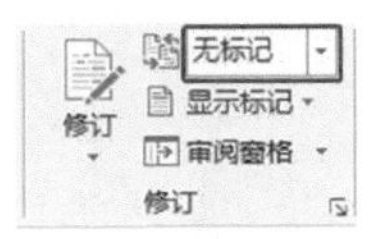

通过这种方法可以实现“看到什么样，就打印出来什么样”的效果，打印结果是否有批注可以通过以下示意图来理解。

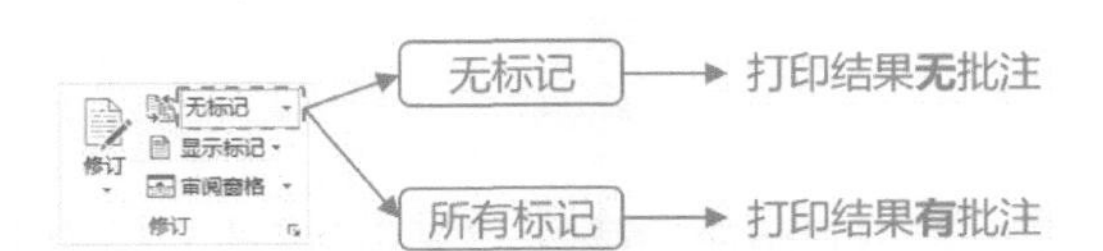

5.2 在一个 Word 文档中体现多人的修改痕迹

在工作中经常需要多个人对一份文档进行修改，比如你在与第三方公司制定采购合同时，你会先拟定一个初步合同，然后发给对方，对方在你的初步合同上进行修改，经过这样的多次修改且双方意见达成一致后，进行正式合同的签订。

又比如你是一名产品经理，你把公司产品的使用说明发给同事，需要经过多人的修改和确定后才能定稿。

这些例子都有一个同样的模式：多人修改后最终确定。

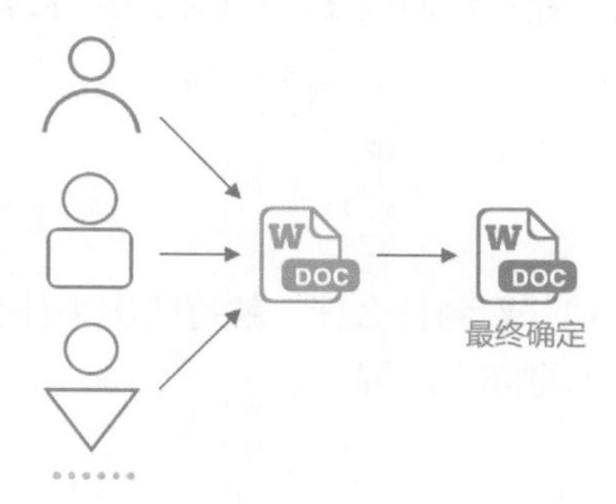

而批注的作用是展示不同用户的意见，并不会修改文档的正文。如何保存多个人所做的操作呢？

5.2.1 文档比对

当有人需要对文件进行修改时，传统的应对方法就是将这个文件复制一份，并进行修改。

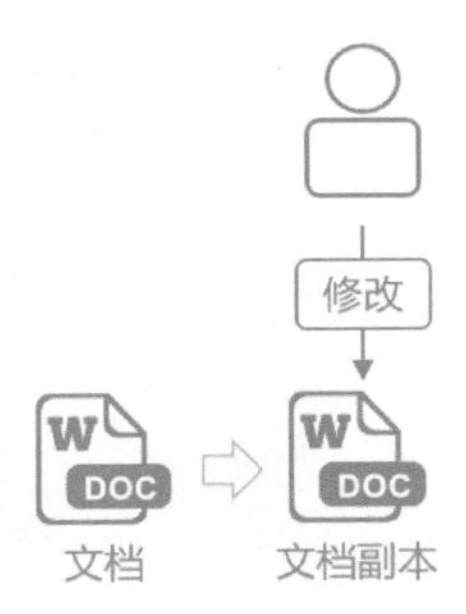

这样做的好处就是修改者只需要会使用 Word 就可以完成对文件的修改，而缺点就是文档副本和原文档之间修改内容的对比无法体现。

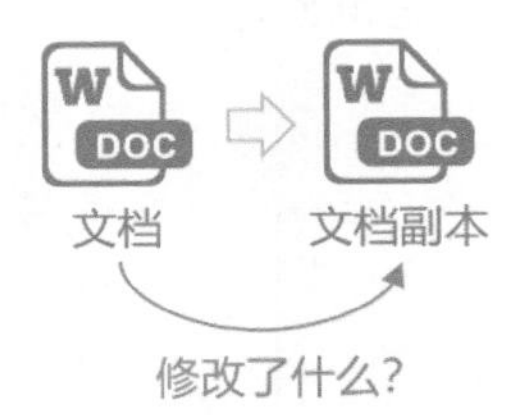

作为文档的作者，你无法要求对方像你一样成为 Word 高手，可以在一个文档中记录多个人的操作。你现在需要解决的是如何将这两个文档进行比对，找出对方到底修改了哪些地方。

以本书案例为例，在文件夹下，复制文档，并命名为“案例 2”。打开“案例 2”文档，做以下 5 步操作。

操作一：将第 1 章调整至第 2 章后。

操作二：修改第 4 章标题为“管理层与各部门”。

操作三：为 3.1 节的标题添加下划线。

操作四：删除 4.6 节的标题和所有文字。

操作五：新增第 5 章“总测试”。

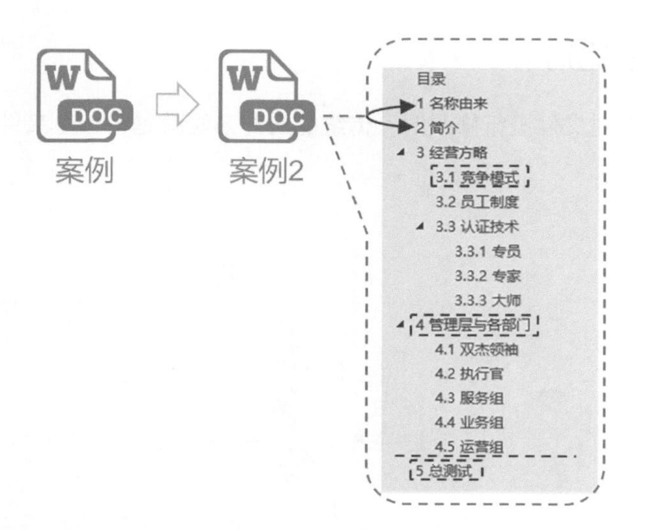

如果手动比对两个文档的不同，需要先将两个文档打开，然后在两个文档间不断地切换和使用鼠标滚轮等来查看全文，对比每一个文字和图片等。这样操作不但非常浪费时间和精力，而且不能保证准确率。

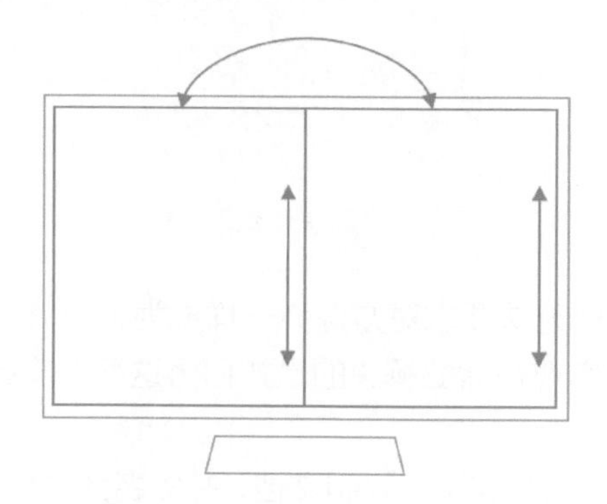

如果用 Word 软件来操作文件对比就方便得多了，而且对比结果很准确。单击“审阅”选项卡中的“比较”按钮，在弹出的下拉列表中选择“比较”选项。

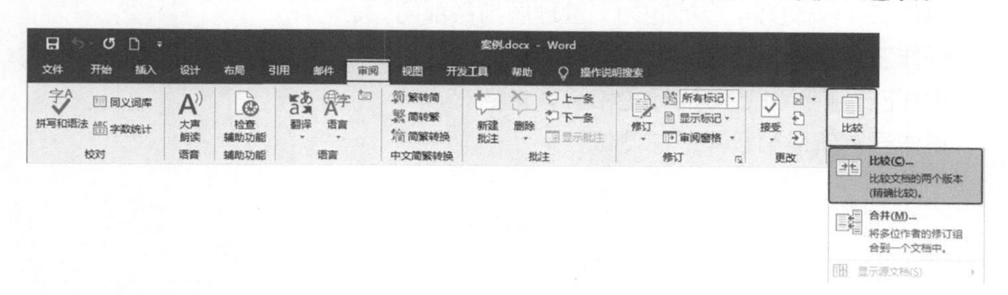

在弹出的“比较文档”对话框中，将“原文档”设置为“案例.docx”，将“修订的文档”设置为“案例 2.docx”，并单击“确定”按钮。

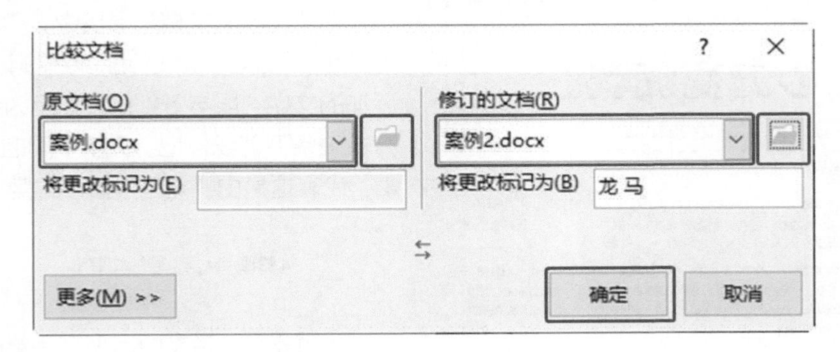

此时 Word 软件会新建一个“比较结果 1”文档窗口，如下图所示。

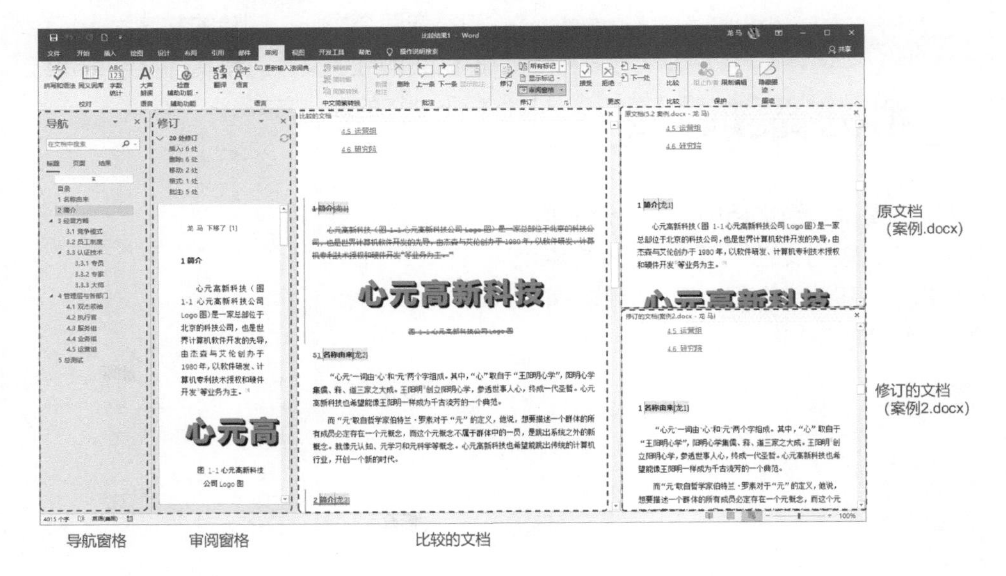

修订的文档到底做了哪些修改呢？通常只需看中间的“比较的文档”即可，它将“原文档”和“修订的文档”区别开来并在一个窗格中显示。回顾“案例 2”文档的 5 个操作，看看“比较的文档”窗格中是如何显示的。

操作一：将第 1 章调整至第 2 章后。

在“比较的文档”窗格中，原第 1 章的内容被设置为绿色，并使用绿色双删除线标记，单击该位置时，会出现提示：“已下移”。被移动到第 2 章后的原内容，被绿色双下划线标记，单击该位置时，会出现提示：“已移动（插入）”。

~~1 简介[龙1]~~

~~心元高新科技（图 1-1 心元高新科技公司 Logo 图）是一家总部位于北京的科技公司，也是世界计算机软件开发的先导，由杰森与艾伦创办于 1980 年，以软件研发、计算机专利技术授权和硬件开发等业务为主。~~

心元高新科技

~~图 1-1 心元高新科技公司 Logo 图~~

51 名称由来[龙2]

“心元”一词由“心”和“元”两个字组成。其中，“心”取自于“王阳明心学”，阳明心学集儒、释、道三家之大成。王阳明创立阳明心学，参透世事人心，终成一代圣哲。心元高新科技也希望能像王阳明一样成为千古流芳的一个典范。

而“元”取自哲学家伯特兰·罗素对于“元”的定义，他说，想要描述一个群体的所有成员必定存在一个元概念，而这个元概念不属于群体中的一员，是跳出系统之外的新概念。就像元认知、元学习和元科学等概念。心元高新科技也希望能跳出传统的计算机行业，开创一个新的时代。

2 简介[龙3]

心元高新科技（图 1-1 心元高新科技公司 Logo 图）是一家总部位于北京的科技公司，也是世界计算机软件开发的先导，由杰森与艾伦创办于 1980 年，以软件研发、计算机专利技术授权和硬件开发等业务为主。

心元高新科技

也就是说，当文档中出现段落的移动时，“比较的文档”窗格对它们的标记方式为：移动前为绿色双删除线，移动后为绿色双下划线。

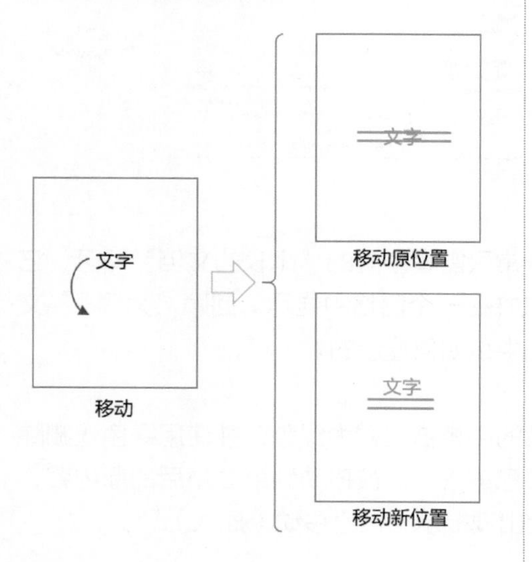

操作二：修改第 4 章标题为“管理层与各部门”。

在“比较的文档”窗格中，“团队”为红色，并被一条红色删除线标记，而添加的文字“层与各部门”显示为红色，并被一条下划线标记。文字中间的“[龙4]”代表这是由“龙马”修改的第 4 处。

4 管理~~团队~~[龙4]层与各部门

也就是说，当文中出现文字修改时，“比较的文档”窗格会将它们变成删除和新增两个操作：删除的文字为带红色删除线的红色文本，新增的文字为带红色下划线的红色文本。

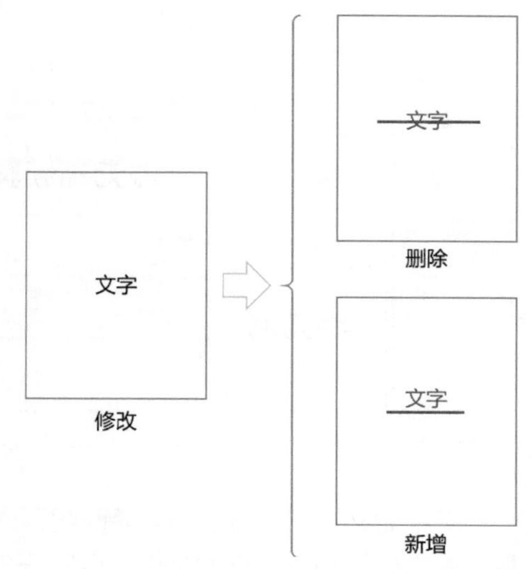

操作三：为 3.1 节的标题添加下划线。

在“比较的文档”窗格中，修改格式并没有体现，但在审阅窗格中，标注有红色下划线。

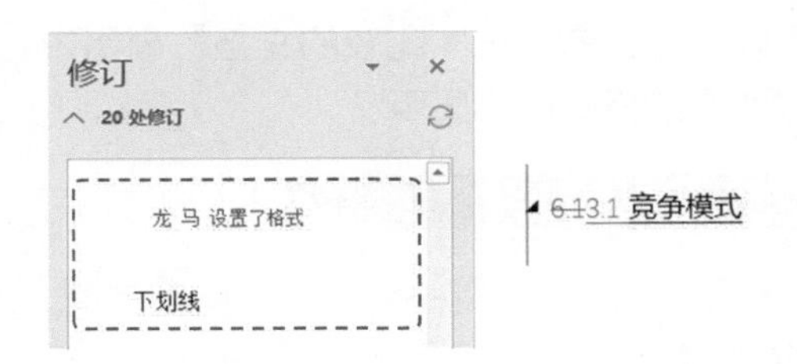

也就意味着在修改文字格式时，“比较的文档”窗格不会将其特别标注。

操作四：删除 4.6 节的标题和所有文字。

在“比较的文档”窗格中，被删除的文字变成了红色，并带有红色删除线。

~~7.6 研究院~~

~~研究院由资深副总裁瑞奇领导，负责对现在以及将来的计算课题提出创造性的建议和解决方案，使计算机变得更加易于使用。同时负责为下一代的硬件产品设计软件，改进软件设计流程和研究计算机科学的数学基础。关于研究院更详细的信息可参见公司手册。~~

也就是说，当文中出现被删除的文字时，“比较的文档”窗格会将被删除的文字设置为带红色删除线的红色文本。

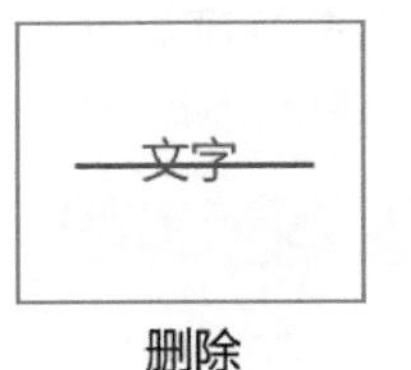

删除

操作五：新增第 5 章“总测试”。

在“比较的文档”窗格中，新增的文字变成了红色，并带有红色下划线。

5 总测试

也就是说，当文中出现文字添加时，“比较的文档”窗格会将添加的文字设置为带红色下划线的红色文本。

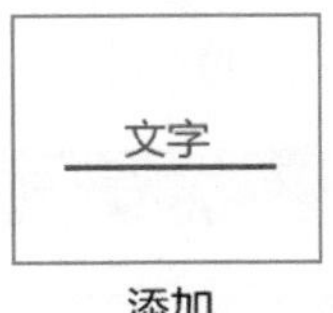

添加

比对两个文档可发现，Word 软件提供的比较功能非常实用，它有 4 个优势。

（1）可视化对比。将原文档和修订的文档同时显示。

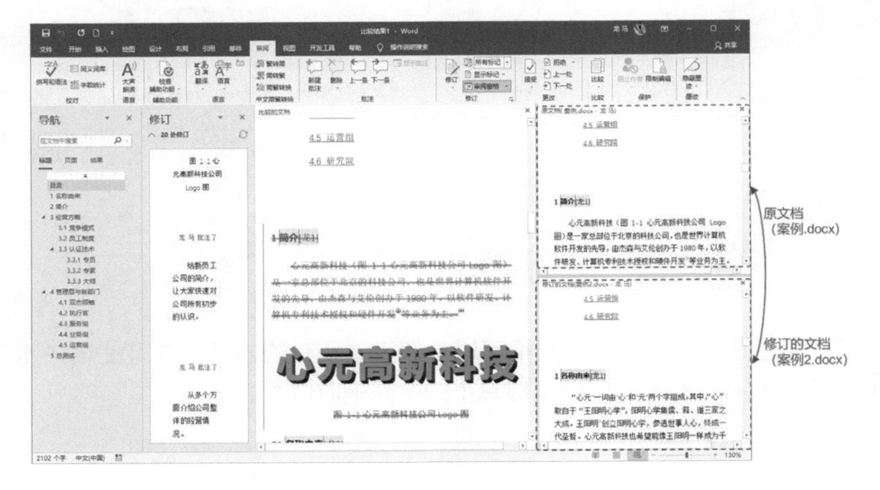

（2）合并修订。可将两个文档的不同处进行合并，在“比较的文档”窗格中进行显示，并将删除、添加等各种操作通过醒目的格式进行显示。

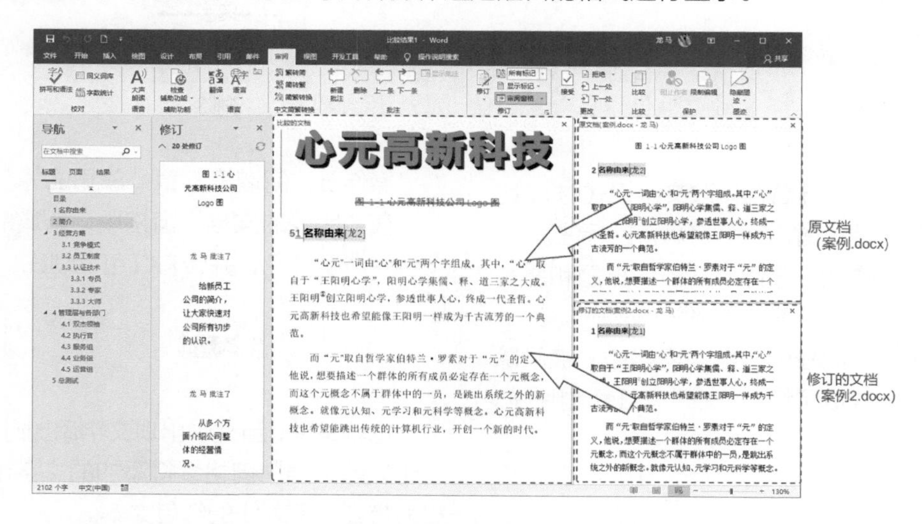

（3）同时滚动。在对任何一个窗格中的内容进行滚动时，所有的文档会一起滚动，方便文档的对比。

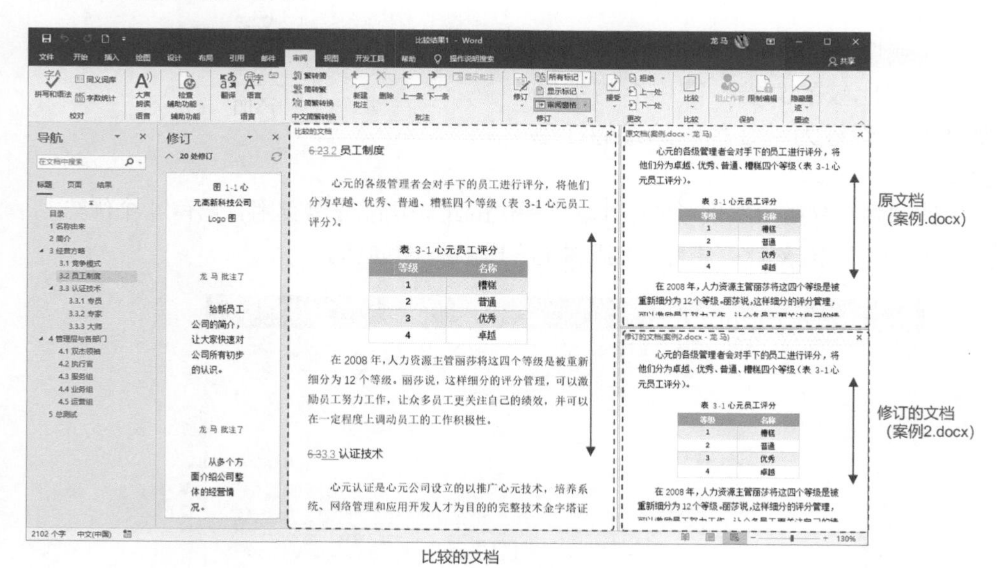

比较的文档

（4）快速定位。使用审阅窗格可以快速查看所有的修订，并可使用快速定位的功能。单击任何一处修订，就可以马上定位到相应位置。

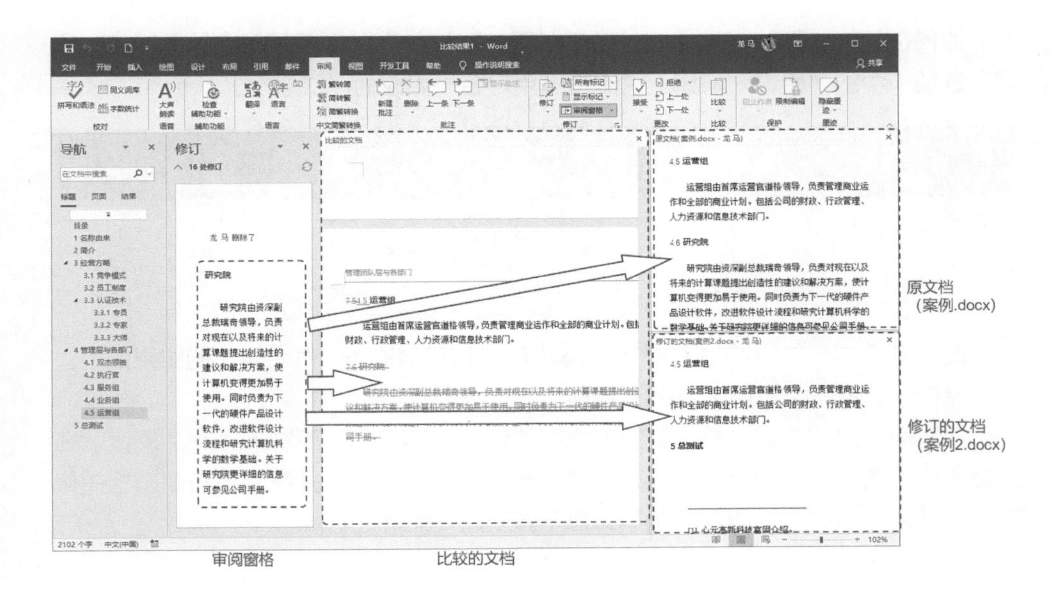

可以发现，使用Word软件的比较功能，可以大大减少检查所耗费的精力，还可以获得更高的准确率。但比较功能建立在传统的对比方法之上，也就是将原文档复制为一个新文档进行修改，然后对比两者之间的不同。

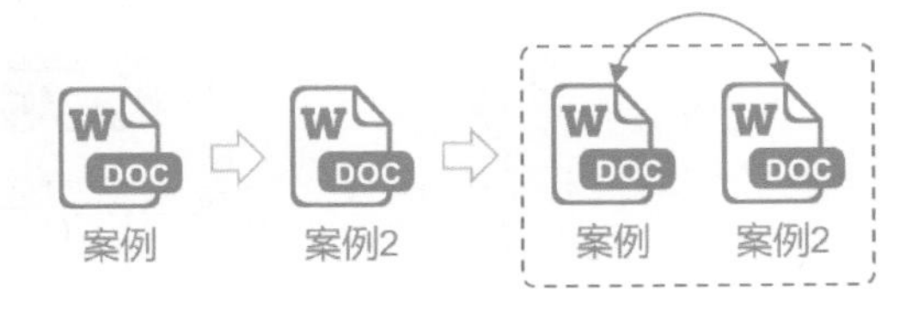

5.2.2 所有操作都会被记录的修订模式

先复制文档并进行修改，然后对比两者的不同，这样的方法虽然可以解决多人修改同一文档的对比问题。但是如果不复制新文档，而直接在原文档上进行修改，并记录修改的操作，那么可以节省对比两个案例所耗费的时间和精力。

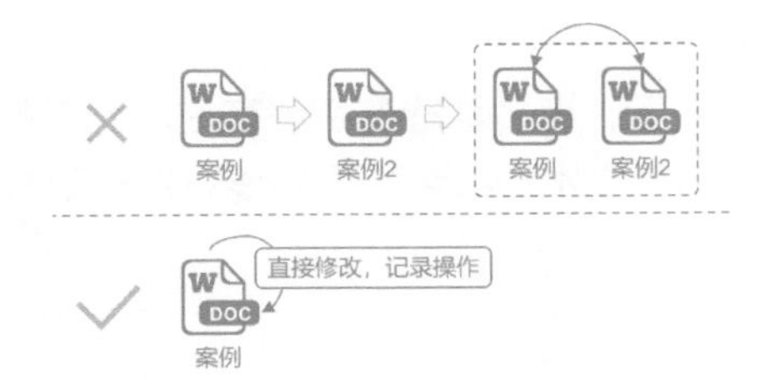

如何在同一文档中直接修改，并记录所有的操作呢？打开相关文档并单击“审阅”选项卡中的“修订”按钮。这里将“用户名”更改为“沈君”。

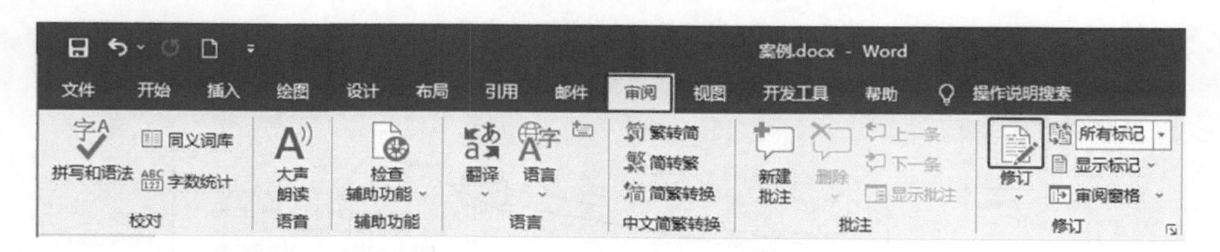

此时进行与 5.2.1 小节相同的修改操作。在修订状态下，每个操作的结果如下。

操作一：将第 1 章调整至第 2 章后。

在原第 1 章的位置，第 1 章的内容被放到了文档右侧，不影响正文的阅读。在新插入的位置，文字显示为绿色，通过绿色双下划线标记，并在文档右侧有相关修改的提示：“移动了（插入）[1]”，且不影响原先的批注。

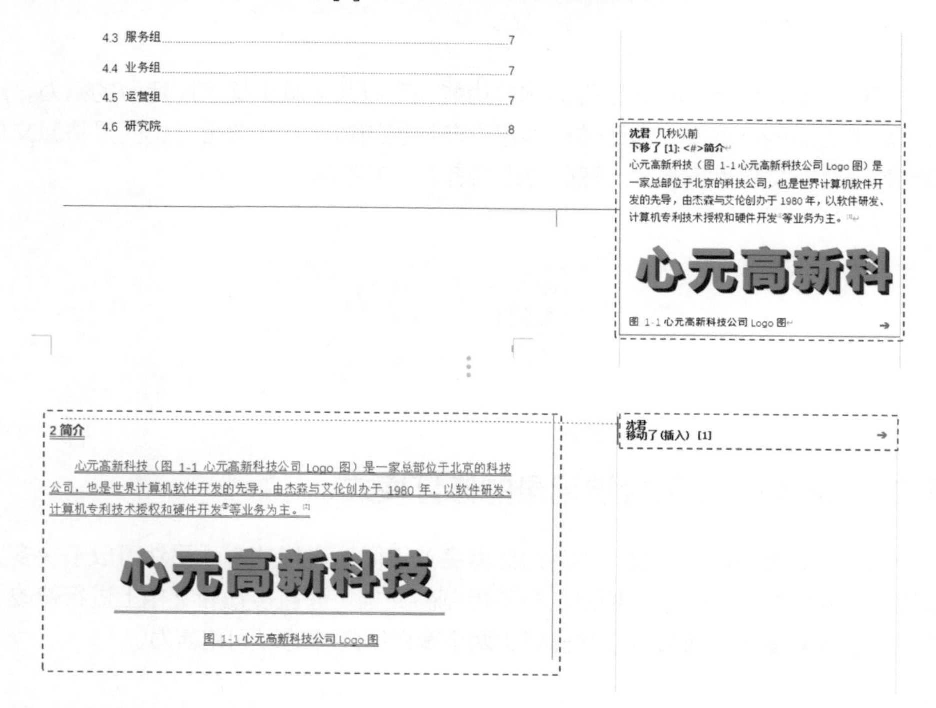

也就是说，在修订状态下，被移动的文字将被显示到文档中相关内容原位置的右侧，而新位置处会使用绿色文本和绿色双下划线对被移动的文字进行标记。

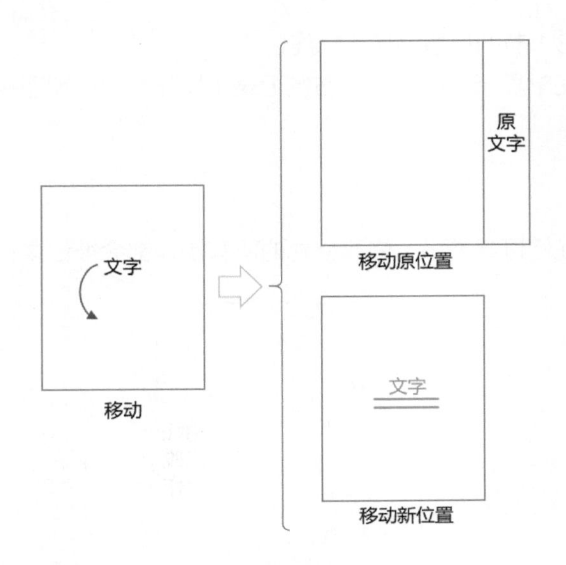

操作二：修改第 4 章标题为“管理层与各部门”。

文档的右侧显示了删除的操作：“删除了团队，二字”，并且 Word 将新添加的文字“层与各部门”以红色文本和红色下划线标记。

也就是说，在修订状态下，被修改的文字将被拆分成两部分，被删除的部分在右侧显示，添加的部分使用红色文本和红色下划线标记。

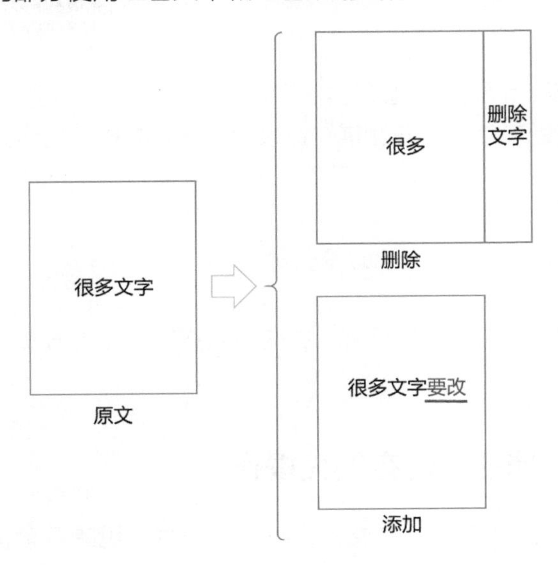

操作三：为 3.1 节的标题添加下划线。

文档中正文正常显示，而文档的右侧记录了操作：“设置了格式：下划线”。

3.1 竞争模式

沈君
设置了格式：下划线

也就是说，在修订状态下，修改格式的所有操作都会被记录在文档右侧。

操作四：删除 4.6 节的标题和所有文字。

文档中正文正常显示，而被删除的文字将被显示到文档的右侧。

4.5 运营组

运营组由首席运营官道格领导，负责管理商业运作和全部的商业计划。包括公司的财政、行政管理、人力资源和信息技术部门。

沈君
删除了：<#>研究院
研究院由资深副总裁瑞奇领导，负责对现在以及将来的计算课题提出创造性的建议和解决方案，使计算机变得更加易于使用。同时负责为下一代的硬件产品设计软件，改进软件设计流程和研究计算机科学的数学基础。关于研究院更详细的信息可参见公司手册。

操作五：新增第 5 章“总测试”。

文档中添加的新文字“5 总测试”直接显示在正文中，显示为红色文本且带有红色下划线。

5. 总测试

通过对每个操作的分析可以发现，在修订状态下，以上 5 项常见操作都可以被完整地记录下来。

5.2.3 一个文档的修订有四大操作

在 5.2.1 和 5.2.2 小节中，对文档进行了工作中常见的 5 项操作。而在 Word

软件中，修改文字被拆分为删除文字和添加文字。

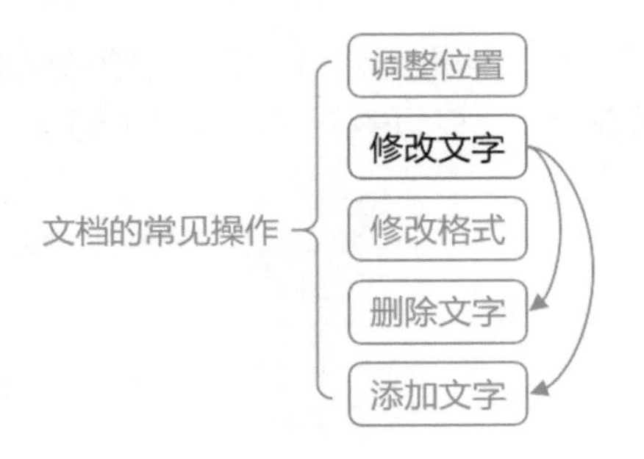

所以在一个文档的修订中，有四大常用操作：调整位置、修改格式、删除文字和添加文字。

而在 Word 软件的修订状态下，这 4 种常见的文档修订操作，会被显示成以下格式。

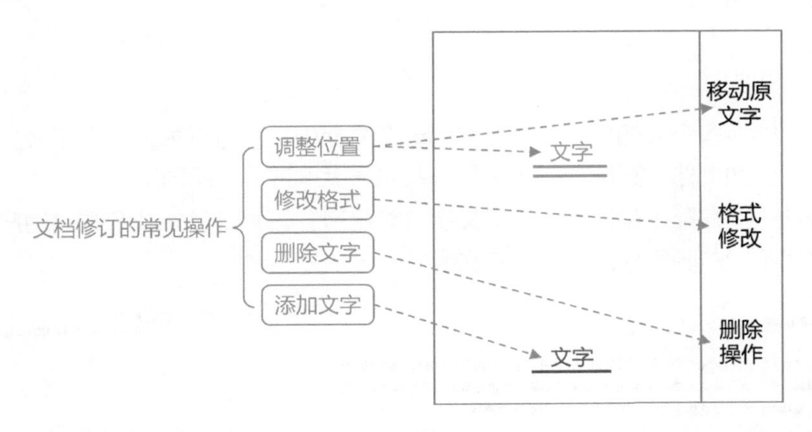

在 Word 软件的修订状态下，所有的操作都会被保存下来，而且尽可能地不影响正文的阅读。

5.2.4 怎么把多个人的修订放到一个文档里

如果有多个人对同一个文档进行修订，怎么把多个人的修订放到一个文档里呢？比如你做完的产品说明，要被同事 A 和同事 B 修订。

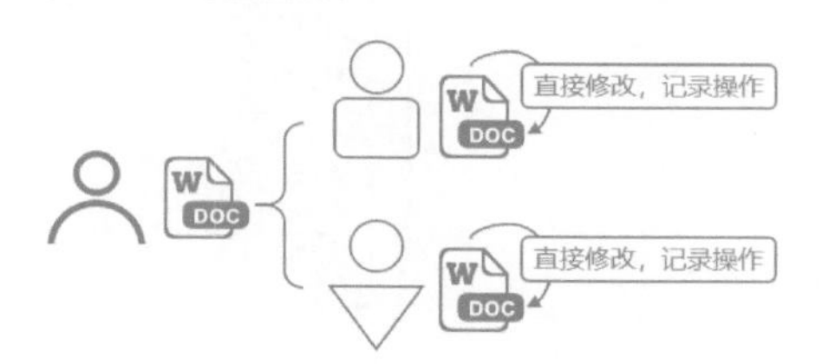

在这种情况下，你要对同一个文档分别查看两次修订操作，这样非常浪费精力，特别是在处理对相同文字的修订时，你需要同时打开 2 个人的文档，将两者的修订与原文进行对比。而且如果有 3 个人甚至更多人参与修订时，你将更难进行修订的查看工作。

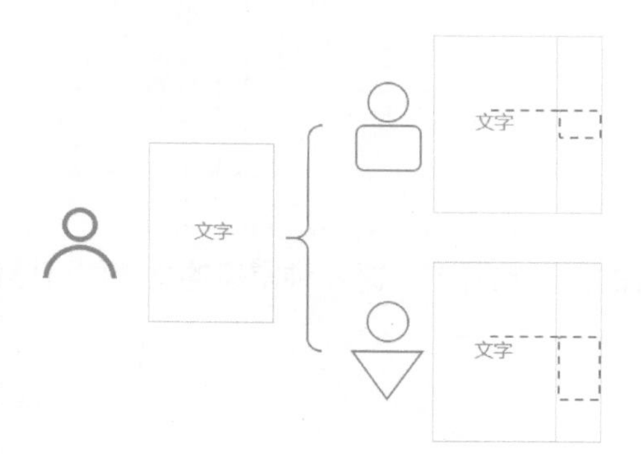

如果能将多个人的修订操作合并到一个文档中，就可以大大减少不必要的精力浪费了。比如文档“案例 - 同事 A”一共对原案例进行了两项操作。

操作一：在第 1 章标题后添加文字“与希望”。此时 Word 会根据用户名的不同，采用不同的颜色标记新添加的文字。

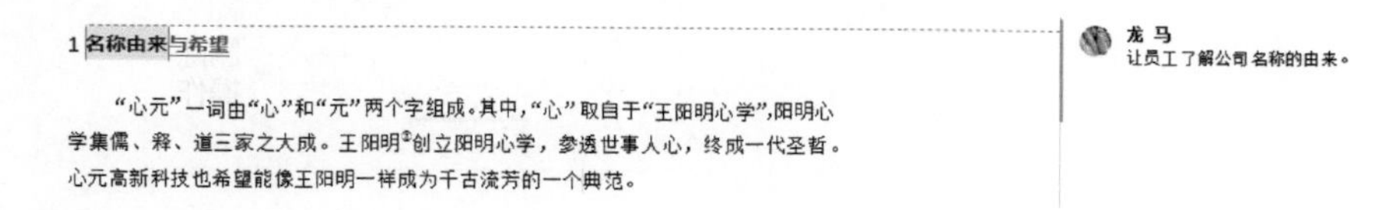

1 名称由来与希望

“心元”一词由“心”和“元”两个字组成。其中，“心”取自于“王阳明心学”，阳明心学集儒、释、道三家之大成。王阳明[②]创立阳明心学，参透世事人心，终成一代圣哲。心元高新科技也希望能像王阳明一样成为千古流芳的一个典范。

龙 马
让员工了解公司名称的由来。

操作二：修改第 4 章标题为“各部门领导”。此时 Word 根据用户名的不同，采用不同的颜色标记删除的文字和新加的文字。

4 各部门领导

同事A
删除了: 管理团队层与各部门

现在可以通过 Word 将文档“5.2.1 案例”和文档“案例 - 同事 A”进行合并。单击“审阅”选项卡中的“比较”按钮，在弹出的下拉列表中选择“合并”选项。

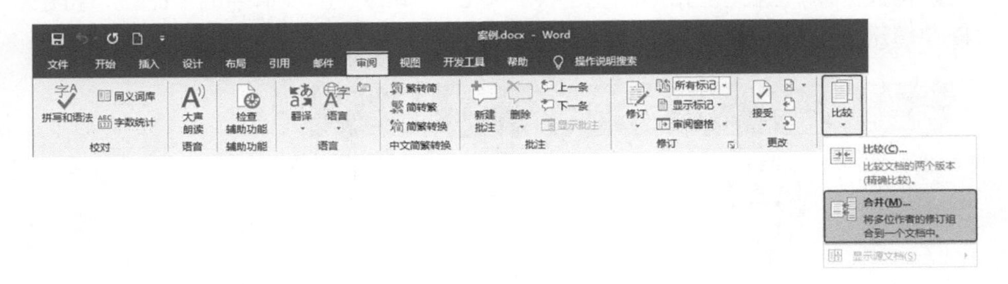

在打开的“合并文档”对话框中，将“原文档”设置为“5.2.1 案例 .docx”，将“修订的文档”设置为“案例 - 同事 A.docx”，然后单击“确定”按钮。

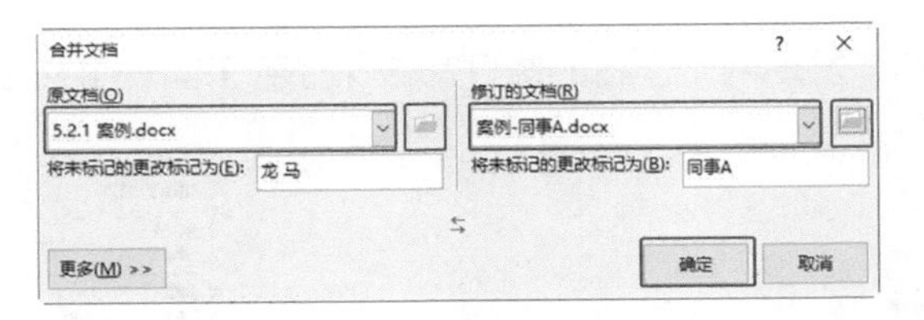

Word 会将两个文档合并，形成新的文档。此时默认显示导航窗格、修订窗格、“5.2.1 案例”和“案例 - 同事 A”。

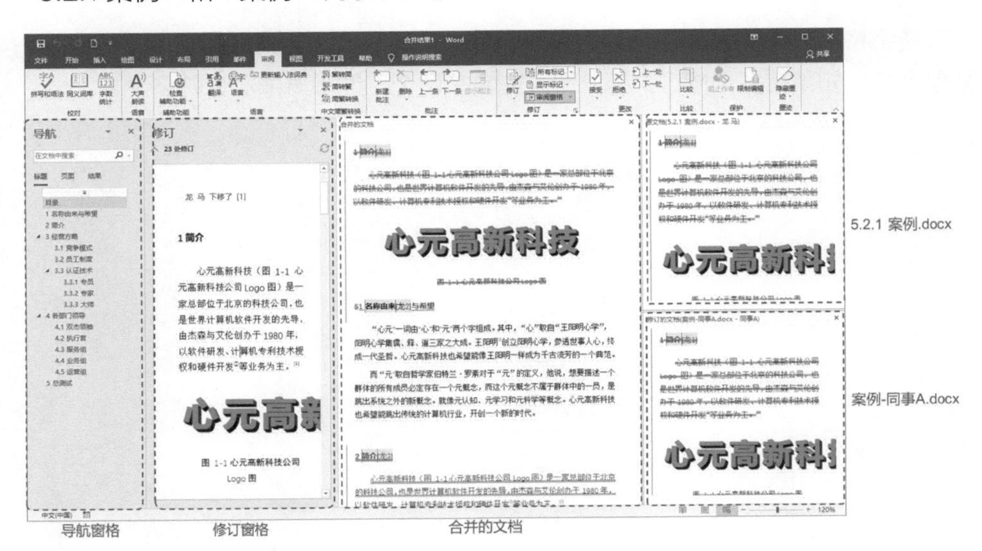

在实际工作中，不会同时查看“5.2.1 案例”、“案例 - 同事 A”和合并得到的新的文档，所以可以关闭右侧的两个源文档，这样能够便于查看合并得到的新的文档。而对于所有的修订，通常都是从上至下一个个检查，不需要审阅窗格，所以也可以将其关闭。

如何关闭两篇源文档和审阅窗格呢？单击“审阅”选项卡中的“比较”按钮，选择“显示源文档”选项下的“隐藏源文档”选项，然后单击“审阅窗格”按钮。

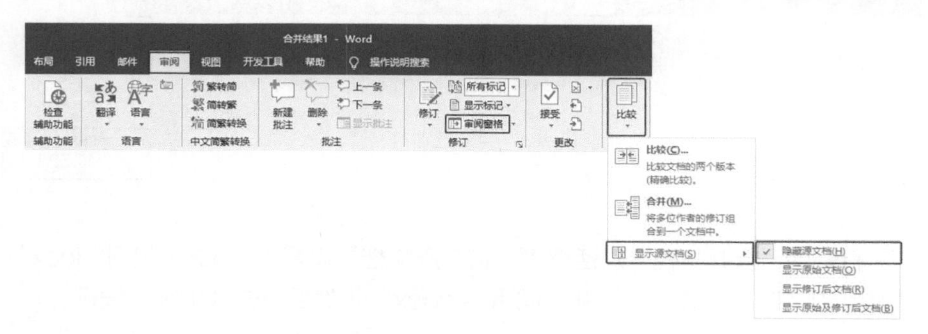

查看整篇文档，发现两个作者的修订都被保存到了同一个文档中。

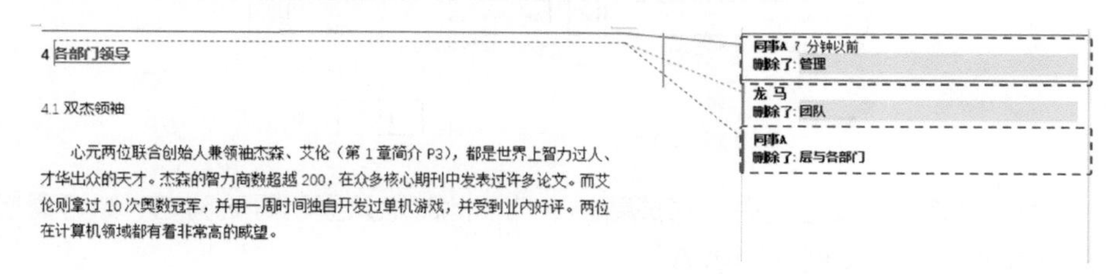

最终将合并的文档保存为“合并案例”。本小节展示的是如何将两个人的修订文档合并，如果有多个修订文档，可以先合并两个，然后再依次合并多个。

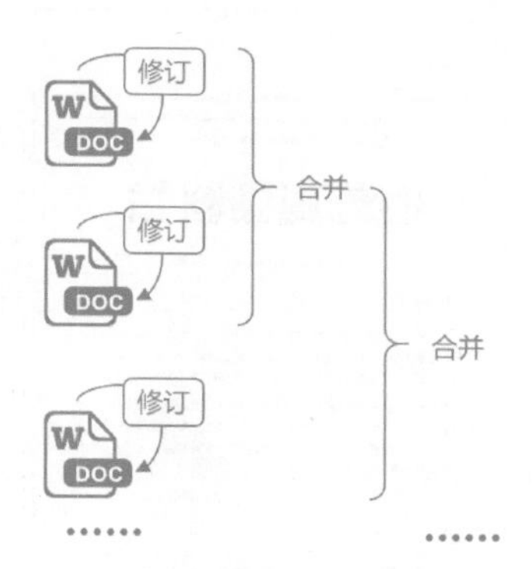

5.2.5 检查修订时，“接受”、“拒绝”与“批注”是绝配

在所有人完成对文档的修订后，他们会将修订后的文档发还给你，你把这些文档合并之后，就需要检查所有修订意见，为的就是能够将文档修订到令大家都满意。

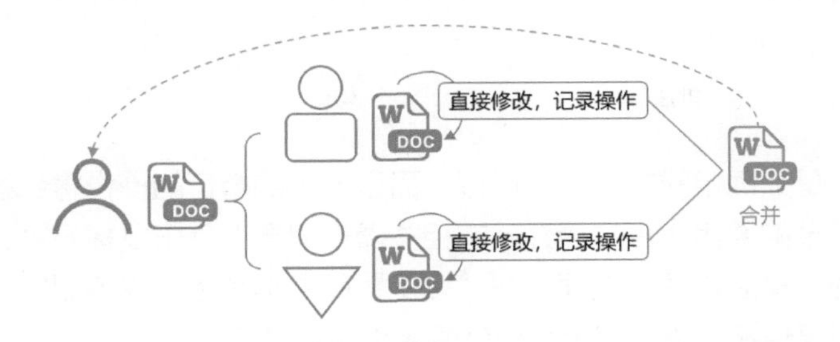

在对文档的修订进行操作时，会对文档中所有的修订从上至下地一条条检查。

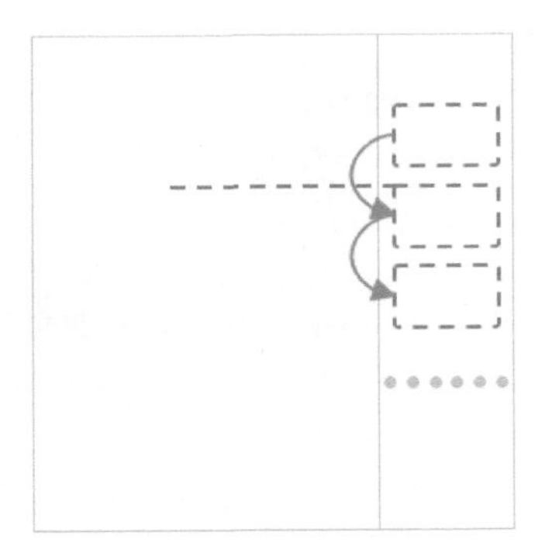

如果使用不断翻页的方法进行检查，可能会频繁地进行鼠标的滚轮操作，Word 提供快速在多个修订之间进行跳转的方法，来帮助我们检查所有的修订。单击“审阅”选项卡中“更改”组中的“上一处”和“下一处”按钮即可。

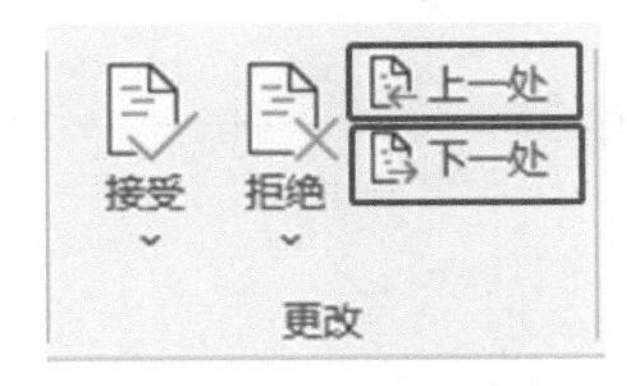

在批注中，可以通过“答复批注”来实现思想的交流，并在对某个内容的思想交流结束时，设置“将批注标记为完成”，而在修订中只有两个操作：“接受”与“拒绝”。

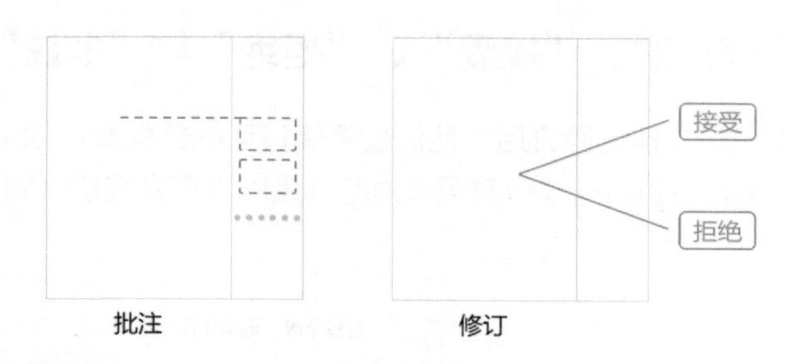

“接受”是指确定对文档进行修订，而且记录的修订的操作将会被删除。比如在文档中被移动的原第 1 章“简介”的相关操作记录上单击鼠标右键，在弹出的快捷菜单中选择“接受移动”选项。在“接受”后文字颜色和双下划线被去除，而且右侧的操作记录也被删除，整个文档就像被直接修订了一样。

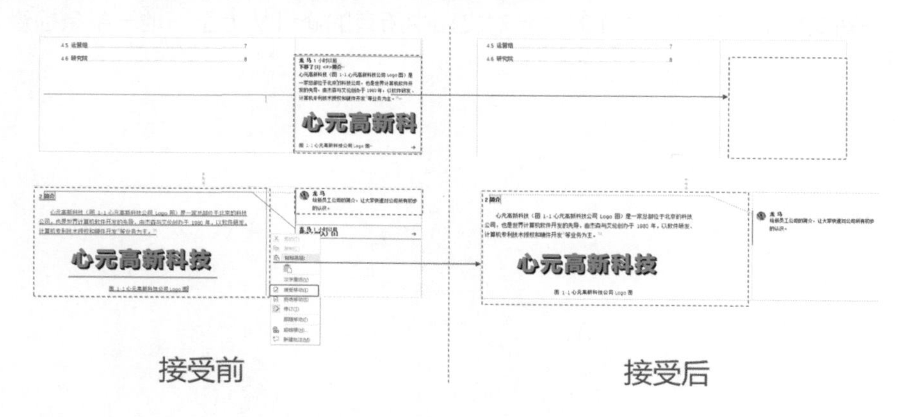

“拒绝”是指不采用对文档的修订，而是维持原状。比如在文中的第 1 章标题的“与希望”上单击鼠标右键，在弹出的快捷菜单中选择“拒绝插入”选项，新增文字被删除，整个文档就像没有发生过修订一样。

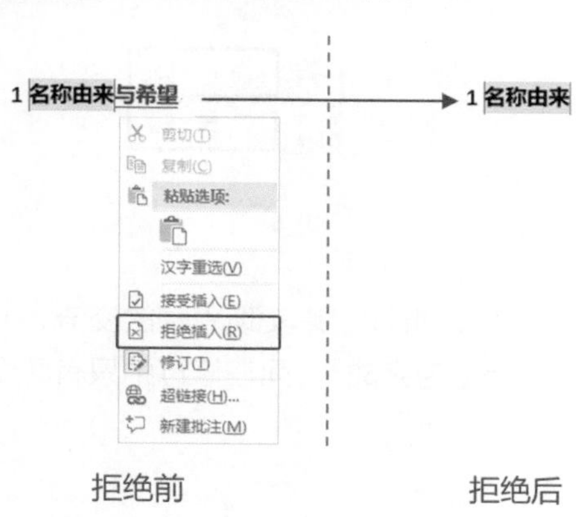

在工作中，为了让多个人的修订意见得到统一，当你检查和操作完所有的修订后，你需要发还给修订者查看。

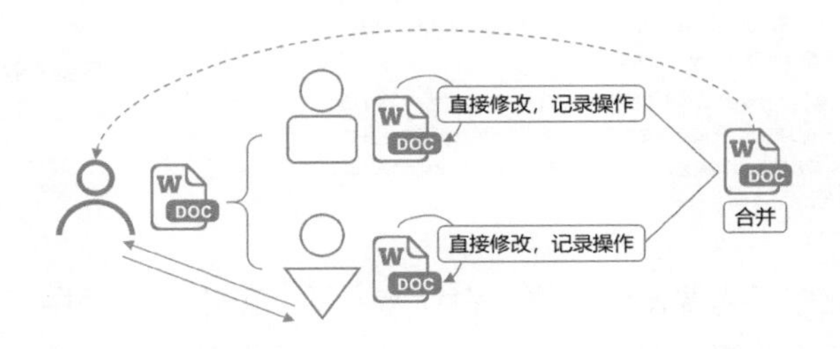

然而在修订中使用了“接受”和“拒绝”后，会直接删除所有的修订，也就说，对方无法知道自己曾经修订了哪些地方。

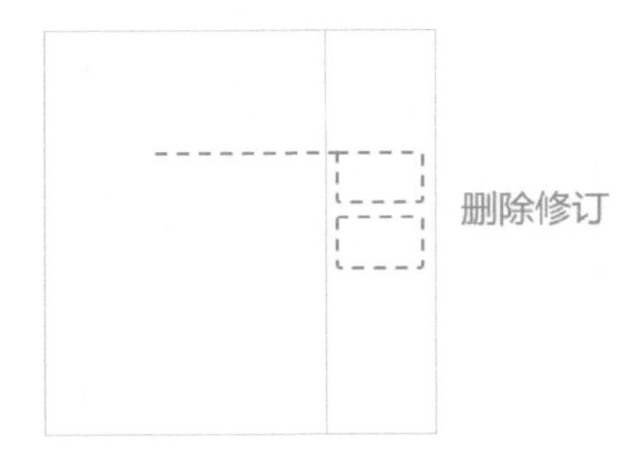

并且使用了“接受”和“拒绝”后，无法进行思想的交流。也就是说，你无法告诉对方“这个修订我为什么接受”以及“那个修订我为什么拒绝”。

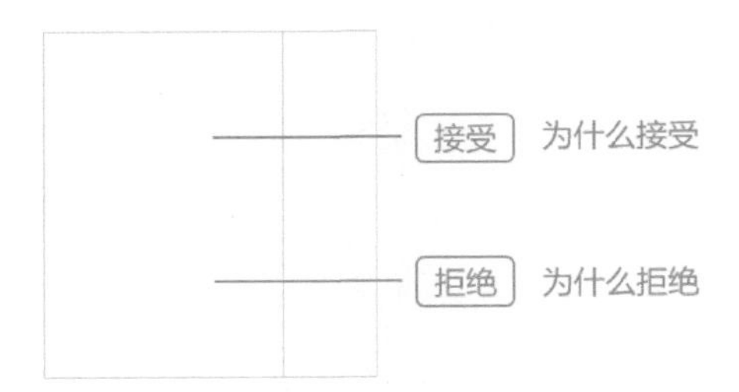

这时，可以使用批注功能来记录别人的修订操作和你接受和拒绝的原因。

比如在第 1 段末，插入批注：同事 A 希望改成“名称由来与市场占有率”，我认为标题过长，所以拒绝。

1 名称由来

“心元”一词由“心”和“元”两个字组成。其中，“心”取自于“王阳明心学”，阳明心学集儒、释、道三家之大成。王阳明[①]创立阳明心学，参透世事人心，终成一代圣哲。心元高新科技也希望能像王阳明一样成为千古流芳的一个典范。

而“元”取自哲学家伯特兰·罗素对于“元”的定义，他说，想要描述一个群体的所有成员必定存在一个元概念，而这个元概念不属于群体中的一员，是跳出系统之外的新概念。就像元认知、元学习和元科学等概念。心元高新科技也希望能跳出传统的计算机行业，开创一个新的时代。

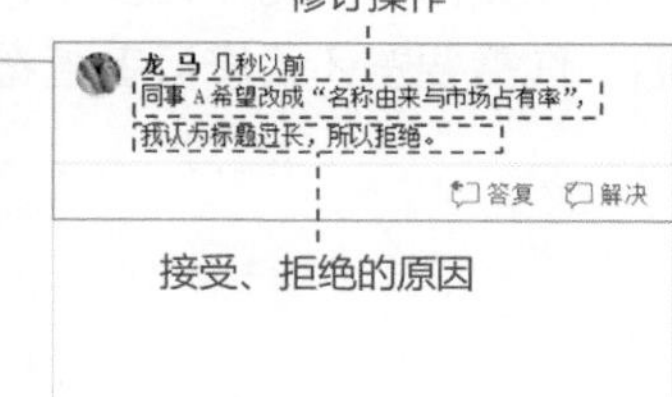

如果你的文档不需要发还给修订者查看，那么就不需要使用“批注”功能。如果你希望将所有人的修订意见统一，最终形成令大家都满意的文档，在检查文档的修订时通常都会将“接受”、“拒绝”和“批注”一起使用。

第6章 Word效率提升——秘诀大放送

作为一个 Word 高手，可以高效率地利用 Word 解决工作中常见的实际问题。如果能够解决各种工作中的“疑难杂症”，并能够让使用 Word 的效率提高，那么你就可以在工作中脱颖而出。本章就围绕这两点，提供助你在 Word 高手中脱颖而出的秘诀。

6.1 用索引为文档设置第二种目录

本书第 3 章介绍了插入自动目录的方法，目录是索引的一种常见方式。索引是为了加速对表中数据行的检索而创建的一种分散的存储结构，比如在一本字典中，除了可以通过拼音来查找文字外，还可以通过笔画来查找文字，在字典中，拼音和笔画都是字典的索引。

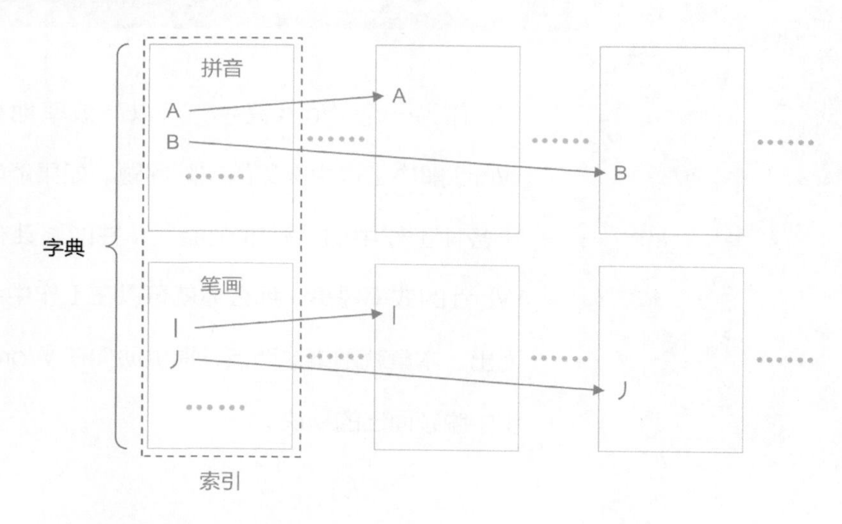

在 Word 中的目录是将标题作为索引。

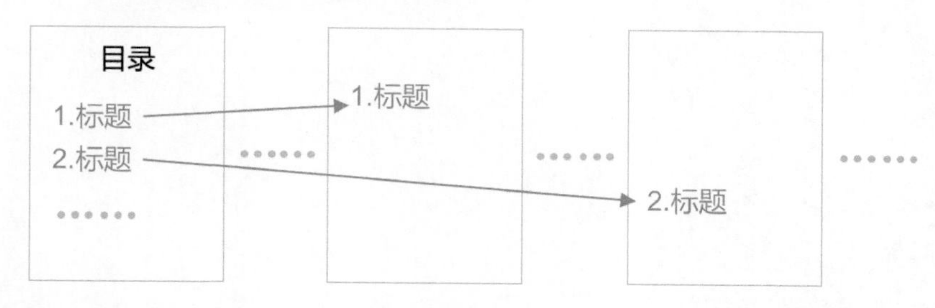

而在实际工作中，如果使用标题作为目录不能满足个性化的需求，还可以创建个性化的索引，比如生成“心元高新科技大事件”索引目录。

如果用手动的方式来创建这样的索引目录，需要手动添加文字和页码，一旦文中的页码发生改变，那么索引目录中的页码就需要手动修改，很容易出现错误。

Word 提供自动插入索引目录的功能，它的过程由两步组成：标记索引和插入索引目录。

也就是说，需要先为每个需要标记的文字添加索引，最后生成一个索引目录。

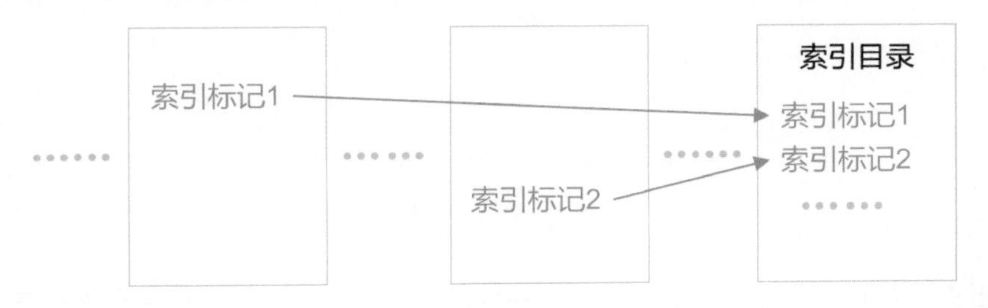

6.1.1 在关键点插入索引标记

如何操作呢？选中案例中需要标记索引的文字，即第 1 章“简介”中的“由杰森与艾伦创办于 1980 年”，并单击“引用”选项卡中的“标记条目”按钮。

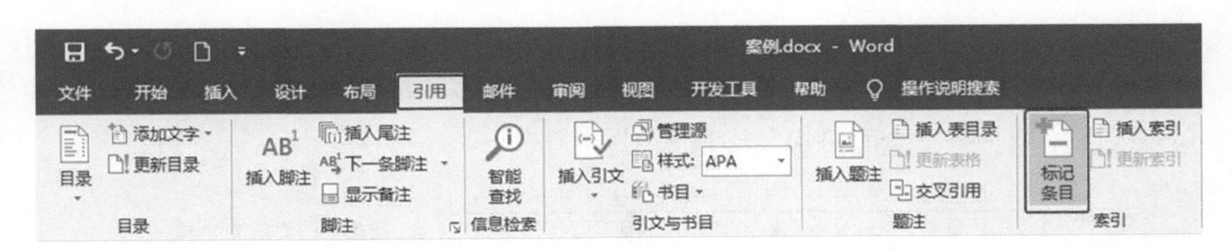

心元高新科技（图 1-1 心元高新科技公司 Logo 图）是一家总部位于北京的科技公司，也是世界计算机软件开发的先导，由杰森与艾伦创办于 1980 年，以软件研发、计算机专利技术授权和硬件开发①等业务为主。[1]

心元高新科技

图 1-1 心元高新科技公司 Logo 图

在弹出的“标记索引项”对话框中单击“标记”按钮。“标记索引项”对话框可以不用关闭，一直保持打开状态，方便标记其他索引。

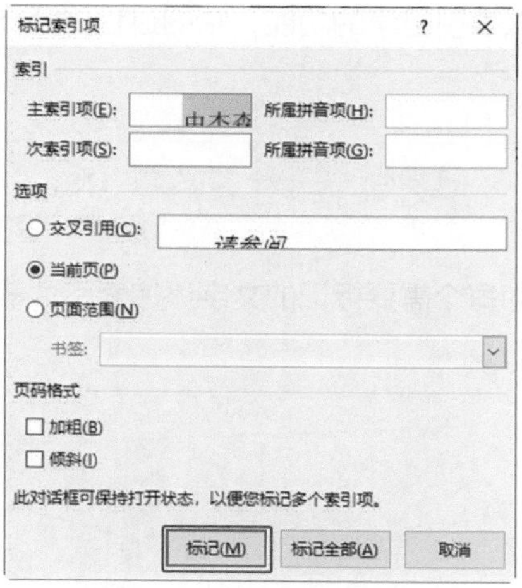

标记索引项 ? ×

索引

主索引项(E): 由杰森 所属拼音项(H):

次索引项(S): 所属拼音项(G):

选项

○ 交叉引用(C): 请参阅

◉ 当前页(P)

○ 页面范围(N)

书签:

页码格式

☐ 加粗(B)

☐ 倾斜(I)

此对话框可保持打开状态，以便您标记多个索引项。

标记(M) 标记全部(A) 取消

此时文档中出现索引标记的文字，并用花括号“{}”括起来，且带有虚线下划线。此索引标记不会被打印出来。

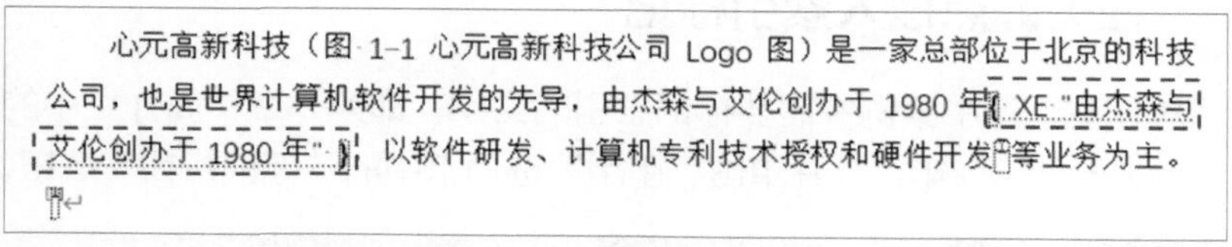

心元高新科技（图 1-1 心元高新科技公司 Logo 图）是一家总部位于北京的科技公司，也是世界计算机软件开发的先导，由杰森与艾伦创办于 1980 年{ XE "由杰森与艾伦创办于 1980 年" }，以软件研发、计算机专利技术授权和硬件开发等业务为主。

然后用同样的方法，分别为 3.3 节的“心元认证从 2000 年设立”“2013 年，心元认证计划进行了全面升级”设置索引。

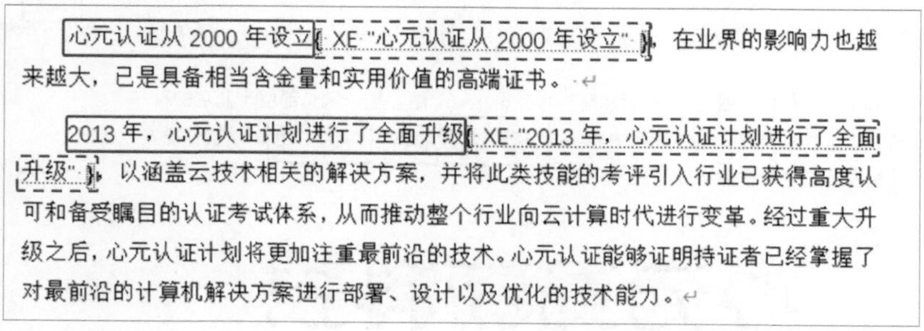

心元认证从 2000 年设立{ XE "心元认证从 2000 年设立" }，在业界的影响力也越来越大，已是具备相当含金量和实用价值的高端证书。

2013 年，心元认证计划进行了全面升级{ XE "2013 年，心元认证计划进行了全面升级" }，以涵盖云技术相关的解决方案，并将此类技能的考评引入行业已获得高度认可和备受瞩目的认证考试体系，从而推动整个行业向云计算时代进行变革。经过重大升级之后，心元认证计划将更加注重最前沿的技术。心元认证能够证明持证者已经掌握了对最前沿的计算机解决方案进行部署、设计以及优化的技术能力。

对 4.2 节的“2006 年 8 月，心元 CEO 杰森的大学好友鲍默接替了杰森成了心元公司的首席执行官”设置索引。

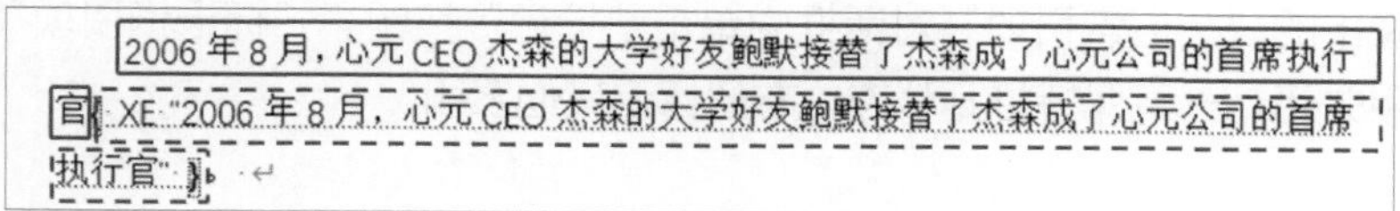

2006 年 8 月，心元 CEO 杰森的大学好友鲍默接替了杰森成了心元公司的首席执行官{ XE "2006 年 8 月，心元 CEO 杰森的大学好友鲍默接替了杰森成了心元公司的首席执行官" }。

6.1.2 为文档设置索引目录

索引设置完毕后，就可以为这些索引添加索引目录了。在文档末尾（除尾注外）输入“心元高新科技大事件”，并设置为“标题”样式。换行后，单击“引用”选项卡中的“插入索引”按钮。

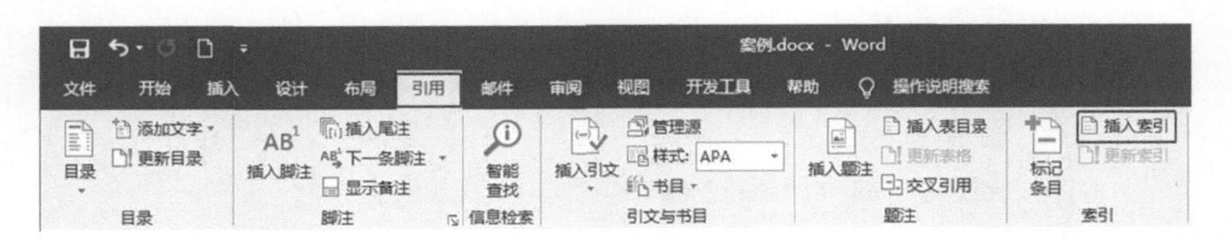

在弹出的“索引”对话框中，设置“栏数”为“1”，选中“页码右对齐”复选框，单击“确定”按钮。

此时文档中插入了 3 个索引标记的目录，并且标注了对应的页码。通过仔细观察可发现，页码并未从上至下进行排序，也未按照文中的年份排序，这是为什么呢？

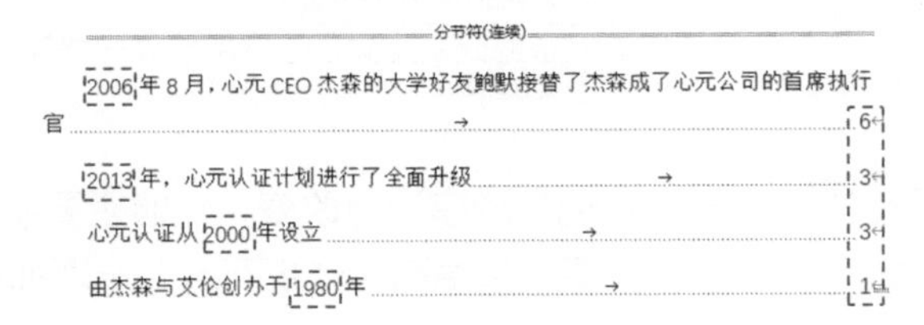

在上图中，索引的排序依据默认为拼音，也就意味着 Word 软件会根据各个索引的拼音排序，各索引“2006”“2013”“心”“由”就是按照这种排序方式排序的。

如何才能让“1980 年”的事件排到最前面呢？

心元高新科技大事件

分节符(连续)

2006 年 8 月，心元 CEO 杰森的大学好友鲍默接替了杰森成了心元公司的首席执行官 6

2013 年，心元认证计划进行了全面升级 3

心元认证从 2000 年设立 3

由杰森与艾伦创办于 1980 年 1

此时需要修改索引标记的内容，将“1980 年”提前，修改文字如下。

心元高新科技（图 1-1 心元高新科技公司 Logo 图）是一家总部位于北京的科技公司，也是世界计算机软件开发的先导，由杰森与艾伦创办于 1980 年{ XE "由杰森与艾伦创办于 1980 年" }，以软件研发、计算机专利技术授权和硬件开发等业务为主。

心元高新科技（图 1-1 心元高新科技公司 Logo 图）是一家总部位于北京的科技公司，也是世界计算机软件开发的先导，由杰森与艾伦创办于 1980 年{ XE "1980 年，杰森与艾伦创办心元高新科技公司" }，以软件研发、计算机专利技术授权和硬件开发等业务为主。

使用同样的方法，将“心元认证从 2000 年设立”索引标记的内容修改为“2000 年设立心元认证”。

心元认证从 2000 年设立{ XE "心元认证从 2000 年设立" }，在业界的影响力也越来越大，已是具备相当含金量和实用价值的高端证书。

心元认证从 2000 年设立{ XE "2000 年设立心元认证" }，在业界的影响力也越来越大，已是具备相当含金量和实用价值的高端证书。

修改完毕，观察索引目录，发现其顺序没有改变，这时需要手动更新，在索引目录上单击鼠标右键，在弹出的快捷菜单中选择“更新域”选项即可。

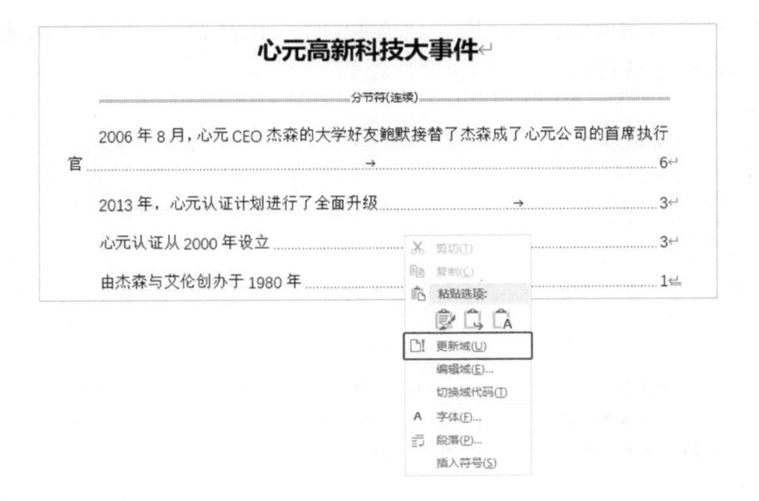

此时的索引目录已经按照时间来进行排序了。

6.1.3 隐藏不需要的格式标记

在添加索引后，文档中出现了多种不需要的格式标记。

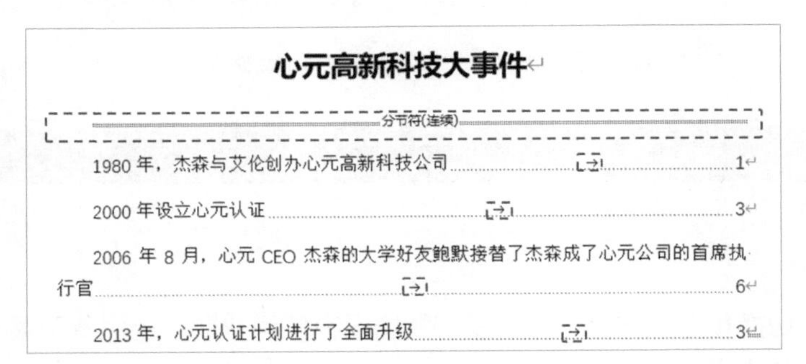

这些标记是创建索引时，Word 软件自动添加的，并不会被打印出来，但在 Word 软件中查看文档时，却会给解读者带来困扰，所以在索引创建完毕后，需要将它们隐藏。

单击“开始”选项卡，取消“所有标记”按钮被选中状态即可。

取消文档中所有标记的显示后，文档中的索引也被隐藏，所以当需要修改索引时，需要再次单击该按钮，来显示所有标记。

心元高新科技（图 1-1 心元高新科技公司 Logo 图）是一家总部位于北京的科技公司，也是世界计算机软件开发的先导，由杰森与艾伦创办于 1980 年{ XE "1980 年，杰森与艾伦创办心元高新科技公司" }，以软件研发、计算机专利技术授权和硬件开发等业务为主。

心元高新科技（图 1-1 心元高新科技公司 Logo 图）是一家总部位于北京的科技公司，也是世界计算机软件开发的先导，由杰森与艾伦创办于 1980 年，以软件研发、计算机专利技术授权和硬件开发①等业务为主。[1]

6.2 一次设定，终身受用

在使用 Word 来解决工作中的问题时，大部分的功能按钮都在功能区的各个选项卡中，每次使用不同的功能很可能就要切换不同的选项卡，寻找不同的按钮。

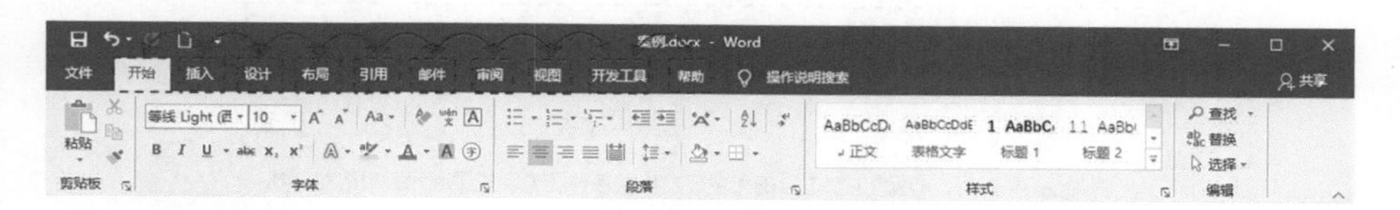

而这些切换和寻找的操作对问题的解决没有任何帮助，还浪费了很多时间。如果能够减少这些无用操作耗费的时间，便能大大减少我们的精力支出，提高使用 Word 的效率。

6.2.1 根据自己的习惯设定专属功能区

在 Word 中，很多常用的功能按钮分布在不同的选项卡中，如果把这些按钮都放到一起，就可以减少切换选项卡和寻找按钮的时间了。有哪些功能是常用的呢？比如“引用”选项卡中的“插入脚注”按钮、“插入题注”按钮和“交叉引用”按钮，“审阅”选项卡中的“新建批注”按钮。如果将这 4 个按钮都放到“开始”选项卡中，那么就可以大大减少切换和寻找的时间了。

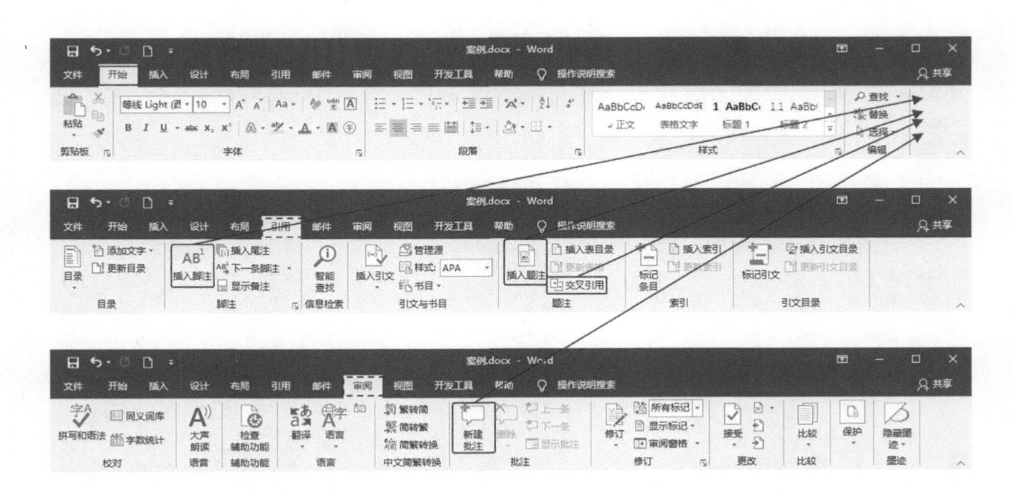

如何将这些在不同选项卡中的按钮放到“开始”选项卡中呢？单击“文件”选项卡中的“选项”按钮，在弹出的“Word 选项”对话框中选择“自定义功能区”选项，并在右侧选中“开始”下的“编辑”选项，单击“新建组”按钮，代表在“开始”选项卡的最后添加新的组，用于存放按钮。

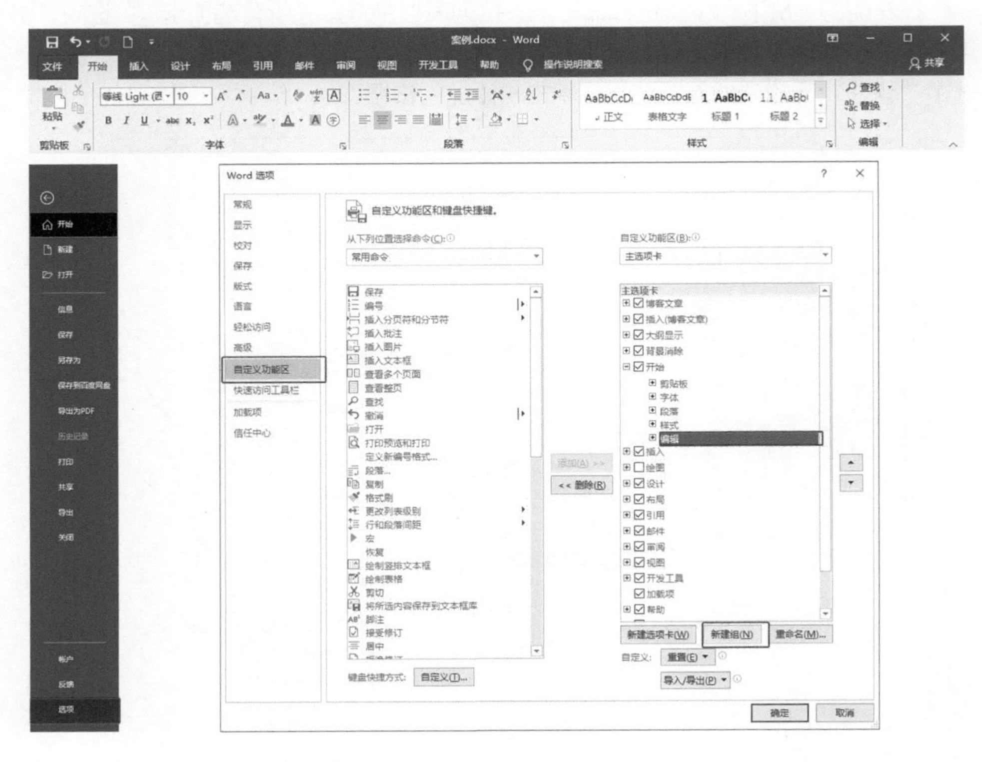

然后单击“重命名”按钮，并将“显示名称”设置为“快捷按钮”。

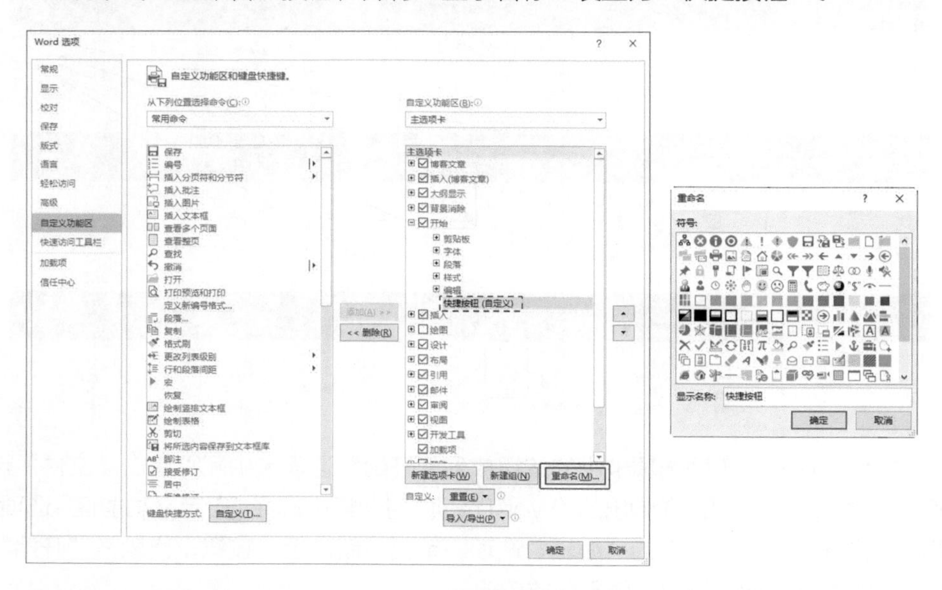

在左侧的“从下列位置选择命令”下拉列表框中选择“所有选项卡”。选中“引用”下的“脚注”，单击“添加”按钮，然后选中“尾注”，单击“添加”按钮，选中“题注”下的“插入题注”，单击“添加”按钮。

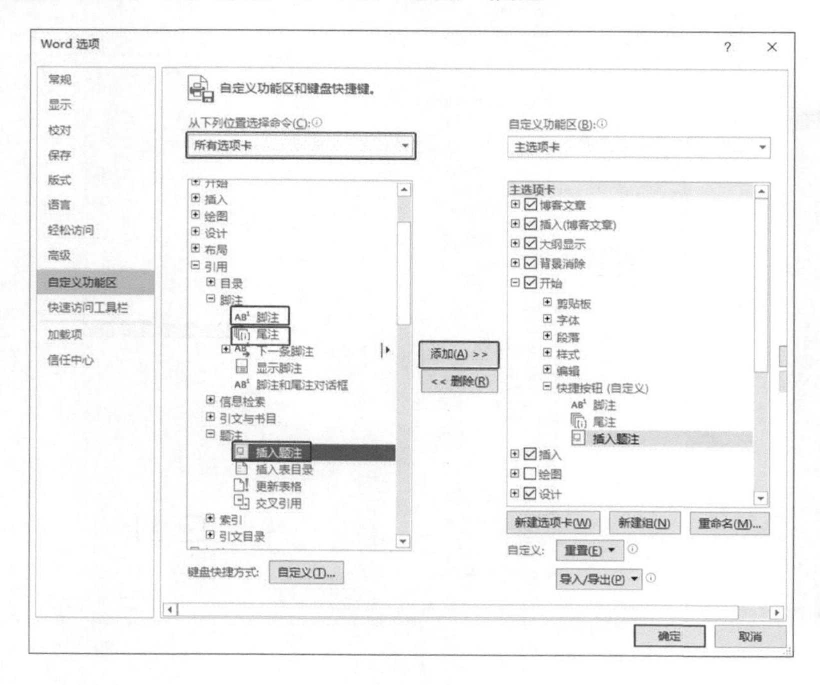

将“批注”下的“插入批注”也通过“添加”按钮放入自定义功能区中，并单击“确定”按钮。

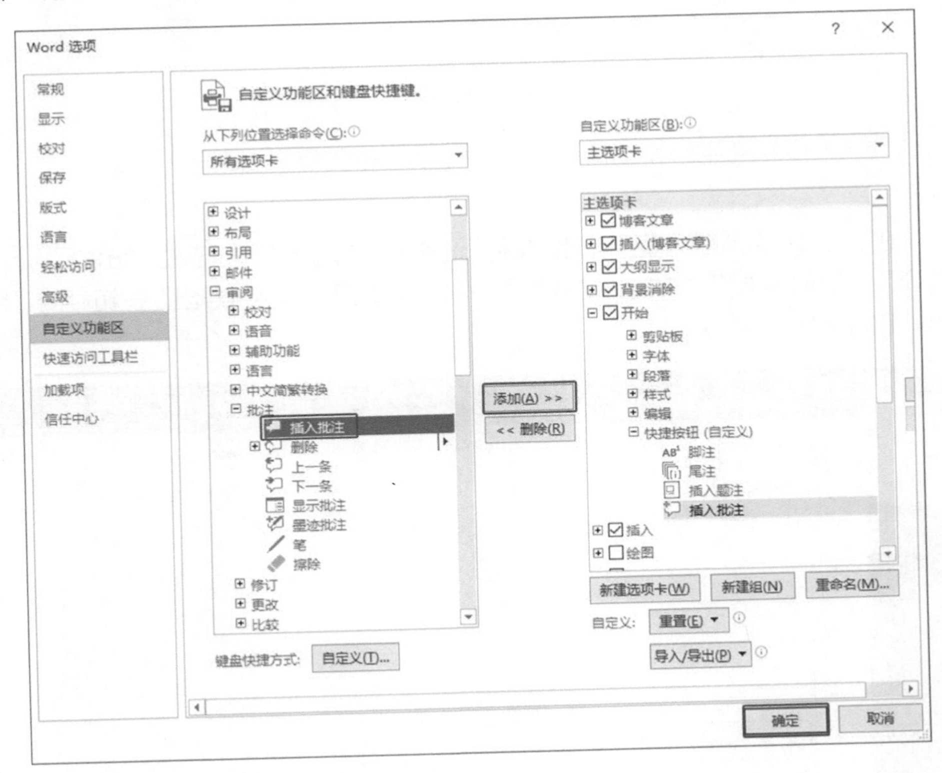

观察 Word 中的“开始”选项卡，发现在最右侧新增了 4 个按钮。

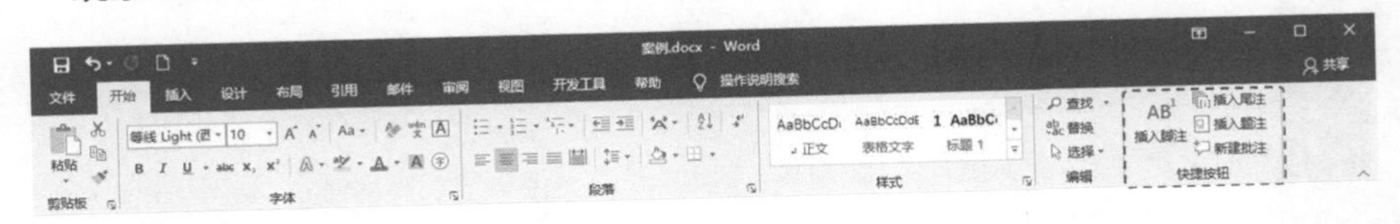

根据你的工作需求，将常用的多个按钮通过 Word“自定义功能区”的功能放到“开始”选项卡中，比如你经常调整图片大小，那么你就可以把调整图片大小的相关功能按钮放到“开始”选项卡中，你甚至可以创建一个全新的自定义功能区。

6.2.2 模板：把功能区复制到其他电脑中

如果你有多台电脑，并且想让每台电脑都能够在“开始”选项卡中有以上 4 个自定义按钮，那么你可能需要将以上设置重新操作一遍。不过 Word 提供了“自定义功能区”导出的功能，将所有的“自定义功能区”保存为一个文件，然后导入其他电脑中，这样就可以免去重新设置的麻烦，并直接应用相同的设置。

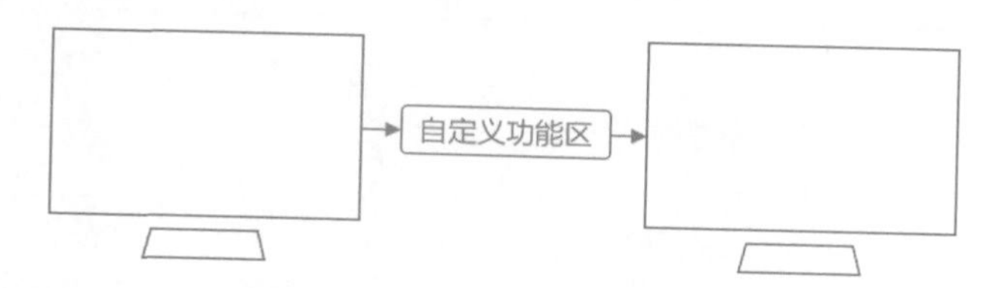

在 Word 中如何操作呢？单击“文件”选项卡中的“选项”按钮，在弹出的“Word 选项”对话框中选择“自定义功能区”选项，并选择“导入 / 导出”按钮中的“导出所有自定义设置”。

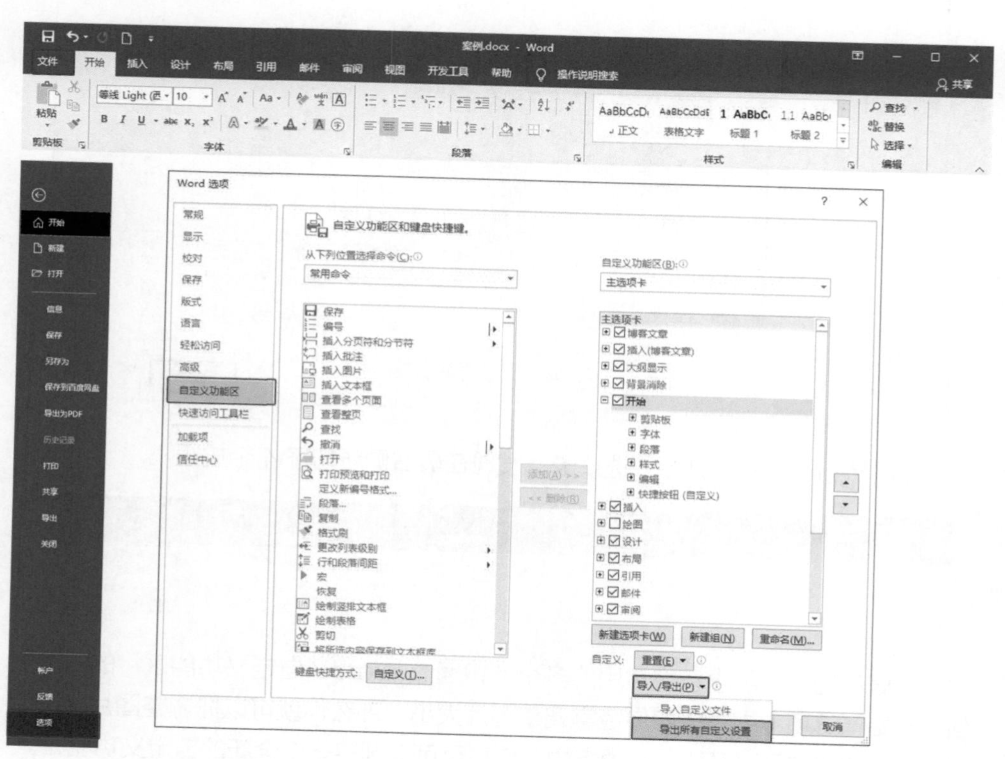

在“保存文件”对话框中将导出的文件重命名为“Word 自定义功能区”，单击“保存”按钮即可。

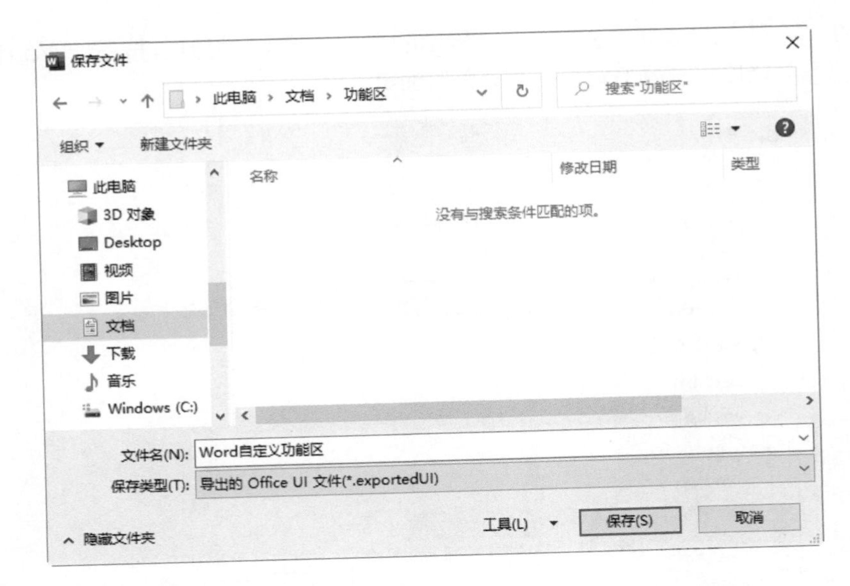

然后在另一台电脑中，单击相同位置的“导入自定义文件”按钮。

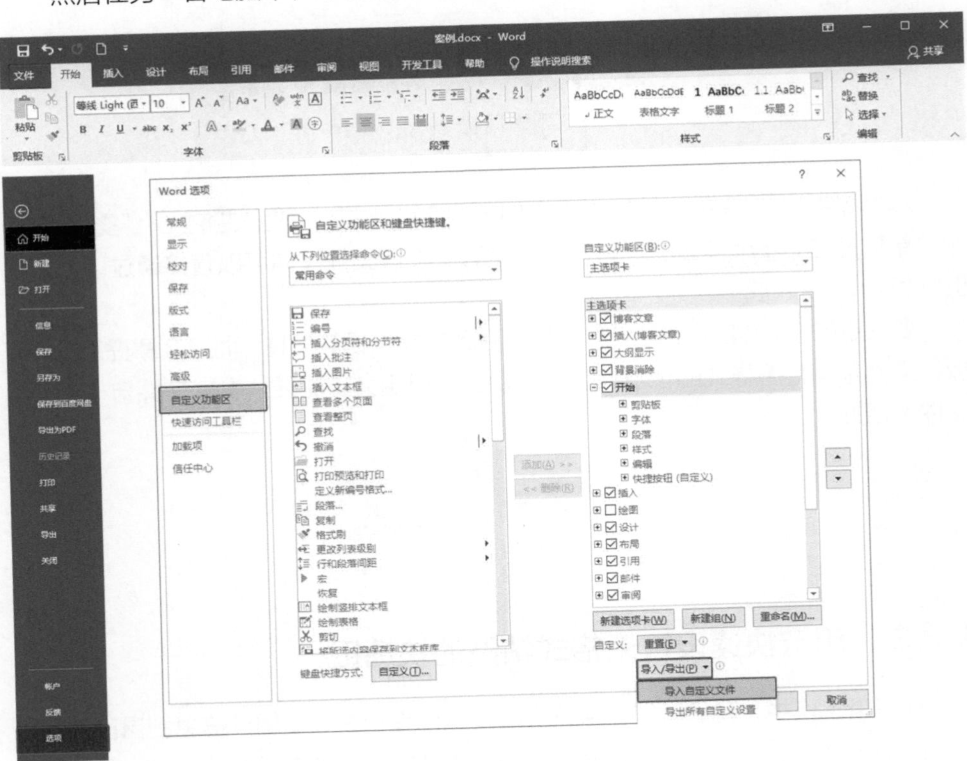

在“打开”对话框中选择上一步导出的文件，单击“打开”按钮，Word 会提示是否需要替换当前的设置，单击“是”即可。

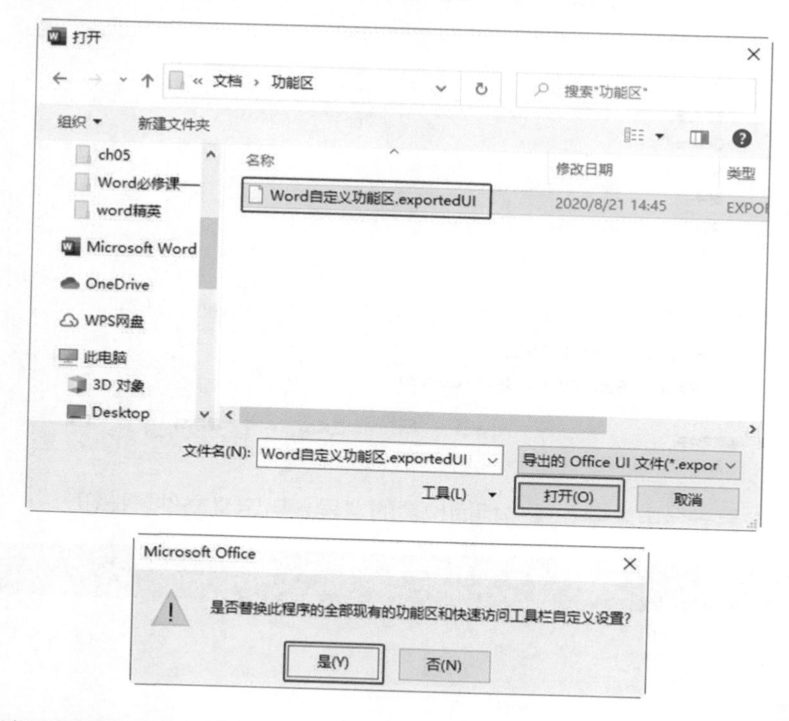

本书提供了在“开始”选项卡中添加了“插入脚注”、“插入题注”、“交叉引用”和“新建批注”4 个按钮的“自定义功能区”设置文件。你可以直接通过以上方法进行导入。

要注意的是，“自定义功能区”只保存各功能按钮的位置，而第 3 章提及的“模板”文件是保存各样式的设置。也就是说：“自定义功能区”设置文件与“模板”文件不相关。

6.2.3 用宏快速设置无格式粘贴的快捷键

在日常工作中，我们可能会从互联网或其他文档中复制相关信息到自己的文档中，比如在做产品汇报时，需要复制产品的属性特征；在做年终总结时，需要借鉴网上的一些精彩言论。在将相关内容复制到 Word 的过程中，会带上原有文本的格式，比如微软雅黑的字体，浅灰的颜色，甚至行间距也会被一起复制过来。如下图。

> 操作系统
>
> 操作系统（operating system，简称 OS）是管理计算机硬件与软件资源的计算机程序。操作系统需要处理如管理与配置内存、决定系统资源供需的优先次序、控制输入设备与输出设备、操作网络与管理文件系统等基本事务。操作系统也提供一个让用户与系统交互的操作界面。

所以我们需要一一地去修改字体设置、颜色设置、段落设置和行间距设置等，为的就是去除这些文字的格式，而这样非常浪费时间和精力。

Word 提供了一种快速去除格式的功能——无格式粘贴。它可以在文字被粘贴时就去除所有的格式，比如对上图中的内容，使用无格式粘贴后，结果如下。Word 去除了所有的文字颜色、首行缩进和超链接等格式。

> 操作系统
> 操作系统（operating system，简称 OS）是管理计算机硬件与软件资源的计算机程序。操作系统需要处理如管理与配置内存、决定系统资源供需的优先次序、控制输入设备与输出设备、操作网络与管理文件系统等基本事务。操作系统也提供一个让用户与系统交互的操作界面。

如何操作呢？首先复制一段文字，单击“开始”选项卡中“粘贴”按钮的下拉按钮，选择“只保留文本”选项即可。

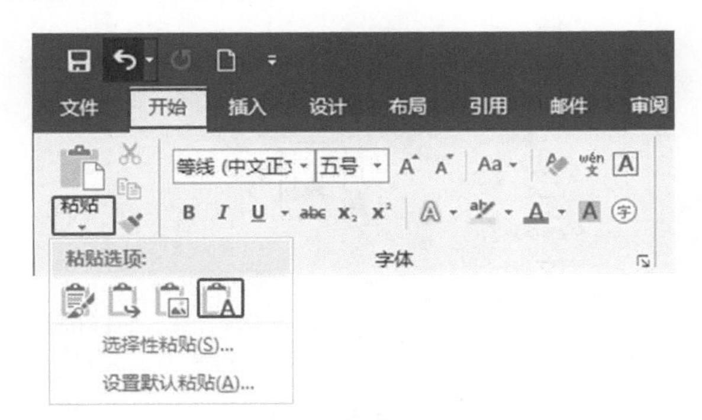

这个“只保留文本”的功能简化了工作中需要去除格式的操作。可是如果每次都单击“开始”选项卡中“粘贴”按钮的下拉按钮，再选择“只保留文本”选项，仍然比较烦琐。能否通过一个简单的快捷键就搞定呢？例如使用快捷键“Ctrl+Shift+V”就可完成“只保留文本”粘贴。

将“只保留文本”粘贴设置为快捷键“Ctrl+Shift+V”的操作分为 3 个步骤：复制、设定快捷键和录制操作。

首先，复制任意一段文字，然后单击“视图”选项卡中的“宏”按钮的下拉按钮，单击“录制宏”。也许你不了解宏，不用担心，跟着本小节完成一次操作后，你将不再需要做同样的设置。

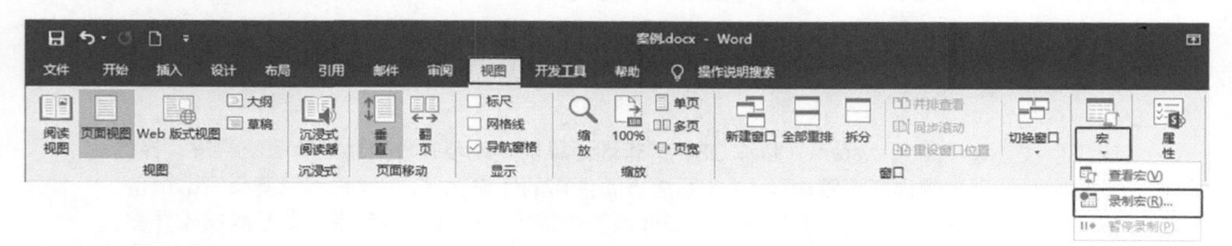

在弹出的“录制宏”对话框中，单击“键盘”图标按钮，表示采用键盘快捷键的方式记录操作。

在弹出的“自定义键盘”对话框中，将光标定位到“请按新快捷键”文本框内，然后按“Ctrl+Shift+V”，单击“指定”按钮，单击“关闭”按钮。

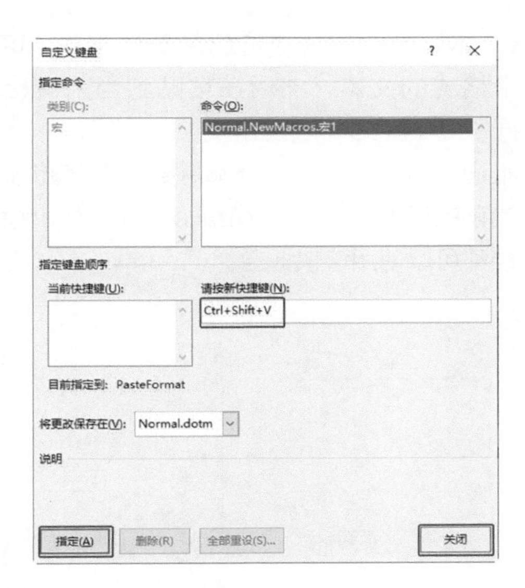

此时鼠标指针变成以下图形，表示当前的操作将会被记录下来。

单击“开始”选项卡中“粘贴”按钮的下拉按钮，选择“只保留文本”选项。

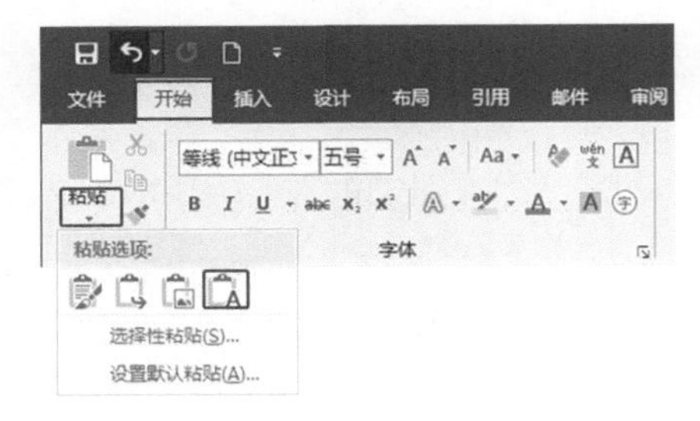

此时已经完成了对“只保留文本”的粘贴操作，整个操作过程已经记录下来了。现在需要关闭录制状态。单击“视图”选项卡中“宏”按钮的下拉按钮，单击“停止录制”。

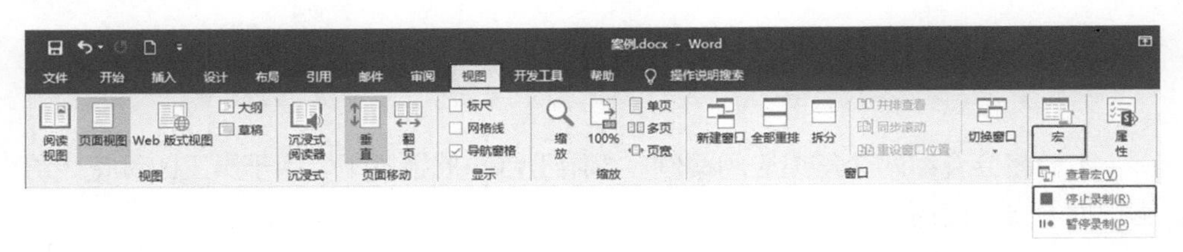

此时，“只保留文本”粘贴的快捷键已经制作完毕。可以尝试从其他文档或网页中复制任意带格式的文本，然后在粘贴到当前文档中时，使用快捷键“Ctrl+Shift+V”进行“只保留文本”粘贴。

你也许会担心“难道我每个 Word 文档都需要这样设置吗？”完全不用，这个快捷键已经被保存到当前的模板文件“Normal.dotm”中，也就是说，当前电脑中所有基于该模板的文档都可以使用该快捷键。

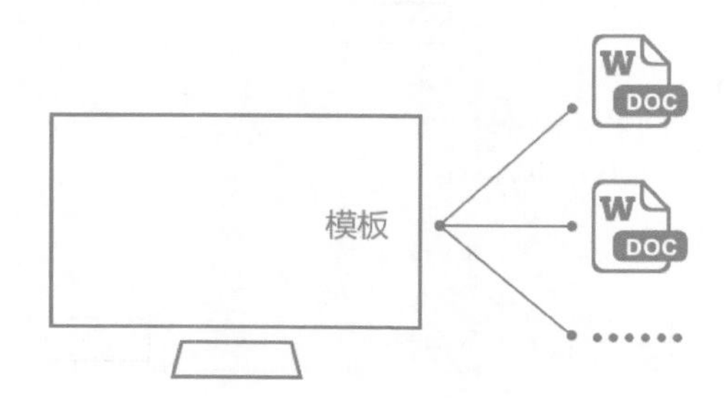

在本书第 3 章已经介绍了“Normal.dotm”文件中保存了样式，现在又新增了无格式粘贴的快捷键，此时可以重新将“Normal.dotm”文件复制到其他电脑中，这样就能让其他电脑也可以使用多级样式和无格式粘贴的快捷键。

6.3 Word 还能批量做通知

在工作中经常会碰到批量操作，比如批量打印合同、批量发送通知等。这种批量操作的特点就是：文件格式相同、大部分文字内容相同、少部分文字不同。

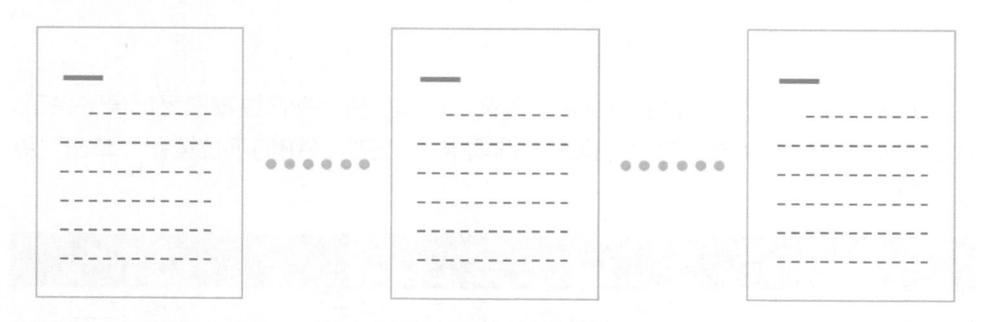

本节将会介绍两个常见应用案例：将用工合同批量打印，用于员工的续签；给客户批量发送邀请函。

6.3.1 续签合同快速批量打印

当员工的劳务合同快到期时，通常需要重新签订下一个周期的劳务合同，而劳务合同格式统一，大部分文本都如本书提供的“劳务合同 .docx”文件所示。其中只有姓名、身份证、生效日期、截止日期、工种和薪酬有所不同。

甲方：某某公司

乙方：

乙方身份证号码：

鉴于甲方业务发展的需要，雇佣乙方为公司提供劳务服务，经双方协商订立正式《劳务雇佣合同书》如下：

1 合同期限

1.1 本合同生效日期为 至 。

1.2 如双方需要，可在合同期满前一个月协商续签劳务雇佣合同。如合同期已满，双方不再续签合同，但受雇方从事的有关工作和业务尚未结束，则合同应顺延至有关工作业务结束。

2 甲已双方的义务和责任

2.1 乙方同意根据甲方工作需要，承担 岗位（工种）工作。

……

3.1 甲方每月 25 日前以货币形式支付乙方劳务报酬，标准为 元/月或按董事会拟定的标准额执行。

而这些信息通常都会在一张 Excel 表格中。案例的信息就在“劳务合同名单 .xlsx”文件中。

姓名	身份证	生效日期	截止日期	工种	薪酬
刘一	310000000000000001	2020年1月2日	2025年1月1日	技工	3000
陈二	310000000000000002	2020年1月2日	2025年1月1日	文员	4000
张三	310000000000000003	2020年1月3日	2025年1月2日	技工	3000
李四	310000000000000004	2020年1月4日	2025年1月3日	文员	4000
王五	310000000000000005	2020年1月5日	2025年1月4日	前台	3000
赵六	310000000000000006	2020年1月6日	2025年1月5日	技工	4000
孙七	310000000000000007	2020年1月7日	2025年1月6日	文员	3000
周八	310000000000000008	2020年1月8日	2025年1月7日	前台	4000
吴九	310000000000000009	2020年1月9日	2025年1月8日	文员	3000
郑十	310000000000000010	2020年1月10日	2025年1月9日	前台	4000

而接下来要做的就是将 Excel 表格中的信息一一放到 Word 文档中。如果采用手动的方式，那就意味着需要将每行的姓名、身份证和生效日期等 6 个信息逐个复制并粘贴到 Word 中，然后保存。完成对一行信息的操作后，需要新建一个文档，做重复的操作，如果有 50 个员工，就要做 50 次。

姓名	身份证	生效日期	截止日期	工种	薪酬
刘一	310000000000000001	2020年1月2日	2025年1月1日	技工	3000
陈二	310000000000000002	2020年1月2日	2025年1月1日	文员	4000
张三	310000000000000003	2020年1月3日	2025年1月2日	技工	3000
李四	310000000000000004	2020年1月4日	2025年1月3日	文员	4000
王五	310000000000000005	2020年1月5日	2025年1月4日	前台	3000
赵六	310000000000000006	2020年1月6日	2025年1月5日	技工	4000
孙七	310000000000000007	2020年1月7日	2025年1月6日	文员	3000
周八	310000000000000008	2020年1月8日	2025年1月7日	前台	4000
吴九	310000000000000009	2020年1月9日	2025年1月8日	文员	3000
郑十	310000000000000010	2020年1月10日	2025年1月9日	前台	4000

甲方：某某公司

乙方：

乙方身份证号码：

鉴于甲方业务发展的需要，雇佣乙方为公司提供劳务服务，经双方协商订立正式《劳务雇佣合同书》如下：

1 合同期限

1.1 本合同生效日期为 至 。

1.2 如双方需要，可在合同期满前一个月协商续签劳务雇佣合同。如合同期已满，双方不再续签合同，但受雇方从事的有关工作和业务尚未结束，则合同应顺延至有关工作业务结束。

2 甲已双方的义务和责任

2.1 乙方同意根据甲方工作需要，承担 岗位（工种）工作。

……

3.1 甲方每月 25 日前以货币形式支付乙方劳务报酬，标准为 元/月或按董事会拟定的标准额执行。

……

这样的重复劳动烦琐而又浪费时间，而且在粘贴过程中很容易粘贴错误，为了消除错误，还需要再进行检查。也许 20 个人的合同就会耗费整整一个下午的时间。

这个工作完全可以让 Word 自动批量完成。打开“劳务合同 .docx”文件，并单击“邮件”选项卡中的“选择收件人”按钮，选择“使用现有列表”选项。

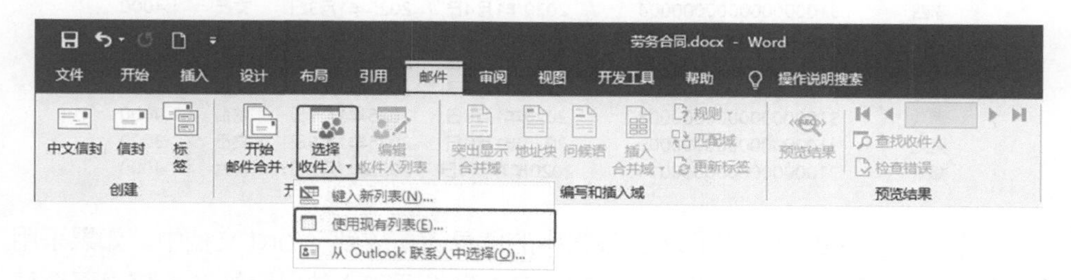

在打开的“选取数据源”对话框中选择“劳务合同名单 .xlsx”文件，单击“打开”按钮。

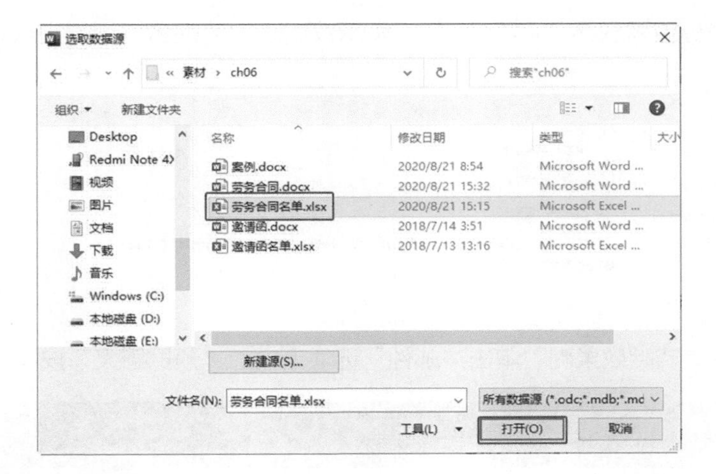

在弹出的“选择表格”对话框中，默认已选中了对应数据的工作表，直接单击“确定”按钮。

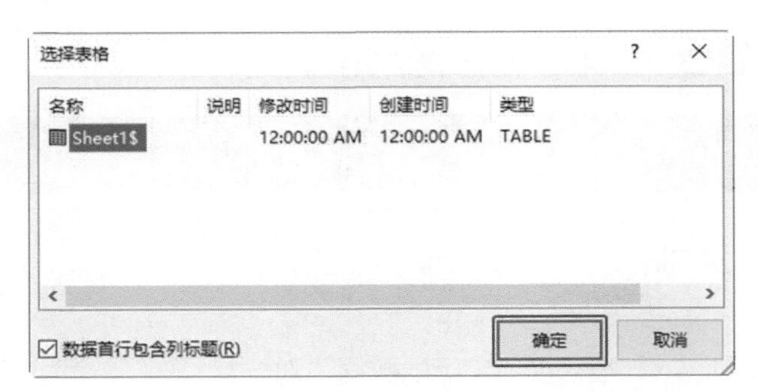

此时将光标停留在“乙方：”后，单击“邮件”选项卡中的“插入合并域”按钮，选择“姓名”选项。

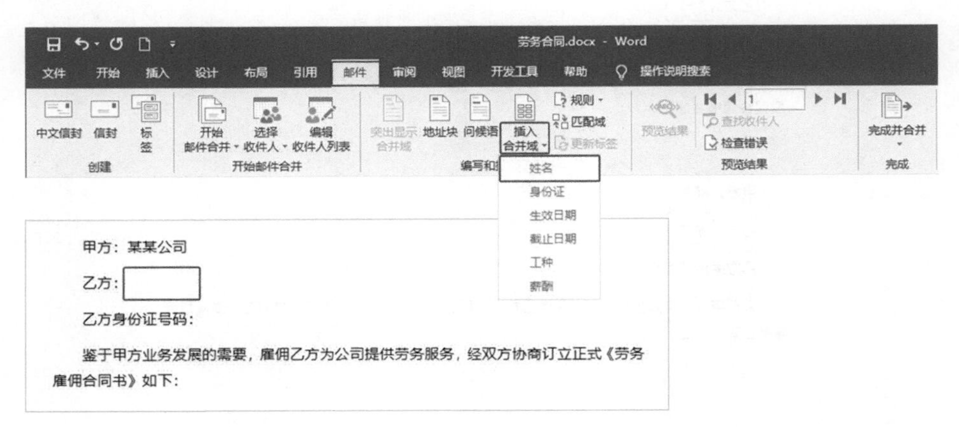

此时光标位置显示“« 姓名 »”，表示数据表内“姓名”列的内容将会被放置在该位置。

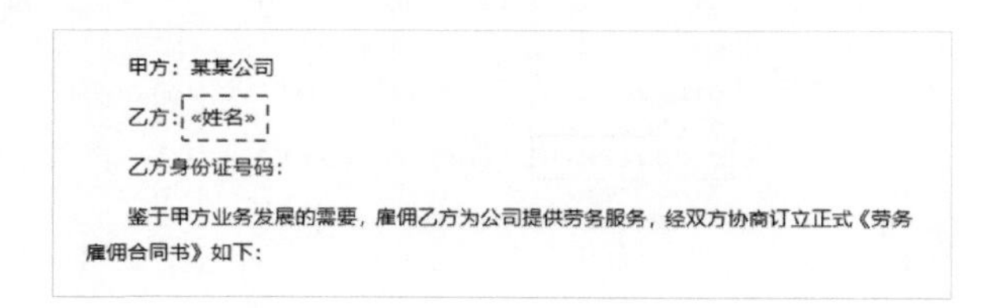

甲方：某某公司

乙方：«姓名»

乙方身份证号码：

鉴于甲方业务发展的需要，雇佣乙方为公司提供劳务服务，经双方协商订立正式《劳务雇佣合同书》如下：

如何查看实际效果呢？单击“邮件”选项卡中的“预览结果”按钮。

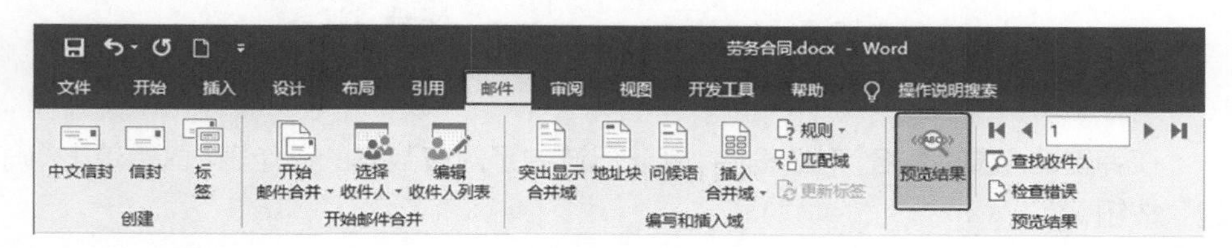

在预览结果状态下，单击向前和向后箭头。

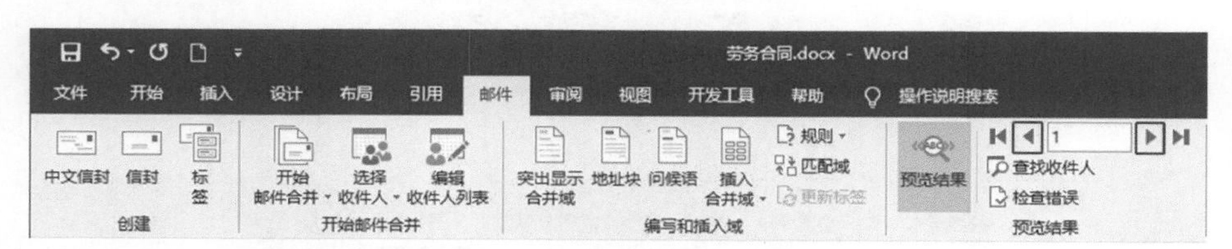

此时的“« 姓名 »”被替换成实际的数据“刘一”“陈二”等。

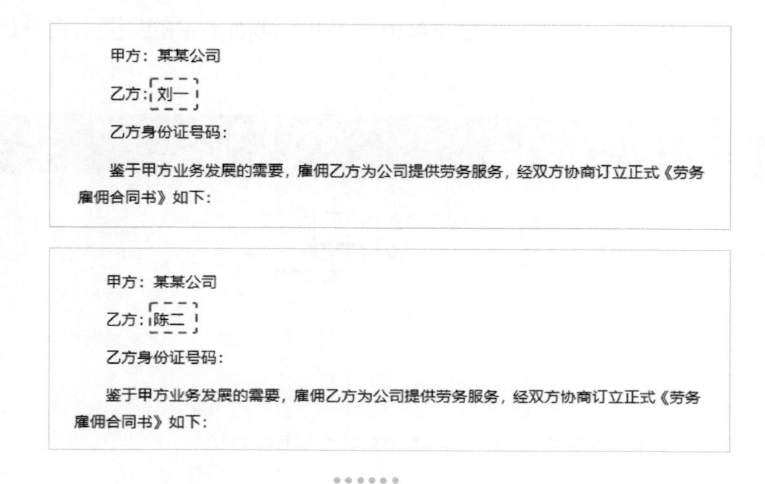

甲方：某某公司

乙方：刘一

乙方身份证号码：

鉴于甲方业务发展的需要，雇佣乙方为公司提供劳务服务，经双方协商订立正式《劳务雇佣合同书》如下：

甲方：某某公司

乙方：陈二

乙方身份证号码：

鉴于甲方业务发展的需要，雇佣乙方为公司提供劳务服务，经双方协商订立正式《劳务雇佣合同书》如下：

也就是说在 Word 文档中显示的“« 姓名 »”代表数据表中“姓名”列的每一条数据。

姓名	身份证	生效日期	截止日期	工种	薪酬
刘一	310000000000000001	2020年1月2日	2025年1月1日	技工	3000
陈二	310000000000000002	2020年1月2日	2025年1月1日	文员	4000
张三	310000000000000003	2020年1月3日	2025年1月2日	技工	3000
李四	310000000000000004	2020年1月4日	2025年1月3日	文员	4000
王五	310000000000000005	2020年1月5日	2025年1月4日	前台	3000
赵六	310000000000000006	2020年1月6日	2025年1月5日	技工	4000
孙七	310000000000000007	2020年1月7日	2025年1月6日	文员	3000
周八	310000000000000008	2020年1月8日	2025年1月7日	前台	4000
吴九	310000000000000009	2020年1月9日	2025年1月8日	文员	3000
郑十	310000000000000010	2020年1月10日	2025年1月9日	前台	4000

甲方：某某公司

乙方：«姓名»

乙方身份证号码：

鉴于甲方业务发展的需要，雇佣乙方为公司提供劳务服务，经双方协商订立正式《劳务雇佣合同书》如下：

完成对姓名的插入后，单击“邮件”选项卡中的“预览结果”按钮，退出预览结果状态。然后依次将“身份证”、“生效日期”、“截止日期”、“工种”和“薪酬”插入相应位置。

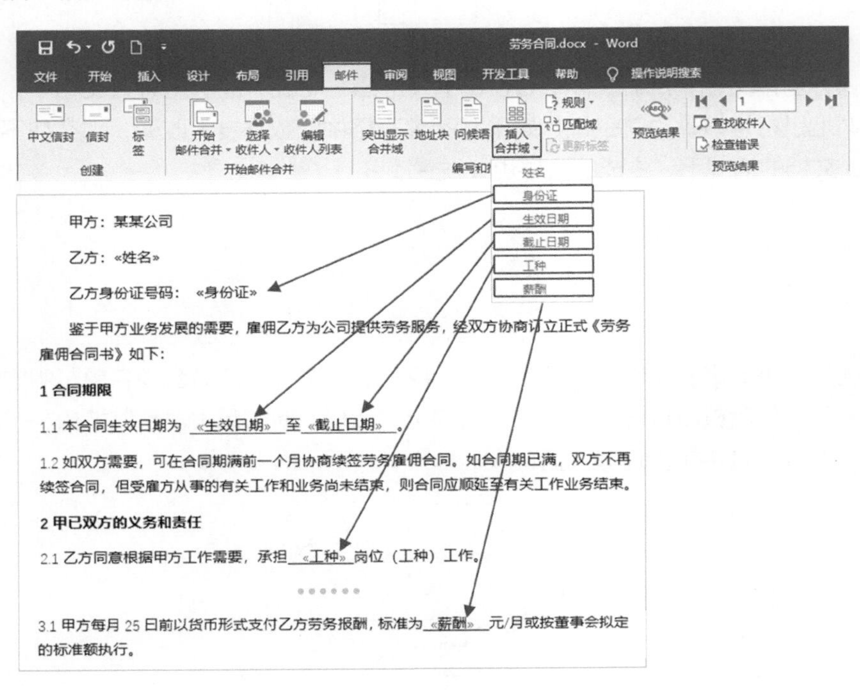

甲方：某某公司

乙方：«姓名»

乙方身份证号码： «身份证»

鉴于甲方业务发展的需要，雇佣乙方为公司提供劳务服务，经双方协商订立正式《劳务雇佣合同书》如下：

1 合同期限

1.1 本合同生效日期为 «生效日期» 至 «截止日期» 。

1.2 如双方需要，可在合同期满前一个月协商续签劳务雇佣合同。如合同期已满，双方不再续签合同，但受雇方从事的有关工作和业务尚未结束，则合同应顺延至有关工作业务结束。

2 甲已双方的义务和责任

2.1 乙方同意根据甲方工作需要，承担 «工种» 岗位（工种）工作。

······

3.1 甲方每月 25 日前以货币形式支付乙方劳务报酬，标准为 «薪酬» 元/月或按董事会拟定的标准额执行。

完成所有的设置后，需要将文档打印，但不能使用普通的打印方式，这样只会打印出带有“« 姓名 »”的文档，而不是有实际数据的 10 名员工的文档。该如何打印出所有员工的文档呢？单击“邮件”选项卡中的“完成并合并”按钮，选择“打印文档”选项。

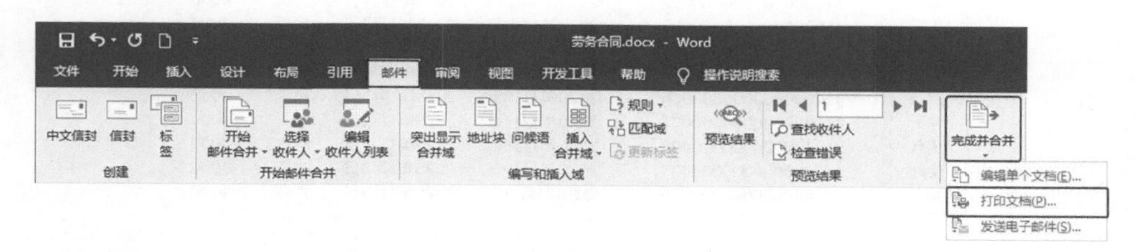

在弹出的“合并到打印机”对话框中单击“确定”按钮即可打印出全部员工的劳务合同了。

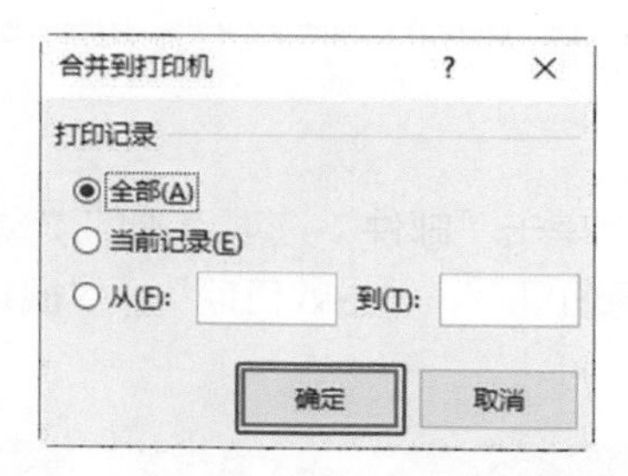

保存当前文档，然后关闭。Word 不只是把 Excel 中的数据导入文档中，而且是实时地进行连接。也就是说，如果 Excel 表格中的数据发生改变，那么在不修改 Word 文档的情况下，生成的文件也会发生改变。

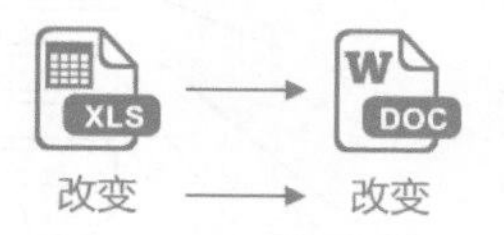

比如本小节案例文件“劳务合同”，将 Excel 文件“劳务合同名单”中的数据增加一行，然后重新打开 Word 文档时弹出对话框，此时单击“是”按钮，代表同意从 Excel 文件中重新读取数据。

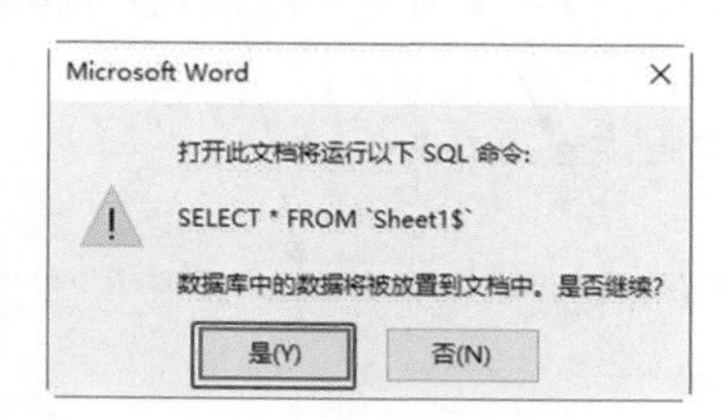

然后在预览结果状态下进行查看，发现刚才新增的一行出现在结果中了。这也就意味着，在来年需要做同样的工作时，不需要修改 Word 文档，只需要修改 Excel 文件中的数据就可以实现所需要的功能了，原来需要花一个下午的时间，现在只要花几分钟就能搞定，大大降低了工作的难度。

6.3.2 将定制化的邀请函发送到客户邮箱

与批量制作合同类似，定制化的邀请函也是使用 Word“邮件”选项卡中的命令，但是最后并不是打印，而是通过邮件发送，所以完成邀请函的发送需要满足两个条件，一是有对方的邮箱地址，二是电脑中必须装有微软邮件软件 Outlook。

“邀请函名单 .xlsx”文件提供了被邀请人员的姓名和邮箱。

姓名	邮箱
刘一	1@[illegible].com
陈二	2@[illegible].com
张三	3@[illegible].com.cn
李四	4@[illegible].com
王五	5@[illegible].com
赵六	6@[illegible].com
孙七	7@[illegible].com
周八	8@[illegible].com.cn
吴九	9@[illegible].com
郑十	10@[illegible].com

打开“邀请函 .docx”文件，将光标停留在“尊敬的”后，然后单击“邮件”选项卡中“插入合并域”按钮，选择“姓名”选项。

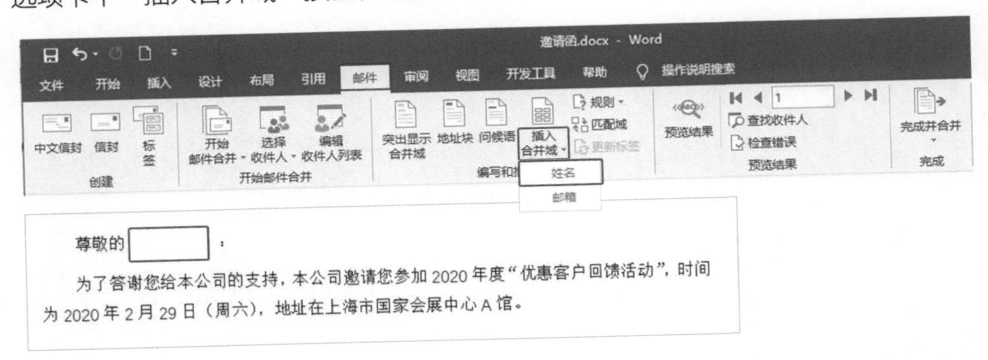

完成对文档的操作后，单击“完成并合并”按钮，选择“发送电子邮件”选项。

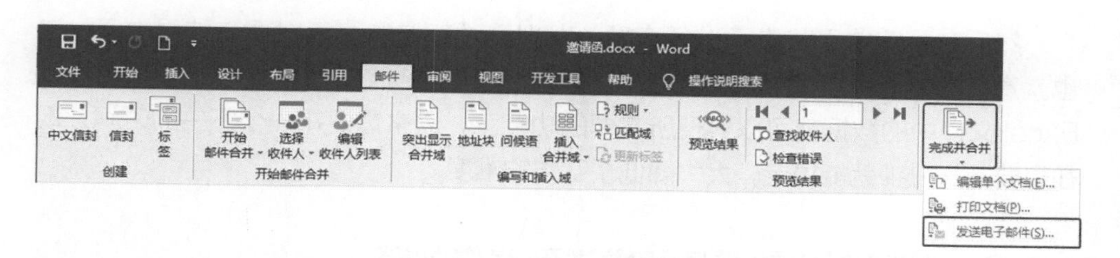

在“收件人”处选择“邮箱”，并在“主题行”中输入“某某公司邀请函”，主题行就是邮件标题，最后单击“确定”按钮。

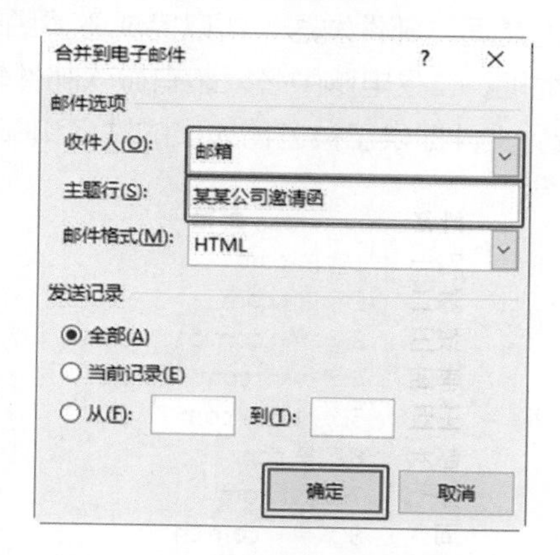

此时打开 Outlook，就能看到邮件已经被发送了。

第7章 赢在职场——真实案例讲解

通过学习本书，你应该已经成为一个 Word 高手了，现在你要做的就是不断地练习和实践，用 Word 去解决工作中的更多问题，这样可以让你在职场中脱颖而出，成为“赢家”。本章提供了工作中的 3 个案例：思维整理、写一本原创书和撰写成功案例。

7.1 思维整理

职场人士每天会面对许多问题，杂乱无章的想法让自己无法有效地将问题解决，如何对自己的思维进行整理呢？

7.1.1 用 Word 来整理思维

思维导图对你来说或许并不陌生，从它名称中的“思维”二字，就能够明白它的作用是整理思维。本书中案例的结构就是用思维导图来展现的。

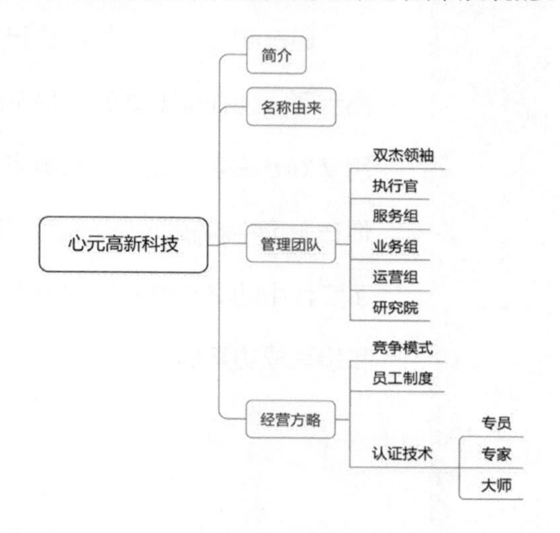

思维导图软件一直被大家所推崇，除了它本身便捷的操作外，最主要的功能在于可以快速整理逻辑。

Word 中的导航窗格也可以实现快速整理逻辑这个功能，而且我更推荐用 Word 来实现，而不是用思维导图。

在整理思维时，我们脑海中的逻辑是混乱的，我们需要经过以下 3 步，才能进行思维的整理：先将所有的内容写出来，然后找到其中的逻辑关系，最后把它呈现出来。

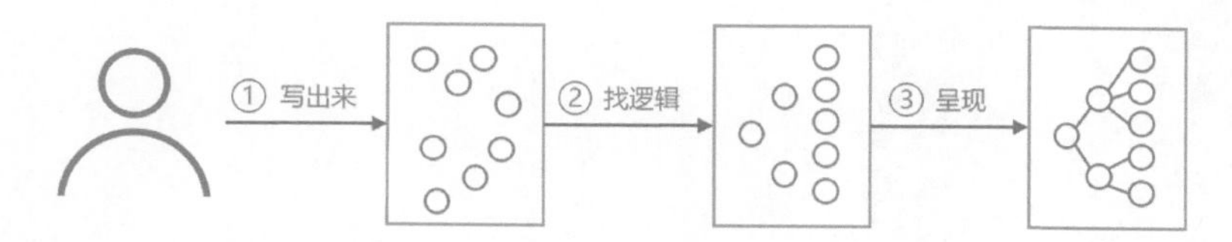

我们就从这 3 个步骤来比较思维导图软件和 Word 导航窗格的优劣。

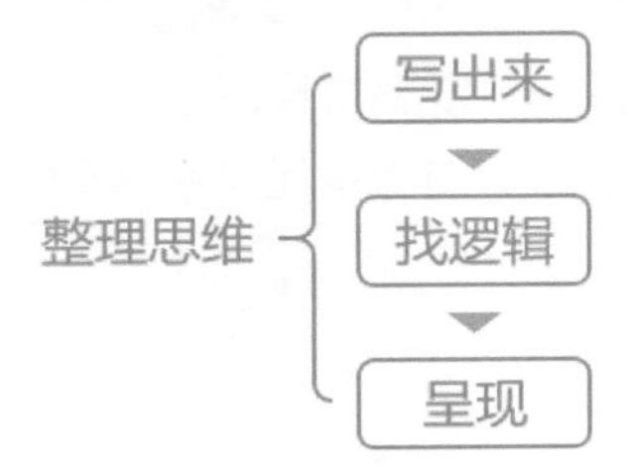

对于第一步“写出来”而言，思维导图并不是一个文字编辑软件，其文字书写功能远远没有 Word 强大。从这点上说，Word 胜过思维导图。

对于第二步“找逻辑”来说，思维导图可以通过拖曳来实现结构调整，而 Word 也可以通过导航窗格中的拖曳来完成，从这点上说，两者“打成平手”。

对于第三步“呈现”来说，思维导图可以用图形化的方式呈现结构，而 Word 只能用目录呈现结构，图形化的方式要优于目录，从这点来说，思维导图胜过 Word。

整理思维
写出来　Word > 思维导图
找逻辑　Word = 思维导图
呈现　Word < 思维导图

从 3 个步骤的比较来看，仍然难以区分 Word 软件和思维导图软件的优劣。而我经过多年的实践发现，在实际工作中，需要通过图形来呈现结构的情况较少。在不需要通过图形呈现结构时，观察以上整理思维的 3 个步骤，发现 Word 优于思维导图，也就是说，在整理思维时，对于使用文字呈现结构的情况，就采用 Word 软件来呈现目录。

当需要用图形来呈现结构时，就用思维导图吗？我一直在本书中倡导的是用软件来解决职场的实际问题，而不是去迁就一个软件。所以我会利用 Word 和思维导图各自的优势，来解决图形呈现结构的整理思维这一问题。

我会先用 Word 来完成整理思维的所有步骤："写出来"、"找逻辑"和"呈现"，最后使用思维导图来额外完成"图形呈现"。

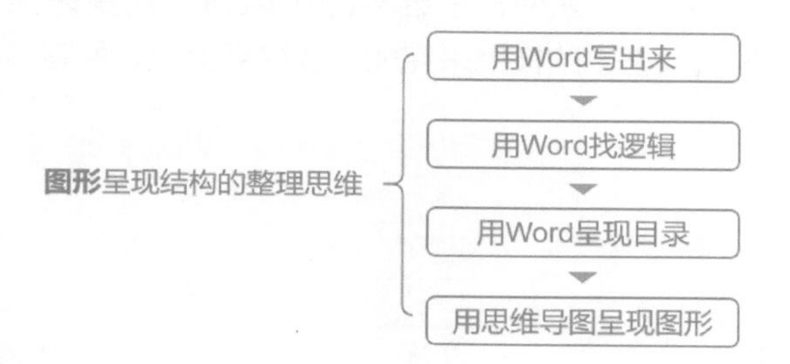

通过对比发现，以上两种整理思维的方式，前 3 步都是采用的 Word 软件，也就是说，在整理思维时，Word 是必不可少的。

7.1.2　年终晚会的思维整理

比如临近年关了，为了犒劳一下辛苦了一年的员工们，公司需要举办一个年终晚会，而作为这场年终晚会的策划，你一时不知道该如何处理，但脑子里又出现了很多的想法。

这时的第一反应是从网上找一些现成的流程，但这些流程都是别人的想法，怎么把自己已有的想法和别人的想法相融合，最后完成年终晚会的终稿呢？可以通过 Word 来整理混乱的思维。而它的步骤可以分为以下 3 步。

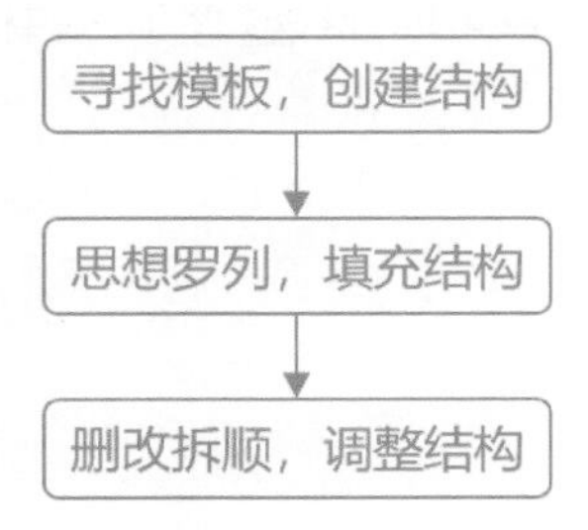

第一步：寻找模板，创建结构。

从网上寻找年终晚会的已有流程和模板，发现年终晚会的流程：员工签到、宣布开始、娱乐节目、员工颁奖和活动结束。将它们以一级标题的方式放在新建的 Word 文档中，这样就将别人的思想，通过标题结构化地放在了 Word 中。

1 员工签到

2 宣布开始

3 娱乐节目

4 员工颁奖

5 活动结束

第二步：思想罗列，填充结构。

第一步是整理别人的思想，第二步就是将自己的思想全部罗列出来，放到每个标题下，这样就可以使用别人的结构快速为年终晚会搭建流程。

如果有一些思想无法放到已有标题下，可以新建一个一级标题“待整理”，暂时存放所有无法归类的思想。

1 员工签到

领导和员工分开

2 宣布开始

张三和李四做主持人

王五和赵六备选

3 娱乐节目

每个部门出 2 个节目

每个节目 10 分钟左右

小品、相声、唱歌、魔术等都可以

4 员工颁奖

2020 优秀新星奖，总监颁发

2020 最佳员工奖，副总经理颁发

2020 最佳部门奖，总经理颁发

十年老员工奖，董事长颁发

5 活动结束

播放公司最新宣传片

6 待整理

为员工组织抽奖

设置游戏环节

第三步：删改拆顺，调整结构。

在第二步完成的文档已经包含了别人的思想和自己的思想，接下就是对这两种思想进行整合，主要的操作有删除、修改、拆分和顺序调整，简称删改拆顺，目标就是将第二步中“待整理”下的思想完全归纳到前几个标题中，并进行合理的结构调整。

比如在年终晚会的思维整理汇总中，“娱乐节目”被拆分成“娱乐节目 A”、“娱乐节目 B”和“娱乐节目 C”，员工颁奖的每个环节也被拆分，而“待整理”下的所有事项都被整理到已有标题中。

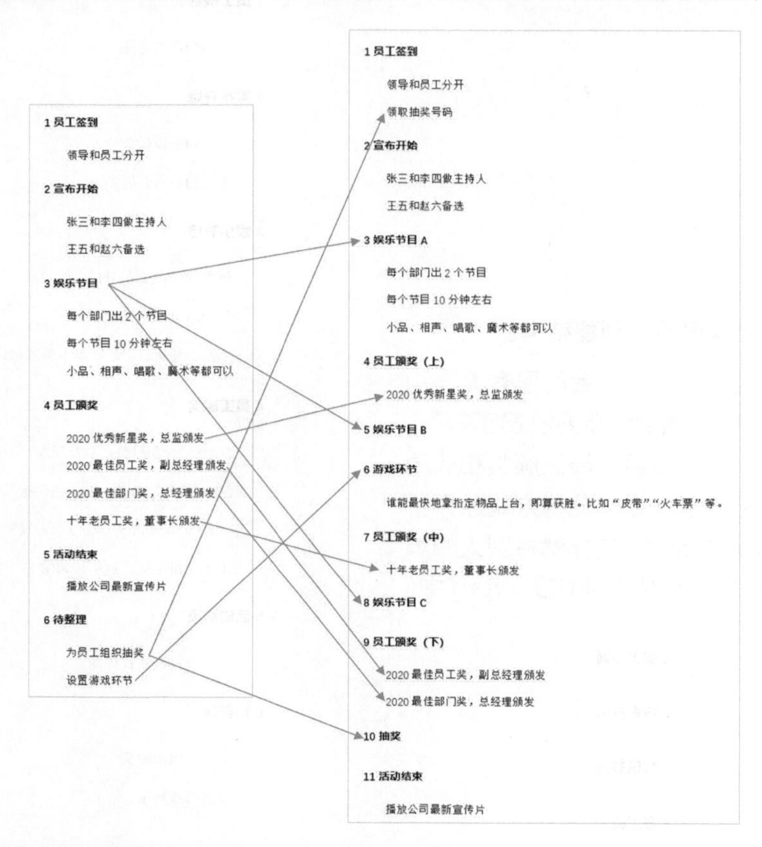

此时的文档已经是你想完成的年终晚会流程了，如果你想把它以图形化的方式呈现出来，可以将这些标题放到思维导图中。

纵观整个“年终晚会”整理思维的过程，它是建立在他人的思想结构之上，并将自己杂乱无章的思想融入其中，这样的好处就是快，不用自己搭建逻辑和结构。

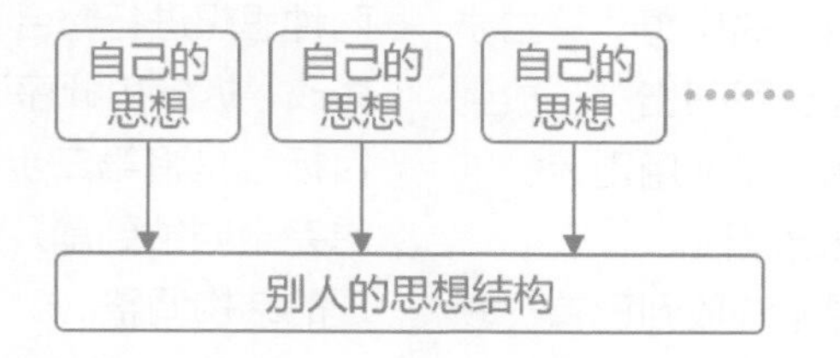

如果你不能找到其他人的思想结构，或者你想原创一篇文章甚至是一本书，请看 7.2 节。

7.2 写一本原创书

如果你想写一本原创的书，需要经历选题、调研、策划、创建大纲、撰写、出版和营销等多个环节，本节将围绕创建大纲这个环节展开，有了大纲，整本书的雏形就有了。

7.2.1 创建书籍大纲的步骤

7.1 节的整理思维，建立在别人的思想之上，而当你想写一本原创书时，没有别人的思维结构作为参考依据，如果你没有任何写书的经验，你就必须要先搭建自己的知识结构。而这个过程可以分为以下 4 个步骤。

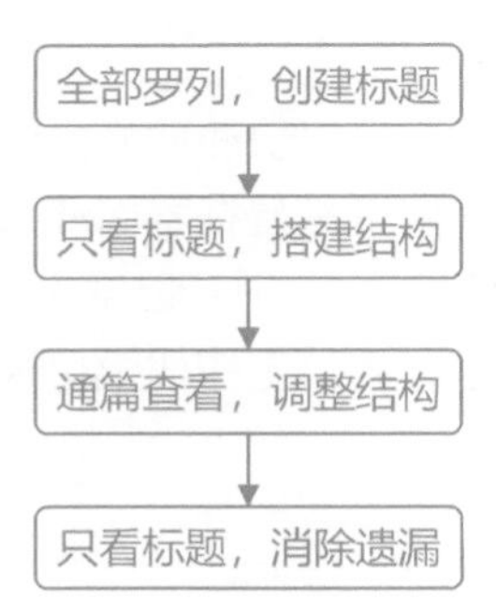

7.2.2 写一本《如何升职》

假设你作为一个成功的职场人士，想把自己升职的过程写成一本书，这时就可以使用以上方法，将自己脑中杂乱无章的想法变成一个有逻辑结构的大纲。

第一步：全部罗列，创建标题。

首先将自己脑中所有的思想罗列出来，并且根据每段文字，设置一个标题。为什么要设置标题呢？如果没有标题，文字太多，没法调整结构。如果使用了标题来省略文字，那么就可以通过导航窗格来便捷地查看和调整所有想法了。比如写《如何升职》这本书，首先罗列所有的想法，然后创建标题，之后就可以在导航窗格中查看所有的内容。

- 1 抓住升职的机会
  - 1.1 从哪里获取升职的消息
  - 1.2 找到决定升职的关键人
  - 1.3 如何向关键人证明你的价值
- 2 提高人际关系
  - 2.1 与上级搞好关系
  - 2.2 跨部门沟通
  - 2.3 部门内部事项委派
  - 2.4 同事之间交流
- 3 工作成果可视化
  - 3.1 怎么把工作汇报可视化
  - 3.2 把所有的工作存档
  - 3.3 记录每天的事项
  - 3.4 重要事件如何保存证据
- 4 了解各层级的思维
  - 4.1 领导层在想什么
  - 4.2 管理层在想什么
  - 4.3 执行层在想什么

第二步：只看标题，搭建结构。

通过“全部罗列，创建标题”可以快速地将大脑中的想法可视化。当大脑中所有的想法都罗列得差不多之后，接下来是在不看细节文字，只看导航窗格标题的情况下，通过拖曳，调整每个标题的顺序与从属结构。

对于《如何升职》中的标题，将“工作成果可视化”调整到最前面，将“抓住升职的机会”放到文档的最后。

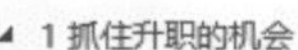

- 1 抓住升职的机会
  - 1.1 从哪里获取升职的消息
  - 1.2 找到决定升职的关键人
  - 1.3 如何向关键人证明你的价值
- 2 提高人际关系
  - 2.1 与上级搞好关系
  - 2.2 跨部门沟通
  - 2.3 部门内部事项委派
  - 2.4 同事之间交流
- 3 工作成果可视化
  - 3.1 怎么把工作汇报可视化
  - 3.2 把所有的工作存档
  - 3.3 记录每天的事项
  - 3.4 重要事件如何保存证据
- 4 了解各层级的思维
  - 4.1 领导层在想什么
  - 4.2 管理层在想什么
  - 4.3 执行层在想什么

- 1 工作成果可视化
  - 1.1 怎么把工作汇报可视化
  - 1.2 把所有的工作存档
  - 1.3 记录每天的事项
  - 1.4 重要事件如何保存证据
- 2 提高人际关系
  - 2.1 与上级搞好关系
  - 2.2 跨部门沟通
  - 2.3 部门内部事项委派
  - 2.4 同事之间交流
- 3 了解各层级的思维
  - 3.1 领导层在想什么
  - 3.2 管理层在想什么
  - 3.3 执行层在想什么
- 4 抓住升职的机会
  - 4.1 从哪里获取升职的消息
  - 4.2 找到决定升职的关键人
  - 4.3 如何向关键人证明你的价值

第三步：通篇查看，调整结构。

在通过标题调整完结构后，大纲的雏形就已经出现了，但是由于在第一步“全部罗列，创建标题”中创建的标题不一定符合文字内容，所以在大纲雏形搭建完成之后，通篇地查看所有文字，在大纲雏形的基础上，重新调整结构。直至文档结构能合理容纳所有文字，也就是大纲能够合理容纳所有想法。

比如在《如何升职》中，发现“提高人际关系”的文字内容颇多，就将它们拆分成多个一级标题，并对所有一级标题及其子标题进行填充。

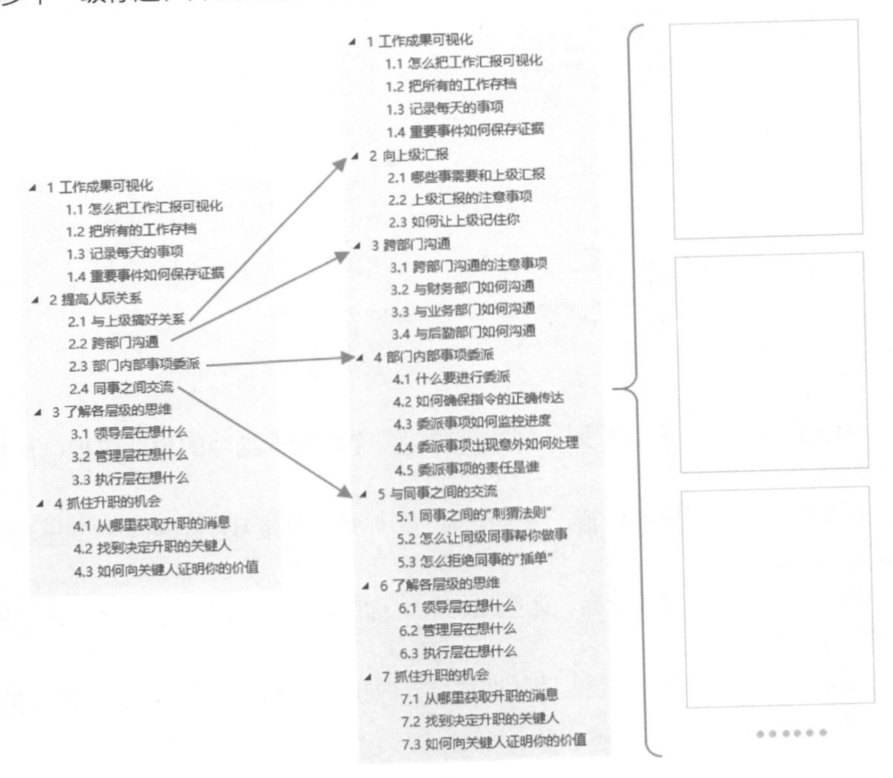

第四步：只看标题，消除遗漏。

在通篇地查看所有文字，并修改完文档的结构后，大脑中已有想法已经整理完毕了。这时看标题就是查看自己的全部想法，通过对标题的检查，就能看出自己的结构哪里有遗漏，不用管自己是否有这方面的知识，先添加相应的标题让自己的结构完整，剩下的就是撰写工作了。

比如《如何升职》中，发现缺少整本书的引入部分，就添加第1章“为什么是你升职”，在最后一章中缺少岗位竞聘的内容，这时新增一个标题就可以了。

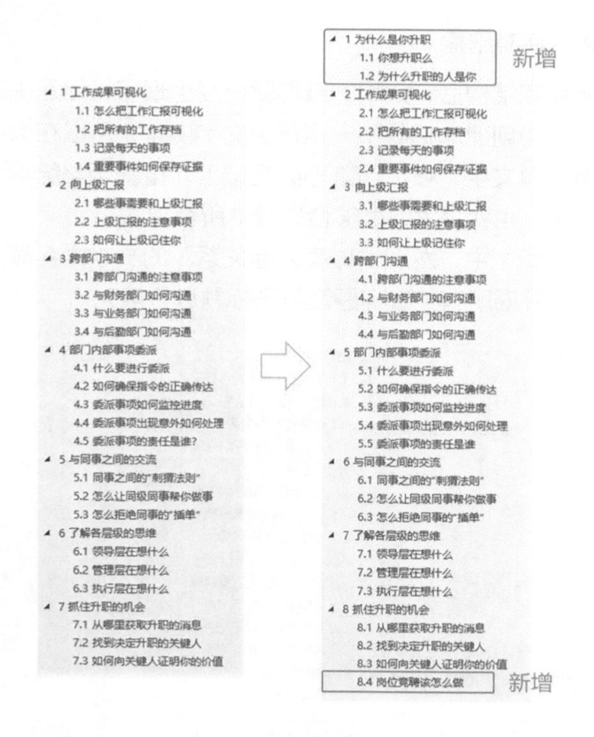

通过步骤一：“全部罗列，创建标题”，你就能把脑中的想法可视化地放到 Word 中。

通过步骤二：“只看标题，搭建结构”，你就能从凌乱的想法中整理出结构，形成大纲的雏形。

通过步骤三：“通篇查看，调整结构”，你就能把所有的想法梳理一遍，整理出完整的大纲。

通过步骤四：“只看标题，消除遗漏”，你就能找出已有想法中的不足和欠缺，从而形成完善的大纲。

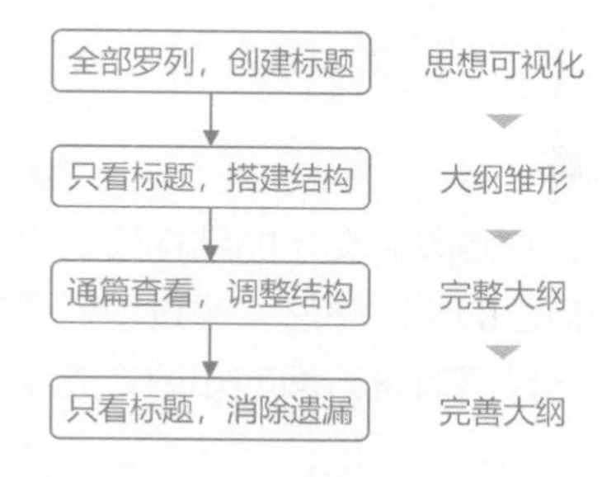

至此，我们就用 Word 做出了一本原创书的大纲了。

7.3 撰写成功案例

在企业运营过程中，每个岗位的员工每天都会处理各式各样的工作，比如一名销售人员，他可能需要联系客户、维护客户和推荐产品等；一名产品研发人员，他需要做信息调研、功能设计和产品迭代等。

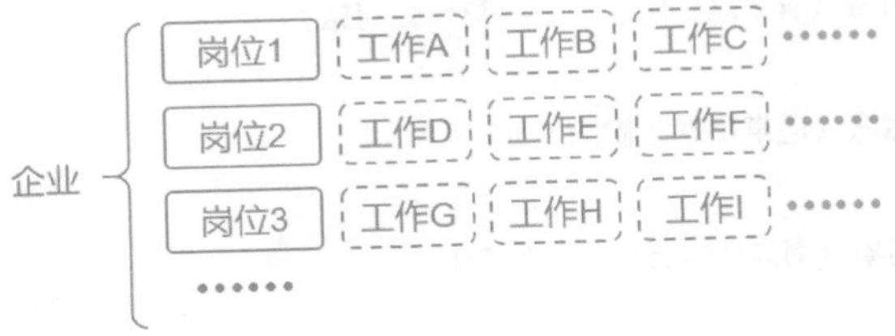

企业各岗位工作有序开展是企业经营良好的必要条件之一。在岗位工作开展过程中，难免会因为每个人的处理方式不同，导致工作的成功或者失败。

企业往往会将工作中的成功案例保存下来，为的就是让每个岗位的工作不依赖某一人，这样就算人员流失，也能把宝贵的经验留存。这些成功案例可以供他人借鉴，目的就是让其他人也能复制成功经验，让岗位工作有序开展，让企业良好运营。

7.3.1 成功案例的框架

企业保留成功经验的思路是正确的，但是在实际操作时，每个员工对于成功案例的书写方式不尽相同，比如一名销售人员书写的成功案例可能如下。

今天公司开发了一个新的理财产品，我向老客户打电话推荐，其中有一个老客户比较感兴趣，我就把产品的收益和风险和他详细地说了一下，他就购买了。

这样的“成功案例”只是描述了一个故事的发展流程，根本不能称为一个真正的成功案例。这样的情况在我十余年的企业管理咨询中屡见不鲜，为什么会发生这种情况呢？

员工不知道该怎么写，也不知道哪些是重点，他把写成功案例看成企业布置给他的语文作业，最终导致成功案例成了流水账，没有办法让人复制成功经验，也无法让岗位工作有序开展，最后让企业良好运营的目的也没有达到。

为了让企业中的每个员工快速做出一个可以让其他人复制成功经验的案例文档，我通常都会给他们一个框架，让他们按照框架中的思路填写。而这个框架就是由 Word 的各级标题组成的。

1 案例名称

2 **案例背景**（引入问题）

3 **案例利益**（解决这个问题之后，有什么利益）

4 常见做法（通常是怎么做的）

5 **导致后果**（通常会导致怎样的后果）

6 **分析原因**（为什么会导致这样的后果）

7 成功案例解析

7.1 案例故事

7.1.1 情境（时间、地点、人物）

7.1.2 目标（想得到什么结果）

7.1.3 选择和结果（为了达到目标，有哪些选择，每个选择会有什么结果）

7.1.4 成功（最终成功的场景）

7.2 提炼要点（完成目标的要点）

7.3 要点说明（要点的适用范围和注意事项）

7.3.2 向老客户销售新理财产品的成功案例

根据以上框架，将上述案例重新填写，可以得到以下案例。

1 案例名称

如何向老客户销售新理财产品。

2 案例背景（引入问题）

公司开发出新产品后，需要向老客户推广，而市场中理财产品较多，难以推广。

3 案例利益（解决这个问题之后，有什么利益）

如果能够将新的理财产品推广出去，将有助于销售人员的业绩提成，公司理财产品的市场占有率提升。

4 常见做法（通常是怎么做的）

销售人员通常会对所有的老客户进行电话沟通，常见的话术是"张先生你好，我是某某公司的，我公司推出了一款新的理财产品，可以获得比以往更高的收益，并且附赠一份意外险"。

5 导致后果（通常会导致怎样的后果）

通常这么做之后都会导致对方直接挂断。

6 分析原因（为什么会导致这样的后果）

原因是这样的电话推销方法，没有一点新意，客户已经被"骚扰"无数次了。

7 成功案例解析

我曾经有一次成功地向老客户销售新理财产品的案例。

7.1 案例故事

7.1.1 情境（时间、地点、人物）

2020年5月20日，我与往常一样在公司中与客户打电话。

7.1.2 目标（想得到什么结果）

我希望能够向老客户成功销售我公司新的理财产品。

7.1.3 选择和结果（为了达到目标，有哪些选择，每个选择会有什么结果）

当时我有 2 个选择。

1. 使用传统的话术销售新理财产品，但成功概率极低。
2. 先与客户套近乎，询问我公司之前的产品如何，让客户先不要挂掉电话，然后询问他有什么对理财产品的意见和建议，最后再推销新产品。

我最后使用了第二个方法。

7.1.4 成功（最终成功的场景）

最终，当天共打电话 50 个，有新产品购买意向的有 15 个，成功率为 30%，成功率整整提高至使用传统方法的10 倍。

7.2 **提炼要点（完成目标的要点）**

在整个案例过程中，我采用的方法包含3个步骤。

步骤一：询问以往产品。

步骤二：询问意见建议。

步骤三：推销新产品。

7.3 **要点说明（要点的适用范围和注意事项）**

步骤一：询问以往产品。

让客户不要挂断电话，并且借助客户对公司以往产品的信任，来增加自己的可信度。这也就意味着本方法只能针对老客户使用，新客户无法快速建立信任。

步骤二：询问意见建议。

让客户发表自己的观点，并且知道他想要什么。在这个过程中尽可能引导客户向“更高的投资回报”上靠拢，因为这是新产品的特性。

步骤三：推销新产品。

不要一味描述新产品的特性，而是帮助客户解决他的问题和满足他的需求。

原先像流水账一样的故事，通过该框架整理后，可以快速成为一份内容充实的成功案例，并且突出了案例的要点，这样不但可以完成成功案例的制作，也能使该案例被其他人复制，帮助企业良好运营，还能够将你的工作成果最大化，让企业管理层看到你的闪光点，帮助实现职场晋升。